矿物加工实验理论与方法

胡海祥　编著

北京
冶 金 工 业 出 版 社
2012

内容提要

本书主要阐述生产实践中常见的矿物加工实验技术，包括实验的原理、方法、步骤和实验数据处理等内容。全书共8章，包括：物料物性实验分析、筛分与磨矿实验、磁电选矿实验、重力分选实验、泡沫浮选实验、工业生产实用操作技术与方法、矿石测试方法、实验数据处理和实验设计等内容。

本书可供科研单位、工矿企业的工程技术人员、工程管理人员、实验技术人员使用，也可供高等学校采矿、矿物加工等专业的本科生、研究生使用。

图书在版编目（CIP）数据

矿物加工实验理论与方法/胡海祥编著. —北京：冶金工业出版社，2012.7

ISBN 978-7-5024-5963-5

Ⅰ.①矿…　Ⅱ.①胡…　Ⅲ.①选矿—实验　Ⅳ.①TD9－33

中国版本图书馆 CIP 数据核字（2012）第133990号

出 版 人　曹胜利
地　　址　北京北河沿大街嵩祝院北巷39号，邮编100009
电　　话　（010）64027926　电子信箱　yjcbs@cnmip.com.cn
责任编辑　杨秋奎　美术编辑　彭子赫　版式设计　孙跃红
责任校对　卿文春　责任印制　李玉山
ISBN 978-7-5024-5963-5
三河市双峰印刷装订有限公司印刷；冶金工业出版社出版发行；各地新华书店经销
2012年7月第1版，2012年7月第1次印刷
787mm×1092mm　1/16；14.5印张；347千字；218页
45.00元

冶金工业出版社投稿电话：(010)64027932　投稿信箱：tougao@cnmip.com.cn
冶金工业出版社发行部　电话：(010)64044283　传真：(010)64027893
冶金书店　地址：北京东四西大街46号(100010)　电话：(010)65289081(兼传真)
（本书如有印装质量问题，本社发行部负责退换）

前　言

本书以矿物加工领域中实验研究的原理与实践为主要内容，紧密结合现代矿山磨选领域中的磨矿、重选、磁选、浮选、电选以及现代高科技测试技术。本书较系统地阐述了实验研究涉及的原理，不仅包括验证性和单项性实验，而且包括综合性、设计性及研究性实验，具有较强的实践性和操作性。内容涉及基本理论、实验内容和步骤、实例分析等，绝大部分实例都是原创性的案例，对地矿类专业的实验技术人员进行实验技能的基本训练，加深他们对所学理论的认识，培养他们的创新精神和实践能力具有重要的参考价值。

本书共分8章。第1章介绍了矿石密度及堆密度、摩擦角、堆积角、物料水分含量、矿物硬度、矿浆黏度的测定；第2~5章分别介绍了筛分与磨矿实验、磁电选矿实验、重力分选实验、泡沫浮选实验；第6章论述了工业生产实用操作技术与方法；第7章简要介绍了矿石测试方法；第8章介绍了实验数据处理和实验设计。

本书由胡海祥（第1~4章、第6章、第8章）、秦磊（第7章）、李广（第5章）编写。全书由胡海祥统稿。书中的部分内容参考了许时、张一敏、王资、刘炯天、于福家等学者编著的书籍，在此一并表示感谢。

由于作者水平所限，书中有不妥之处，敬请广大读者和专业人士批评、指正。

作　者

2012年3月

目　录

1 物料物性实验分析

矿石物料物性的研究是指导矿物加工实验研究和工业生产的一项基础性工作，对于矿物选别工艺、工艺故障的分析和资源综合利用等具有重要现实意义。物料物性分析主要研究矿石加工和选别过程中各产品的矿物学，确定矿物加工过程中矿物行为规律，为工艺过程的分析、预测和控制提供理论依据。

矿石物料物性的分析包括很多内容，所用的方法多种多样，并在不断地探索和发展中。本章对物料物性分析的常规内容和基本方法做了阐述，包括矿石研究的内容及程序、矿石密度及堆密度的测定、摩擦角的测定、堆积角的测定、物料水分含量的测定、物料硬度的测定及矿浆黏度的测定等内容。

1.1 矿石性质研究的内容及程序

1.1.1 矿石性质研究的内容

为了合理、正确地制定某种矿石的选矿实验方案，首先应对矿石性质进行充分的了解，同时综合考虑经济、技术等诸方面的因素。矿石性质研究内容极其广泛，所用方法多种多样，先进的矿石性质研究方法不断推陈更新，微观与宏观的检测相互配合，矿石性质的研究内容必须根据多方因素确定，避免不必要的经费开支。矿石性质的研究方法大多是由专业人员承担，并不要求选矿实验人员自己去做。因而，选矿实验人员需要着重掌握四个方面的内容：

(1) 基本掌握矿石可选性研究所涉及的矿石性质研究的内容、方法和程序。

(2) 能够对先进的检测表征图谱进行解读。目前矿石的表征手段已经更加深入、细致和微观，如果不能正确理解和解读各种表征图谱势必造成对矿石形式的误判，所以，当代选矿技术对选矿实验人员提出了更高的要求。

(3) 能够根据选矿实验任务提出对矿石性质研究工作的要求。

(4) 能够参考类似矿石实验方案实例，分析矿石性质的研究结果，并据此选择选矿方案。

矿石性质研究的内容取决于各具体矿石的性质和选矿研究工作的深度，一般大致包括化学组成分析、矿物组成分析、矿石组构分析、单体解离度与连生体特性分析、粒度组成分析等。

1.1.1.1 化学组成分析

化学组成的研究内容是研究矿石中所含化学元素的种类、含量及相互结合情况。一般采用光谱分析和化学元素分析方法。

A 光谱分析

元素分析的目的是为了研究矿石的化学组成，查明矿石中所含元素的种类、含量。光谱分析能迅速全面地查明矿石中所含元素的种类及其大致含量范围，不至于遗漏某些稀有、稀散和微量元素。因而选矿实验常用此法对原矿、中间产品或精尾矿进行普查，查明了含有哪些元素之后，再做化学定量分析。光谱分析的原理是矿石中不同元素经热辐射等能量的作用能够发射不同波长的光谱线，通过记录仪器摄谱仪记录下来，与已知元素的谱线对比，即可得知矿石中的元素组成及定性含量。光谱分析的特点是灵敏度高，测定迅速，所需用的试样很少（几毫克到几十毫克），所以取样时需磨的非常细，但精确定量时操作比较复杂，一般只进行定性及半定量测定。

有些元素，如卤素和 S、Ra、Ac、Po 等，光谱法不能测定，直接用化学方法测定。有些元素，如 B、As、Hg、Sb、K、Na 等，光谱操作较特殊，一般不做光谱分析，直接用化学法测定。

某铜选厂矿石 X 射线荧光光谱的分析结果见表 1－1。

表 1－1　某铜选厂矿石 X 射线荧光光谱的分析结果

元 素	Cu	SO_3	MoO_3	CaO	MgO	Al_2O_3	SiO_2	Fe_2O_3	ZnO
含量/%	0.52	2.81	0.24	23.56	14.94	4.66	30.55	5.23	0.02
元 素	MnO	Na_2O	K_2O	SrO	TiO_2	P_2O_5	BaO	烧失量	合计
含量/%	0.12	0.65	1.11	0.03	0.17	0.07	0.03	15.19	99.90

从表 1－1 中可知，矿石中的大部分元素都能分析出来，分析结果以氧化物的形式呈现，并不是表明矿石中都是氧化物，如 SO_3 不可能存在，一般都是以硫酸盐的形式存在。从表 1－1中还可知原矿石碱度系数 $(CaO + MgO)/(Al_2O_3 + SiO_2) = 1.09 > 0.5$，属于碱性矿石。

关于如何用光谱分析结果指导矿石可选性研究，以表 1－1 分析结果举例说明。

表 1－1 光谱分析结果表明，矿石中主要有用成分为铜，有可能综合利用的为钼，脉石成分主要是 SiO_2、Al_2O_3、CaO、MgO 等，由此确定矿石中可能含有硅铝酸盐，碱性的钙镁化合物等不利矿物，初步判断有可能利用的为铜、钼金属。

B　化学元素分析

化学分析方法能准确地定量分析矿石中各种元素的含量，据此决定哪些元素在选矿工艺中必须考虑回收，哪些元素为有害杂质需将其分离。因此化学分析是了解选别对象的一项很重要的工作。化学全分析是为了了解矿石中所含全部物质成分的含量，凡经光谱分析查出的元素，除痕量元素外，其他所有元素都作为化学全分析的项，分析的总和应接近 100%。

化学多元素分析是对矿石中所含多个重要和较重要的元素的定量化学分析，不仅包括有益和有害元素，还包括造渣元素。如单一铁矿石可分析全铁、可溶铁、氧化亚铁、S、P、Mn、SiO_2、Al_2O_3、CaO、MgO 等。金、银等贵金属需要用类似火法冶金的方法进行分析，所以专门称为试金分析，实际上也可看做是化学分析的一种，其结果一般合并列入原矿的化学全分析或多元素分析。化学全分析要花费大量的人力和物力，通常仅对性质不明的新矿床，才需要对原矿进行一次化学全分析。单元实验的产品，只对主要元素进行化学分析。实验最终产品（主要指精矿或需要进一步研究的中矿和尾矿），根据需要一般要做多元素分析。

某铁矿的原矿化学多元素分析结果见表 1－2。

表1-2 某铁矿的原矿化学多元素分析结果

元素	TFe	P	S	SiO_2	Al_2O_3	CaO	MgO
含量/%	43.26	0.87	0.070	17.70	7.28	4.39	0.85

表1-2多元素分析结果表明，该铁矿总铁含量不高，还需进一步分析具体有哪些铁物相，如磁铁矿、赤铁矿、褐铁矿、可溶性铁等；P的含量较高，不利于后续的冶炼作业，应在选矿作业中降低P的品位；该矿石的主要脉石成分为SiO_2、Al_2O_3、CaO、MgO等。

1.1.1.2 *矿物组成分析*

矿物组成的研究内容是研究矿石中所含的各种矿物的种类和含量，有用元素和有害元素的赋存形态。

光谱分析和化学分析只能查明矿石中所含元素的种类和含量，矿物组成分析则可进一步查明矿石中各种元素呈何种矿物存在，以及各种矿物的含量、嵌布粒度特性和相互间的共生关系。其研究方法主要是物相分析和岩矿鉴定，各种先进的检测手段，如X射线衍射物相分析（XRD）、电子探针X射线显微分析、拉曼光谱法等都可检测矿物组成，在后续章节中详细阐述。

A 物相分析

物相分析的原理是矿石中各种矿物在各种溶剂中的溶解度和溶解速度不同，采用不同浓度的各种溶剂在不同条件下处理所分析的矿样，即可使矿石中各种矿物分离，从而可测出试样中某种元素呈何种矿物存在和含量。

目前一般可对以下元素进行物相分析：铜、铅、锌、锰、铁、钨、锡、锑、钴、镍、钛、铝、砷、汞、硅、硫、磷、钼、铀、锗、铍等。

与岩矿鉴定相比较，物相分析操作较快，定量准确，但不能将所有矿物区分，并无法测定这些矿物在矿石中的空间分布以及嵌布、嵌镶关系，因而在矿石物质组成研究工作中只是一个辅助的方法，无法代替岩矿鉴定。

由于矿石性质复杂，有的元素物相分析方法还不够成熟或处在继续研究发展中。因此，对矿石形式的判断，应综合分析物相分析、岩矿鉴定或其他分析方法所得资料，才能得出正确的结论。某铁选厂的原矿铁物相分析结果见表1-3。

表1-3 某铁选厂的原矿铁物相分析结果

矿物	磁性铁	碳酸铁	硫酸铁	硅酸铁	赤褐铁	TFe
铁含量/%	—	0.079	0.032	1.43	41.98	43.52
分布率/%	—	0.18	0.073	3.29	96.46	100.00

表1-3物相分析结果表明，铁矿石中矿物组成比较复杂，除含有赤铁矿、褐铁矿外，还含有菱铁矿、硫酸铁、硅酸铁等，没有磁铁矿。由于各种铁矿物对各种溶剂的溶解度相近，分离很不理想，结果有时偏低或偏高（如菱铁矿往往偏高，硅酸铁有时偏低）。在这种情况下，就必须综合分析元素分析、物相分析、岩矿鉴定、磁性分析等方法，才能最终判定铁矿物的存在形态，并据此拟定正确合理的实验方案。

B 岩矿鉴定

岩矿鉴定可以确切地知道有益和有害元素存在于什么矿物之中，查清矿石中矿物的种类、大致含量、嵌布粒度特性和嵌镶关系，测定选矿产品中有用矿物单体解离度。

测定方法包括肉眼和显微镜鉴定等常用方法和其他特殊方法。肉眼鉴定矿物时，有些特征不显著的或细小的矿物是极难鉴定的，对于它们只有用显微镜鉴定才可靠。常用的显微镜有实体显微镜（双目显微镜）、偏光显微镜和反光显微镜等。

（1）实体显微镜只有放大作用，是肉眼观察的简单延续，用于放大物体形象，观察物体的表面特征。观察时，先把矿石碎屑在玻璃板上摊为一个薄层，然后直接进行观察，并根据矿物的形态、颜色、光泽和解理等特征来鉴别矿物。这种显微镜的分辨能力较低，但观察范围大，能看到矿物的立体形象，可初步观察矿物的种类、粒度和矿物颗粒间的相互关系，估测矿物的含量。

（2）偏光显微镜除具有放大作用外，还在显微镜上装有两个偏光零件——起偏镜（下偏光镜）和分析镜（上偏光镜），加上可以旋转的载物台，就可以用来观察矿物的偏光性质。这种显微镜只能用来观察透明矿物。

（3）反光显微镜的构造和偏光显微镜一样，都具有偏光零件，所不同的是在显微镜筒上装有垂直照明器。这种显微镜适用于观察不透明矿物，要求将矿石的观察表面磨制成光洁的平面，即把矿石制成适用于显微镜观察的光片。大部分有用矿物属于不透明矿物，主要运用这种显微镜进行鉴定。鉴定表上没有的矿物或单凭显微镜还难以鉴定的矿物等，则要用其他一些特殊方法。

在显微镜下测定矿石中矿物含量的方法主要有面积法、直线法和计点法三种，即具体测定统计待测矿物所占面积（格子）、线长、点子数的百分率，工作量比较大。选矿实验若对精确度要求不高，也可采用估计法，即直接估计每个视野中各矿物的相对含量百分比，此时最好采用十字丝或网格目镜，以便易于按格统计。经过多次对比观察积累经验后，估计法亦可得到相当准确的结果。

应用上述各种方法都是首先得出待测矿物的体积分数，乘以各矿物的密度即可算出该样品中矿物的质量分数。

某铜选厂扫选精矿的样本用520胶固结后经电木粉镶嵌制成光薄片，在NIKON-LV100POL型反光显微镜下的观察的结果如下：

（1）标本观察。样品为灰白色砂样，主要为黄铁矿、黄铜矿、磁铁矿、磁黄铁矿等，含部分脉石矿物。

（2）主要矿物成分。样片中主要金属矿物为黄铁矿、黄铜矿、磁黄铁矿、磁铁矿、赤铁矿、闪锌矿、辉钼矿等，以及脉石矿物。

1）黄铁矿（Py）。黄铁矿含量约占7%，单晶体较少，多被黄铜矿、磁黄铁矿等交代，或被脉石矿物穿切。

2）黄铜矿（Cp）。黄铜矿含量约占10%，单晶体较少分布，多交代黄铁矿、磁铁矿，或分布在脉石矿物裂隙中（图1－1a），与磁黄铁矿共生，偶见交代闪锌矿或呈细小的乳滴状分布在闪锌矿中（图1－1b）。

3）磁黄铁矿（Po）。磁黄铁矿含量约占3%，部分呈单晶体分布（图1－1c），多数与黄铜矿共生，或交代黄铁矿，以及与脉石矿物连晶。

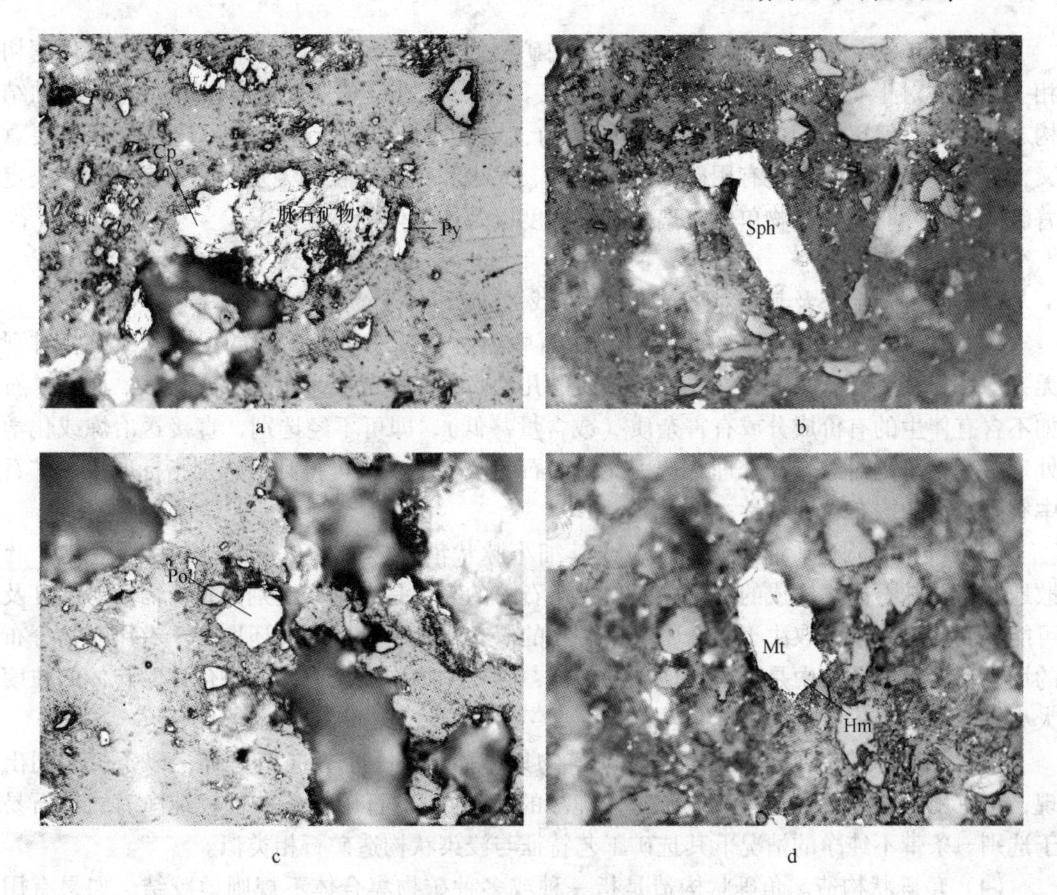

图1-1 某铜选厂扫选精矿反光显微镜下鉴定图
a，c，d—d=0.22mm；b—d=0.56mm

4）磁铁矿（Mt）。磁铁矿含量约占5%，少部分呈单晶体分布，大多被黄铜矿、赤铁矿交代（图1-1d），部分与脉石矿物连晶。

5）赤铁矿（Hm）。赤铁矿含量约占1%，单晶体极少见，多交代磁铁矿（图1-1d），或分布在脉石矿物中。

6）闪锌矿（Sph）。闪锌矿含量小于1%，单晶体极少见，其中多分布有黄铜矿细小乳滴（图1-1b），或与脉石矿物连晶。

7）辉钼矿（Mol）。辉钼矿含量小于1%，呈鳞片状，部分呈单晶体分布，与脉石矿物连晶。

1.1.1.3 *矿石的构造、结构分析*

矿石构造是指组成矿石的矿物集合体的形态、大小及空间相互的结合关系等所反映的分布特征。矿石结构是指矿石中单个矿物结晶颗粒的形态、大小及其空间相互的结合关系等所反映的分布特征。矿石构造既可用肉眼观察，也可用显微镜观察。矿石结构主要在显微镜下观察，个别粗大的颗粒也可用肉眼观察。矿石的构造和结构统称矿石组构。研究矿石组构，可以科学地认识矿床成因，对矿床进行正确的工业评价，对矿石开展最佳综合利用，确定选、冶的合理方案。

矿石的结构、构造所反映的虽是矿石中矿物的外形特征，但却与它们的生成条件密切相关，因而对于研究矿床成因具有重要意义。在一般的矿石分析报告中都会对矿石的结构、构造特点给以详细的描述。矿石的结构、构造特点，对于矿石的可选性具有重要意义，而其中最重要的则是有用矿物颗粒形状、大小和相互结合的关系，因为它们直接决定着破碎、磨碎时有用矿物单体解离的难易程度以及连生体的特性。

A 矿石的构造

矿石的构造形态及其相对可选性可大致划分如下：

(1) 块状构造。有用矿物集合体在矿石中约占80%，呈无空洞的致密状，矿物排列无方向性。其颗粒有粗大、细小、隐晶质的几种。若为隐晶质者称为致密块状。此种矿石如不含有伴生的有价成分或有害杂质（或含量甚低），即可不经选别，直接送冶炼或化学处理。反之，则需经选矿处理。选别此种矿石的磨矿细度及可得到的选别指标取决于矿石中有用矿物的嵌布粒度特性。

(2) 浸染状构造。有用矿物颗粒或其细小脉状集合体，相互不结合地、孤立地、疏散地分布在脉石矿物构成的基质中。这类矿石总的来说是有利于选别的，所需磨矿细度及可能得到的选别指标取决于矿石中有用矿物的嵌布粒度特性，同时还取决于有用矿物分布的均匀程度，以及其中是否有其他矿物包体，脉石矿物中有否有用矿物包体，包体的粒度大小等。

(3) 条带状构造。有用矿物颗粒或矿物集合体，在一个方向上延伸，以条带相间出现，当有用矿物条带不含有其他矿物（纯净的条带），脉石矿物条带也较纯净时，矿石易于选别。条带不纯净的情况下其选矿工艺特征与浸染状构造矿石相类似。

(4) 角砾状构造。角砾状构造是指一种或多种矿物集合体不规则地胶结。如果有用矿物成破碎角砾被脉石矿物所胶结，则在粗磨的情况下即可得到粗精矿和废弃尾矿，粗精矿再磨再选。如果脉石矿物为破碎角砾，有用矿物为胶结物，则在粗磨的情况下可得到部分合格精矿，残留在富尾矿中的有用矿物需再磨再选，方能回收。

(5) 鲕状构造。根据鲕状和胶结物的性质可大致分为以下两种：1）鲕粒为一种有用矿物组成，胶结物为脉石矿物，此时磨矿粒度取决于鲕粒的粒度，精矿质量也决定于鲕粒中有用成分的含量；2）鲕粒为多种矿物（有用矿物和脉石矿物）组成的同心环带状构造。若鲕粒核心大部分为一种有用矿物组成，另一部分鲕核为脉石矿物所组成，胶结物为脉石矿物，此时可在较粗的磨矿细度下（相当于鲕粒的粒度）得到粗精矿和最终尾矿。欲再进一步提高粗精矿的质量，常需要磨到鲕粒环带的大小，此时磨矿粒度极细，造成矿石泥化，回收率急剧下降。因此，复杂的鲕状构造矿石采用机械选矿的方法一般难以得到高质量的精矿。

与鲕状构造的矿石选矿工艺特征相近的有豆状构造、肾状构造以及结核状构造。这些构造类型的矿石如果胶结物为疏松的脉石矿物，通常采用洗矿、筛分的方法得到较粗粒的精矿。

(6) 脉状及网脉状构造。一种矿物集合体的裂隙内，有另一组矿物集合体穿插成脉状及网脉状。如果有矿物在脉石中成为网脉，则此种矿石在粗磨后即可选出部分合格精矿，而将富尾矿再磨再选，如果脉石在有用矿物中成为网脉，则应选出废弃尾矿，将低品位精矿再磨再选。

(7) 多孔状及蜂窝状构造。多孔状及蜂窝状构造是指在风化作用下，矿石中一些易溶矿物或成分被带走，在矿石中形成孔穴，多为孔状。如果矿石在风化过程中，溶解了一部分物质，剩下的不易溶或难溶的成分形成了墙壁或隔板似的骨架，称为蜂窝状。这两种矿石都容易破碎，但如孔洞中充填、结晶有其他矿物时，对选矿产生不利影响。

(8) 似层状构造。矿物中各种矿物成分呈平行层理方向嵌布，层间接触界线较为整齐。一般铁、锰、铝的氧化物和氢氧化物具有这种构造。其选别的难易决定于层内有用矿物颗粒本身的结构关系。

(9) 胶状构造。胶状构造是在胶体溶液的矿物沉淀时形成的。是一种复杂的集合体，是由弯曲而平行的条带和浑圆的带状矿瘤所组成。这种构造裂隙较多。胶状构造可以由一种矿物形成，或者由一些成层交错的矿物带所形成。如果有用矿物的胶体沉淀和脉石矿物的胶体沉淀彼此孤立地不是同时进行，则有可能选别。如二者同时沉淀，形成胶体混合物，而且有用矿物含量不高时，则难于用机械方法进行选分。

B 矿石的结构

构成矿石结构的主要因素有矿物的粒度、晶粒形态（结晶程度）及嵌镶方式等。

a 嵌布粒度的分类

矿物颗粒的粒度矿物粒度大小的分类原则及划分的类型还很不统一，但是在选矿工艺上，为了说明有用矿物粒度大小与破碎、磨碎和选别方法的重要关系，常采用粗粒嵌布、细粒嵌布、微粒和次显微粒嵌布等概念。

(1) 粗粒嵌布。矿物颗粒的尺寸为20~2mm，亦可用肉眼看出或测定，这类矿石可用重介质选矿、跳汰或干式磁选法来选别。

(2) 中粒嵌布。矿物颗粒的尺寸为2~0.2mm，可在放大镜的帮助下用肉眼观察或测量。这类矿石可用摇床、磁选、电选、重介质选矿，表层浮选等方法选别。

(3) 细粒嵌布。矿物颗粒尺寸为0.2~0.02mm，需要在放大镜或显微镜下才能辨认，并且只有在显微镜下才能测定其尺寸。这类矿石可用摇床、溜槽、浮选、湿式磁选、电选等。矿石性质复杂时，需借助于化学的方法处理。

(4) 微粒嵌布。矿物颗粒尺寸为20~2μm。只能在显微镜下观测。这类矿石可用浮选、水冶等方法处理。

(5) 次显微（亚微观）嵌布。矿物颗粒尺寸为2~0.2μm，需采用特殊方法（如电子显微镜）观测。这类矿石可用水冶方法处理。

(6) 胶体分散。矿物颗粒尺寸在0.2μm以下。需采用特殊方法（如电子显微镜）观测。这类矿石一般可用水冶或火法冶金处理。

有用矿物嵌布粒度大小不均的，可称为粗细不等粒嵌布、细微粒不等粒嵌布等。

b 嵌布粒度特性研究

嵌布粒度特性是指矿石中矿物颗粒的粒度分布特性。实践中可能遇到的矿石嵌布粒度特性大致可分为以下四种类型：

(1) 有用矿物颗粒具有大致相近的粒度（图1-2中曲线1），可称为等粒嵌布矿石，这类矿石最简单，选别前可将矿石一直磨细到有用矿物颗粒基本完全解离为止，然后进行选别，其选别方法和难易程度则主要取决于矿物颗粒粒度的大小。

(2) 粗粒占优势的矿石，即以粗粒为主的不等粒嵌布矿石（图1-2中曲线2），一般应采用阶段破碎磨碎、阶段选别流程。

(3) 细粒占优势的矿石，即以细粒为主时不等粒嵌布矿石（图1-2中曲线3），一般需通过技术经济比较之后，才能决定是否需要采用阶段破碎磨碎、阶段选别流程。

(4) 矿物颗粒平均分布在各个粒级中（图1-2中曲线4），即所谓极不等粒嵌布矿石，这种矿石最难选，常需采用多段破碎磨碎、多段选别的流程。

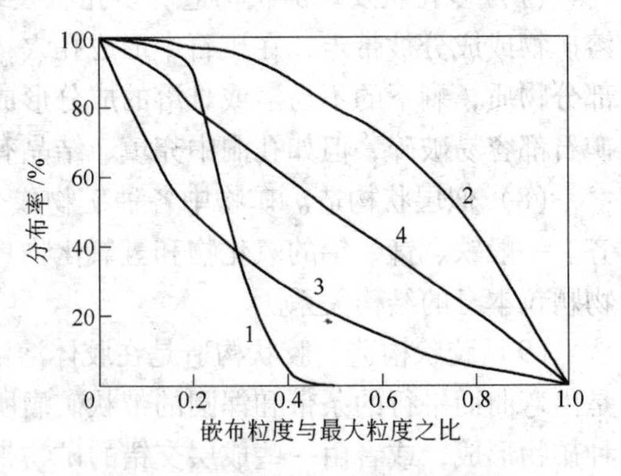

图1-2 矿物嵌布粒度特性曲线

由上可见，矿石中有用矿物颗粒的粒度和粒度分布特性，决定着选矿方法和选矿流程的选择，以及可能达到的选别指标，因而在矿石可选性研究工作中，矿石嵌布特性的研究通常具有极重要的意义。矿物颗粒粒度很小时（如胶体矿物），矿物散布的不均匀性，往往有利于选别，若多种有用矿物颗粒相互毗连，紧密共生，形成较粗的集合体分布于脉石中，则称为集合嵌布矿石，这类矿石往往可在粗磨条件下丢出贫尾矿，就可以显著节省磨矿费用，减少下一步选别作业的处理矿量。

c 晶粒形态和嵌镶特性

根据矿物颗粒结晶的完整程度，可分为自形晶、半自形晶、他形晶三类。自形晶晶体的晶形完整，半自形晶晶粒的部分晶面残缺，他形晶晶粒的晶形全不完整。

矿物颗粒结晶完整或较好，将有利于破碎、磨矿和选别，反之，矿物没有什么完整晶形或晶面，对选矿不利。

矿物晶粒与晶粒的接触关系称为嵌镶。如果晶粒与晶粒接触的边缘平坦光滑，则有利于选矿。反之，如为锯齿状的不规则形状则不利于选矿。

常见矿石结构类型主要有以下几种：

(1) 自形晶粒状结构。矿物结晶颗粒具有完好的结晶外形。一般是晶体结晶较早的和结晶生长力较强的矿物晶粒，显微镜下只能观察二维空间，晶粒的每一个切面只代表一个具体方向的晶型界限，其特征为晶粒边界平直，呈现规则的多面体外形。如铬铁矿、磁铁矿、黄铁矿、毒砂等。

(2) 半自形晶粒状结构。半自形晶粒状结构是指矿物晶粒外形发育不够完整，仅有部分完整晶面的晶体。显微镜下观察一般有一两个直边代表完整晶面，其余部分则没有一定的外形。一般由两种或两种以上的矿物晶粒组成，其中一种晶粒是各种不同自形程度的结晶颗粒，较后形成的颗粒则往往是他形晶粒，并溶蚀先前形成的矿物颗粒。如较先形成的各种不同程度自形结晶的黄铁矿颗粒与后形成的他形结晶的方铅矿、方解石所构成的半自形晶粒状结构。

(3) 他形晶粒状结构。他形晶粒状结构是由一种或数种呈他形结晶颗粒的矿物集合体组成。晶粒不具晶面，常位于自形晶粒的空隙间，其外形决定于空隙形状。他形晶粒常常是生长力差的矿物或晚结晶的矿物，结晶时其空间受到早结晶矿物的限制，或同时结晶的矿物晶粒争夺自由空间等原因形成各自外形无规则的晶粒。

(4) 斑状结构和包含结构。斑状结构的特点是某些矿物在较细粒的基质中呈巨大的斑晶，这些斑晶具有一定程度的自形，而被溶蚀的现象不甚显著，如某多金属矿石中有黄铁矿斑晶在闪锌矿基质中构成斑状结构。包含结构是指矿石成分中有一部分巨大的晶粒，其中包含有大量细小晶体，并且这些细小晶体是毫无规律的。

（5）交代溶蚀及交代残余结构。先结晶的矿物被后生成的矿物溶蚀交代则形成交代溶蚀结构，若交代以后，在一种矿物的集合体中还残留有不规则状、破布状或岛屿状的先生成的矿物颗粒，则为残余结构。

（6）乳浊状结构。乳浊状结构是指一种矿物的细小颗粒呈珠滴状分布在另一种矿物中。如某方铅矿滴状小点在闪锌矿中形成乳浊状。

（7）格状结构。在主矿物内，几个不同的结晶方向分布着另一种矿物的晶体，呈现格子状。

（8）结状结构。结状结构是指一种矿物较粗大的他形晶颗粒被另一种较细粒的他形晶矿物集合体所包围。

（9）交织结构和放射状结构。片状矿物或柱状矿物颗粒交错地嵌镶在一起，构成交织结构。如果片状或柱状矿物成放射状嵌镶时，则称为放射状结构。

（10）海绵陨铁结构。金属矿物的他形晶细粒集合体胶结硅酸盐矿物的粗大自形晶体，形成一种特殊的结构形状，称为海绵陨铁结构。

（11）柔皱结构。柔皱结构是指具有柔性和延展性矿物所特具的结构。特征是具有各种塑性变形而成的弯曲的柔皱花纹。如方铅矿的解理交角常剥落形成三角形的陷穴，陷穴的连线发生弯曲，形成柔皱；又如辉钼矿（可塑性矿物）受力后产生形变，也可形成柔皱状。

（12）压碎结构。压碎结构为脆硬矿物所特有。例如黄铁矿、毒砂、锡石、铬铁矿等常有。在矿石中非常普遍，在受压的矿物中呈现裂缝和尖角的碎片。

矿物的各种结构类型对选矿工艺会产生不同的影响。呈交代溶蚀状、残余状、结状等交代结构的矿石，选矿要彻底分离它们是比较困难的。压碎结构一般有利于磨矿和单体解离。格状等固溶体分离结构，由于接触边界平滑，也比较容易分离，但对于呈细小乳滴状的矿物颗粒，要分离出来就非常困难。其他如粒状（自形晶、半自形晶、他形晶）、交织状、海绵晶铁状等结构，除矿物成分复杂、结晶颗粒细小者外，一般较容易选别。

d 矿石结构分析举例

某铜选厂的中间产品矿物成分及嵌布特征：光片中主要金属矿物有黄铁矿、黄铜矿和少量的闪锌矿、磁黄铁矿等。

（1）黄铁矿（Py）。光片中含量约占10%，呈半自形和他形粒状分布，具有两个世代：早世代粗粒黄铁矿呈半自形或他形粒状，较破碎，多被黄铜矿及脉石矿物交代（图1－3a），其中可见分布有黄铜矿和磁黄铁矿包体，粒径0.1～0.4mm之间；晚世代细粒黄铁矿呈半自形或不规则粒状多浸染状分布在脉石矿物中，局部破碎裂隙可被黄铜矿交代（图1－3b），细粒黄铁矿可沿粗粒黄铁矿边部及破碎裂隙中分布，粒径0.01～0.05mm之间。

（2）黄铜矿（Cp）。光片中含量约占35%，呈不规则粒状或脉状分布，交代黄铁矿，黄铜矿中可见分布有闪锌矿和石英（图1－3a），或被方解石脉穿切，粒径差级较大，0.01～0.5mm之间。黄铜矿嵌布粒级测量计算记录见表1－4。

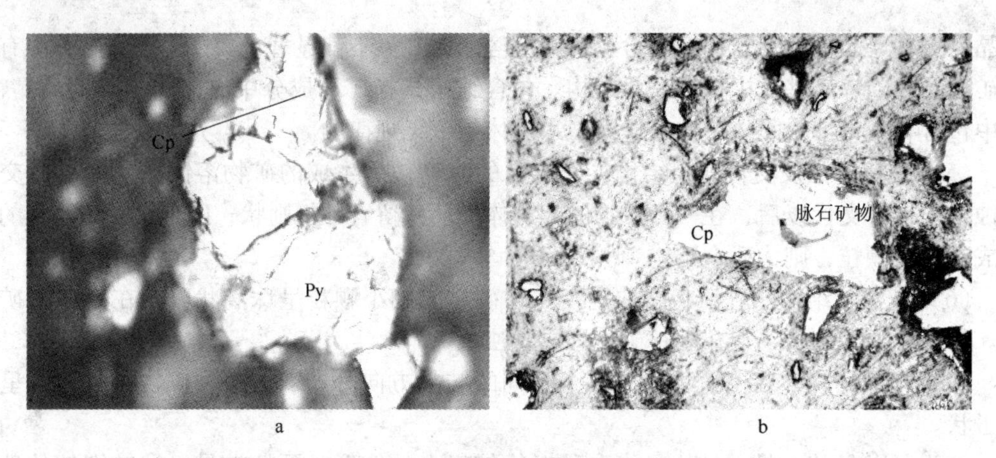

图1-3 扫选精矿矿石形貌分析

a—$d=0.16$mm；b—$d=0.4$mm

表1-4 黄铜矿（Cp）嵌布粒级测量计算记录

粒级	粒度范围		颗粒数	含量分布/%	累计含量/%
	mm	目			
Ⅰ	+0.30	>50	7	2.40	2.40
Ⅱ	-0.30 +0.17	50~80	25	8.56	10.96
Ⅲ	-0.17 +0.14	80~100	31	10.62	21.58
Ⅳ	-0.14 +0.104	100~150	65	22.26	43.84
Ⅴ	-0.104 +0.074	150~200	68	23.28	67.12
Ⅵ	-0.074	<200	96	32.88	100.00
合计			292	100.00	

（3）闪锌矿（Sph）。光片中含量约占1%，不规则粒状，极少部分呈单晶体独立分布，大部分分布在黄铜矿中，与黄铜矿共生，粒径0.01~0.1mm之间。

（4）磁黄铁矿（Po）。光片中含量小于1%，粒状，大部分分布在粗粒黄铁矿中，粒径0.01mm左右。

（5）脉石矿物约占55%左右，以长石、石英、方解石为主。

1.1.1.4 单体解离度与连生体特性分析

A 单体解离度及测定

选矿产品单体解离度的测定，用以检查选矿产品（主要指磨碎产品，选别过程中的精矿、中矿和尾矿等）中有用矿物解离成单体的程度，作为确定磨碎粒度和探寻进一步提高选别指标的可能性依据。

一般把有用矿物的单体含量与该矿物的总含量的百分比率称为单体解离度，其计算公式为

$$F=\frac{f}{f+f_i}\times 100\% \tag{1-1}$$

式中 F——某有用矿物的单体解离度，%；

f——该矿物的单体含量；

f_i——该矿物在连生体中的含量。

矿物单体解离度越高，其解离性越好；反之，矿物解离性越差。在碎矿、磨矿中，只有将有用矿物充分解离出来，才能提高有用矿物的回收率和品位质量，通常用解离度指标来衡量碎矿和磨矿的效果，找出提高选矿效率的措施。测定方法是首先采取代表性试样，进行筛分分级，74μm 以下需事先水析，再在各个粒级中取少量代表性样品，一般取 10～20g，制成砂光片或砂薄片，置于显微镜下观察，用直线法或计点法统计有用矿物单体解离个数与连生体个数，连生体中应分别统计出有用矿物与其他有用矿物连生或与脉石连生的个数。此外，还应区分有用矿物在连生体中所占的颗粒体积大小，一般分为$\frac{1}{4}$、$\frac{1}{2}$、$\frac{3}{4}$、$\frac{1}{5}$、$\frac{2}{5}$、$\frac{1}{2}$、$\frac{3}{5}$、$\frac{4}{5}$等几类，不要分得太细，以免统计繁琐，一般每一种粒级观察统计 500 颗粒左右为宜。由于同一粒级中矿物颗粒大小是近似相等的，同一矿物其密度是一致的，这样便可根据颗粒数之间的关系先分别算出各粒级中有用矿物的单体解离度，而后求出整个产品的单体解离度。

解离度计算举例如下：

某选厂采用计点法关于黄铁矿的连生体测定结果见表 1－5。

表 1－5　某选厂采用计点法关于黄铁矿的连生体测定结果

连生体类型	单体/个	连晶体/个				
		20:80	40:60	50:50	60:40	80:20
黄铁矿	158					
黄铁矿－黄铜矿		5	12	12	6	15
黄铁矿－黝铜矿			1	2	1	6
黄铁矿－斑铜矿				2	1	4
黄铁矿－赤铁矿					1	2
黄铁矿－脉石矿物		2	1	5	4	11

根据式（1－1），黄铁矿的解离度为

$$F=\frac{f}{f+f_i}\times100\%=\frac{158}{158+7\times\frac{1}{5}+14\times\frac{2}{5}+21\times\frac{1}{2}+13\times\frac{3}{5}+38\times\frac{4}{5}}\times100\%=73.94\%$$

B　选矿产品中连生体连生特性的研究

考察选矿产品时，除了检查矿物颗粒的单体解离程度以外，还常需对产品中连生体的连生特性进行研究和分析。

连生体的特性影响着它的选矿行为和下一步处理的方法。例如，在重选和磁选过程中，连生体的选矿行为主要取决于有用矿物在连生体中所占的比率。在浮选过程中，则尚与有用矿物和脉石（或伴生有用矿物）的联结特征有关，若有用矿物被脉石包裹，就很难浮起；若有用矿物与脉石毗连，可浮性取决于相互的比率，富连生体颗粒容易选出，贫连生体颗粒难以选出；若有用矿物以乳浊状包裹体形式高度分散在脉石中（或反过来，杂质分散于有用矿物中)，就很难选别，因为即使细磨也难以解离。由此可知，研究连生体特征时，应对如下三方面进行较详细的考察：

(1) 连生体的类型。有用矿物与何种矿物连生在一起，是与有用矿物连生，还是与脉石矿物连生，或者几种矿物连生。

(2) 各类连生体的数量。有用矿物在每一连生体中的相对含量（通常用有用矿物在连生体中所占的面积份数来表示），各类连生体的数量，及其在各粒级中的差异。

(3) 连生体的结构特征。连生体的结构特征主要研究不同矿物之间的嵌镶关系。大体有三种情况：

1) 包裹连生。一种矿物颗粒被包裹在另一种矿物颗粒内部。原矿呈乳浊状、残余结构等易产生此类连生体。

2) 穿插连生。一种矿物颗粒由连生体的边缘穿插到另一种矿物颗粒的内部。原矿具交代溶蚀结构、结状结构等易产生这类连生体。

3) 毗邻连生。不同矿物颗粒彼此邻接。原矿具粗粒自形、半自形晶结构、格状结构等可能产生这类连生体。

在穿插和包裹连生体中，要注意区别是有用矿物穿插或被包裹在其他矿物颗粒内或是不同矿物颗粒相互接触界线，是平直的，还是圆滑的，或者是比较曲折的。矿物或连生体的形态是粒状还是片状，磨圆程度如何，这些都会影响矿物的可选性。

矿物嵌布粒度和矿物解离度的测定方法，除传统方法外，应结合现代测试技术一起进行分析，以提高测定精度。

C 连生体特性分析

某铜选厂中间产品中的铜矿物、硫矿物的连生情况分别见表 1－6 和表 1－7，铜矿物、硫矿物主要分布在 0.038～0.20mm 之间，解离程度偏低，铜矿物解离度为 53.14%，硫矿物解离度为 55.46%，其中，在各粒级铜、硫矿物解离程度相似，在 0.074mm 以上铜矿物、硫矿物解离度均小于 20%，在 0.038～0.074mm 铜矿物、硫矿物解离度分别为 45.39% 和 47.55%，在 0.025～0.038mm 铜矿物、硫矿物解离度才分别为 83.85% 和 76.05%。连生体中，铜矿物粒度最大为 0.138mm，硫矿物粒度最大可为 0.27mm，一般两者粒度均小于 0.09mm。

表 1－6 铜矿物连生情况

连 生 体	铜矿物－脉石	铜、硫矿物－脉石	铜矿物－硫矿物	其他连生形式
单体解离度：53.14%	24.15%	12.24%	9.15%	1.32%
铜矿物在连生体中所占体积	<1/4	1/4～1/2	1/2～3/4	≥3/4
占有率/%	11.01	13.83	14.34	7.68

表 1－7 硫矿物连生情况

连生体	硫矿物－脉石	铜、硫矿物－脉石	硫矿物－铜矿物	其他连生形式
单体解离度：55.46%	4.17%	15.84%	22.13%	2.40%
硫矿物在连生体中所占体积	<1/4	1/4～1/2	1/2～3/4	≥3/4
占有率/%	5.28	7.22	12.24	19.80

脉石矿物大多呈矿物连生体，在 0.074mm 以上，各粒级脉石单体占有率均小于

15%；在0.038~0.074mm之间，单体占有率为30.4%；在0.025~0.038mm间，脉石单体占有率为60.3%。全样脉石单体占18.3%。

1.1.1.5 粒度组成分析

粒度是颗粒物体的最基本属性，它决定了颗粒物料的其他性质、用途和加工方法。因此粒度的测试是对矿物加工过程各产品属性分析具有重要意义。绝大多数物料的粒级组成不是窄粒级分布的，更不是单一粒级或均一的，而是宽粒级的连续分布，有些粒级含量高，有些粒级含量低。粒度测试是对一群颗粒连续粒群的测试，故称为粒度组成分析。

矿粒（或矿块）的大小称为粒度。进行可选性研究用的试样或选矿厂所处理的物料，都是粒度不同的各种矿粒的混合物。将矿粒的混合物按粒度分成若干级别，这些级别称为粒级，如将某一试样分为+2mm、-2mm~+1mm、-1mm~+0.2mm、-0.2mm等，物料中各粒级的相对含量称为粒度组成，即粒度的质量百分含量。测定物料的粒度组成或粒度分布来了解物料粒度特性称为粒度分析。

原矿和产品都常需进行粒度分析。有关粒度的测定方法很多，已知方法有十多种，基本上可归纳为直接度量法、运动速度法、能量法、电感应法和表面积法（表1-8）。

表1-8 颗粒粒度测量的主要方法分类

测量方法		测量装置
直接度量法	筛分法	手筛、标准套筛、气喷筛、声波筛
	显微镜法	光学显微镜、扫描电子显微镜、投射电子显微镜
	图像法	图像分析仪、全息照相法、摄影法
运动速度法	重力沉降法	密度计、移液管、沉降天平、光透过沉降仪、X射线透过沉降仪、连续水析器、旋流水析器
	离心沉降法	光透过沉降仪、X射线透过沉降仪
	电泳法	电泳仪
能量法	能量吸收法	光透过沉降仪、X射线透过沉降仪、超声波粒度计
	能量散射法	激光衍散射粒度仪
	光子相干法	光子相关粒度仪
电感应法		库尔特粒度仪、搏动法计数器
表面积法		透气比面积仪、平均粒度测定仪、BET吸附仪

（1）直接度量法进一步分为筛分法、显微镜法、图像法。筛分法是利用已知和固定筛孔尺寸的筛面让固体物料或透过或截留，得到以颗粒质量为基准的分布。显微镜法是通过直接度量颗粒在显微镜视场中的投影得到以颗粒个数为基准的粒度分布。

（2）运动速度法是利用颗粒在流体介质中（包括空气和液体）中运动的速度与颗粒尺寸有关的性质来检测颗粒的粒度，包括颗粒在重力和离心力场中的沉降速度法（沉降法）和在电场中的迁移速度法（电泳法）。

（3）能量法是利用各种能量包括光能、声能、射线等在遇到颗粒时发生吸收、散射等作用，导致能量衰减、转变等性质，得到颗粒的粒度分布。

（4）电感应法是根据颗粒在电场中引起电阻或电流的变化与颗粒大小有关的性质来测定颗粒的粒度分布。

（5）表面积法是根据颗粒的比表面积与颗粒粒度有关的性质，采用流体透过和气体吸收的方法测定表面积来测定颗粒的粒度。

为了较全面地描述粒度特性，常需几种方法并举，互相补充，一般都是按粒度大小不同采用不同的测定方法。其中有的方法测出的是粒度分布，有的方法测出的则是平均直径；有的是直接测量粒度，有的则是根据其他参数换算（如沉降速度和比表面）；有的是在气相中进行的干法，有的则是在液相中进行的湿法。

选矿生产和实验研究中经常采用的粒度分析方法有筛分法、沉降法和显微镜法。粒度组成分析实验详见2.1节。

1.1.1.6 矿石的其他性质研究

矿石及其组成矿物的物理、化学、物理化学性质以及其他性质的研究，其内容较广泛，针对不同的矿石其研究的性质也不同，如铁矿主要研究硬度、磁性、氧化程度等，铜矿石研究其可浮性、氧化程度、硬度、可磨度等。一般矿石的物理、化学及物理化学性质主要包括密度、磁性、电性、形状、颜色、光泽、发光性、放射性、硬度、脆性、湿度、氧化程度、吸附能力、溶解度、酸碱度、泥化程度、摩擦角、堆积角、可磨度、润湿性、晶体构造等。

原矿、选矿产品试样通常都需要按上述内容进行研究、考察。原矿性质研究一般在实验研究工作开始前就要进行，选矿产品性质研究是在实验过程中根据需要逐步去做。两者的研究方法也大致相同，但原矿试样的研究内容要求比较全面、详尽，而选矿产品的考察通常仅根据需要选做某些项目。

1.1.2 矿石性质研究的程序

1.1.2.1 研究程序

矿石性质研究需按一定程序进行，不同矿石的研究其研究程序也不一样，某些特殊的矿石需采取一些特殊的程序。对于放射性矿石，首先要进行放射性测量，然后具体查明哪些矿物有放射性，最后才进行分选取样并进行化学组成及矿物鉴定工作。对于简单的矿石，如铜、铅、锌、铁、钼、钨、锰、锡等矿石，根据已有的经验应做化学组成、矿物组成、矿石结构、粒度组成、单体解离及一般的显微镜鉴定工作即可指导选矿实验。

选矿实验所需矿石性质研究程序，一般可按图 1－4 进行。拟定选矿实验方案的步骤是：

（1）对矿石性质进行研究，根据现有的矿石性质研究相关资料和同类矿产的生产实践，初步拟定所有可行的实验方案。

（2）根据国家的技术政策及法律法规，从技术、经济、环保等角度并结合当地的具体条件以及委托方的要求，通盘考虑，确定主攻方案。

（3）用主攻方案进行选矿对比实验。

（4）取样量的规定。碎矿流程考查的特点是矿块大，取样量大，为了使试样具有代

表性，试样的最小质量 Q(kg) 应遵循如下公式

$$Q = Kd \tag{1-2}$$

式中 K——与矿石性质有关的系数，一般取0.1～0.2；

d——试样中最大矿块粒度，mm。

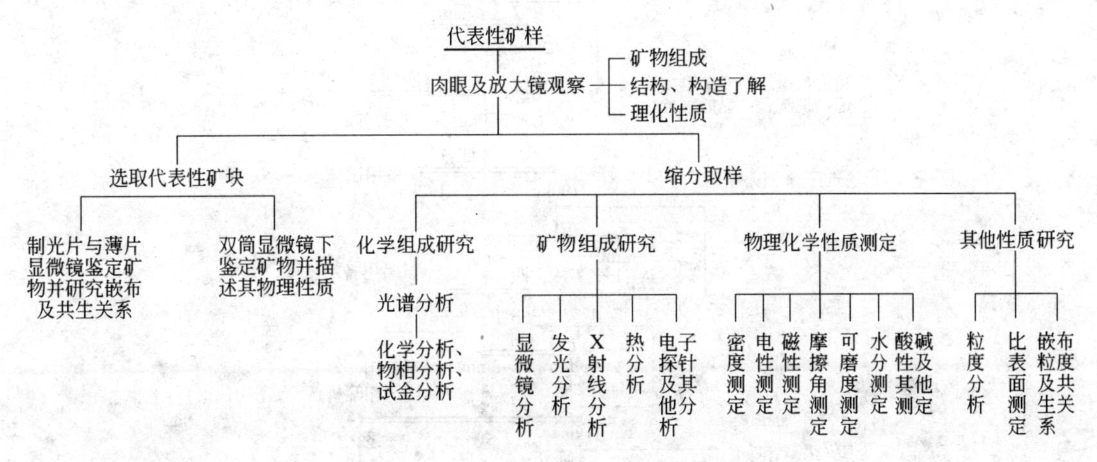

图1-4 矿石性质研究的一般程序

1.1.2.2 研究程序举例

某铜矿矿石性质研究程序如图1-5所示。

某钨矿矿石性质研究程序如图1-6所示。

某多金属矿石性质研究程序如图1-7所示。

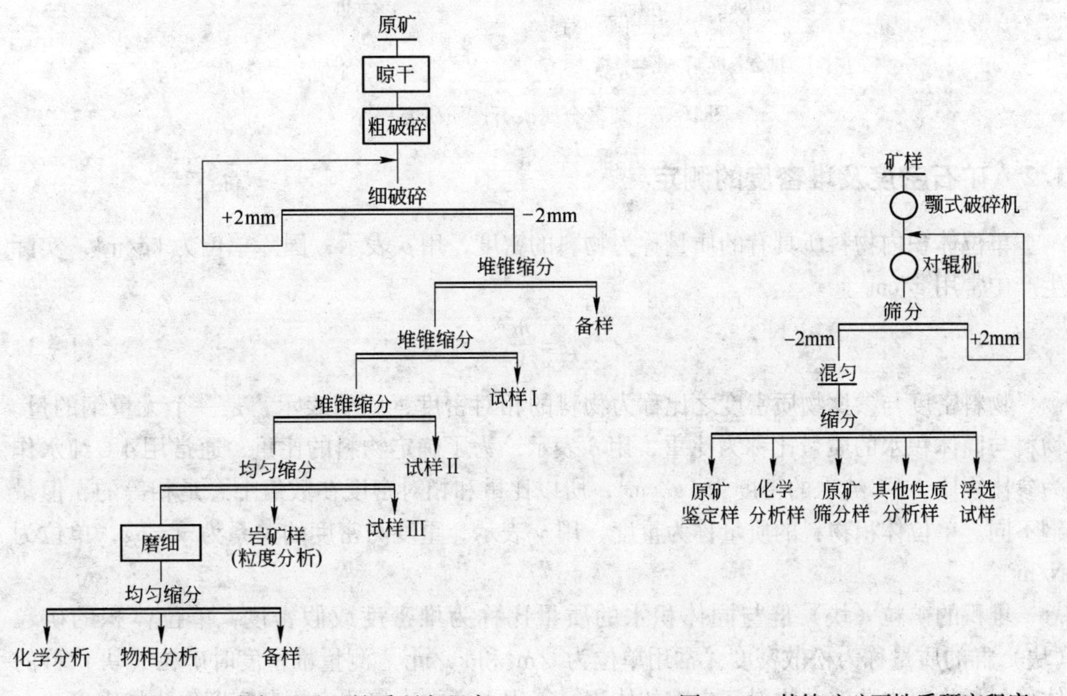

图1-5 某铜矿矿石性质研究程序

图1-6 某钨矿矿石性质研究程序

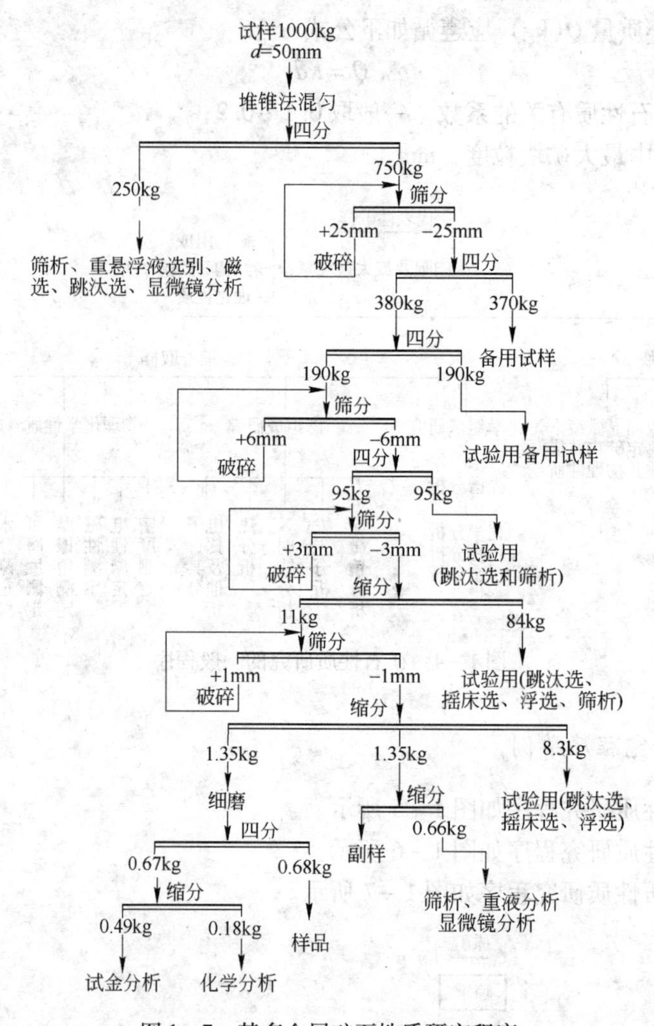

图1－7 某多金属矿石性质研究程序

1.2 矿石密度及堆密度的测定

单位体积内物料所具有的质量称为物料的密度，用ρ表示，国际单位为kg/m^3，实际生产中常用g/cm^3。

$$\rho = \frac{m}{V} \tag{1-3}$$

物料密度与参比物质密度之比称为物料的相对密度，用d表示，是一个无量纲的量。物料与同体积水的质量比称为比重，用δ表示，为了确定物料的比重，通常用4℃纯水作为参比物质，4℃纯水的密度为$1g/cm^3$，所以比重和相对密度在数值上总是相等的，但量纲不同。单位体积物料的质量称为重度，用γ表示，重度与密度的关系为$\gamma = \rho g$，单位为N/m^3。

堆积的矿粒（块）群与同体积水的质量比称为堆密度或假密度，单位体积的矿粒（块）群的质量称为松散密度，常用单位为t/m^3和kg/m^3。测量堆密度时矿粒（块）群的体积包括物料内孔隙和物料间空隙的体积，工程上还常直接测定松散密度作为堆密度。

真密度是指单位体积无孔隙的物料的质量，真密度是研究物料性质的重要参数，也是测量物料粒度分布的依据，测量真密度时应在105～110℃下干燥24h后测量质量。

1.2.1 矿石密度的测定

1.2.1.1 固体物料密度的测定

固体物料密度通常在室温下测定，温度的变化对物料的密度影响不大，可以忽略，一般物料事先应在105～110℃下干燥24h后测定，易氧化的物料（如硫化矿物）应在50～70℃左右干燥24h后测定。

大块固体物料的密度可以通过简单的称量法测定。原理是先将物料在空气中称量，然后再浸入水（也可采用其他的介质）中称量，通过换算计算出密度。称量可在精确到0.01～0.02g的普通天平上进行，也可用比重天平测定。

A 普通天平法

为了测定大块不规则形状的物料的密度，应先测定物料的干重。先制作一个用细金属丝制成的小笼子，用来放置物料。需准备工业天平或分析天平一台（量程一般较大，应可称量50kg）、烘箱、干燥器、大容量容器（如塑料桶）。测量步骤如下：

（1）首先称量金属丝笼子在空气的质量 G_1；

（2）测量物料和金属丝一起在空气中的质量 G_3；

（3）将笼子浸入水中，测量笼子在水中的质量 G_2；

（4）将笼子和物料一起浸入水中，测量其质量 G_4。

由于细金属丝浸入水中部分的长度变化引起浮力发生的变化很小，误差也很小，可以忽略不计。另外，测量过程中不要让笼子碰到器壁或器底。普通天平法测密度如图1－8所示。

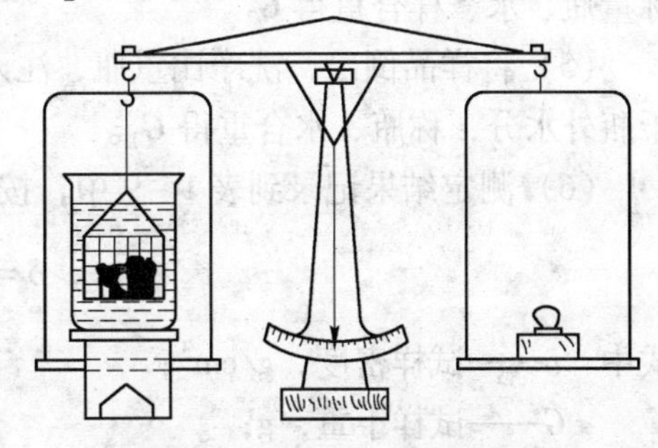

图1－8 普通天平法测密度

设矿块的密度为 δ，介质的密度为 Δ，则

$$\delta = \frac{G_3 - G_1}{(G_3 - G_1) - (G_4 - G_2)}\Delta \qquad (1-4)$$

式中，δ、Δ 单位为 g/cm^3；G_1、G_2、G_3、G_4单位为g。

B 比重天平法

比重天平法与普通天平法的原理是相同的，但测量仪器是专用比重天平，因而测定时可直接读出矿块密度，不需要再用公式计算。

比重天平法广泛地应用于地质勘查、采矿研究、选矿研究等部门，其测定方法是：用细丝将样品悬挂在比重天平的右端，在左端加砝码，平衡后读数；然后将样品全部浸入盛满水的容器，样品不要碰到器壁或器底，根据指针偏转刻度直接读出样品的密度。

1.2.1.2 粉状物料密度的测定

粉状物料的密度测定，可根据实验精确度和试样质量选用量筒法、比重瓶法和显微比重法等。量筒法测定简单、方便、省时，误差较大；比重瓶法测量耗时，但测量精确度较高；显微比重法简单明了，测量样品量很少，取样的代表性至关重要。选矿实验中常用比重瓶法。

A 比重瓶法

比重瓶法称量粉状物料密度根据除去气泡的方法不同分为煮沸法、抽真空法以及抽真空与煮沸相结合的方法。

比重瓶法使用的主要仪器设备有：烧杯，25mL 或 50mL；滴管，10mL；温度计，0～50℃，分度值 0.1℃；漏斗，50mL；烘箱，干燥器；分析天平，感量 0.001g、称量 200g；比重瓶，50mL 或 100mL 2 个；真空抽气装置（抽气机、水银压力计、真空抽气缸、保护罩等）；水浴锅。

实验步骤：

（1）将试样烘干，称量试样 10～15g，借漏斗细心倾入洗净的比重瓶内，并将附在漏斗上的试样扫入瓶内，切勿使试样飞扬或抛失。

（2）注蒸馏水入比重瓶至淹没粉料并使液面高出一定距离，摇动比重瓶使试样充分分散。将瓶和用于实验的蒸馏水同时置于真空抽气缸中进行抽气，抽气时间一般不得少于 1h，直到液体中不再冒出细泡为止，关闭电动机，由三通阀放入空气。

（3）将经抽气的蒸馏水注入装有粉料的比重瓶至近满，放比重瓶于恒温水槽内，待瓶内浸液温度稳定，通过温度计读出水的温度。

（4）将比重瓶的瓶塞塞好，使多余的水自瓶塞毛细管中溢出，擦干瓶外的水分后，称量瓶、水、样合重得 G_2。

（5）将样品倒出，洗净比重瓶，注入经抽气的蒸馏水至比重瓶近满，塞好瓶塞，擦干瓶外水分，称瓶、水合重得 G_1。

（6）测定结果记录到表 1－9 中，按式（1－5）计算出试样密度。

$$\delta = \frac{G\Delta}{G_1 + G - G_2} \tag{1-5}$$

式中 δ——试样密度，g/cm³；

G——试样干重，g；

Δ——水的密度，g/cm³；

G_1——瓶、水合重，g；

G_2——瓶、水、样合重，g。

表 1－9 粉状物料密度测定记录表

送样单位： 采样地点： 矿石名称：

矿样编号： 比重瓶编号： 测定日期：

测定次数	试样质量 G/g	瓶、水合重 G_1/g	瓶、水、样合重 G_2/g	恒温水浴锅内水的温度/℃	同温蒸馏水的密度 /g·cm⁻³	试样密度 /g·cm⁻³	试样平均密度 /g·cm⁻³	备注
1								
2								

测定需注意的事项：

（1）密度测定需平行做两次，求算术平均值，保留小数两位，其平行差值不得大于0.02。

（2）比重瓶必须事先用热洗液洗去油污，然后用自来水冲洗，最后用蒸馏水洗净，烘干后备用。

（3）为了完全除去比重瓶中水里的气泡，可采用煮沸法将水中的气体排出，然后再冷却到室温下进行称量。

（4）水在不同温度时的密度通过查表取得（表1-10）。在对精确度要求不高时均可近似地认为等于1。

表1-10　不同温度下水的密度

t/℃	密　度	t/℃	密　度
0	0.999868	18	0.998623
1	0.999927	19	0.998433
2	0.999968	20	0.998232
3	0.999992	21	0.998021
4	1.000000	22	0.997799
5	0.999992	23	0.997567
6	0.999968	24	0.997326
7	0.999929	25	0.997074
8	0.999876	26	0.996813
9	0.999809	27	0.996542
10	0.999728	28	0.996262
11	0.999632	29	0.995973
12	0.999525	30	0.995676
13	0.999404	31	0.995369
14	0.999271	32	0.995054
15	0.999126	33	0.994731
16	0.998970	34	0.994399
17	0.998802	35	0.994059

B　显微比重法

显微比重法适用于微量（10~20mg）试样密度的测定。用一特制显微比重管或选取内径均匀的化学移液管来制作量器，用带测微尺的显微镜代替肉眼观测试样的排液体积，即可求出矿物密度。介质一般采用酒精或二甲苯，精确度可达±0.2mg。

不论采用何种方法测密度，都要注意选择介质，对介质的基本要求是：（1）对试样的润湿性好；（2）化学性质稳定，不至于同试样起化学反应；（3）密度稳定；（4）蒸气压低，黏性小，表面张力小，分子半径小。对于亲水性试样，通常都是用水作介质，其他则可用酒精（95%时最稳定）、苯、甲苯、二甲苯等有机液体。

1.2.2　矿石堆密度的测定

堆密度是指碎散物料在自然状态下堆积时，单位体积（包括空隙）的质量，常用的单位为 t/m³。由于水的密度是 1t/m³，因而堆密度和堆重度在数值上相同。测定堆密度的主要目的是为设计矿仓、堆栈等储矿设施提供依据。

具体测定方法如下：取经过校准的容器，其容积为 V，质量为 G_0，盛满矿样并刮平，然后称量为 G_1。其堆密度 δ_d 和空隙度 e 可分别计算如下

$$\delta_d = \frac{\gamma_d}{\gamma_w} = \frac{G_1 - G_0}{\gamma_w V} = \frac{G_1 - G_0}{V} \tag{1-6}$$

$$e = \frac{\gamma_s - \gamma_d}{\gamma_s} = \frac{\delta_s - \delta_d}{\delta_s} \tag{1-7}$$

式中　G_0，G_1——分别为容器装矿前和装矿后的质量，kg；

V——容器的容积，L；

γ_d，δ_d——分别为矿样的堆重度（kg/L）和堆密度；

γ_s，δ_s——分别为矿样的重度（kg/L）和密度；

γ_w——水的重度（kg/L），$\gamma_w = 1$；

e——空隙度，空隙体积占容器总容积的分数，以小数计。

测定过程中应注意：

（1）测定容器不应过小，否则准确性差。即使矿块很大，容器的边长最少也要比最大块尺寸大 5 ~ 10 倍。

（2）为减小误差，应重复测定多次，取其平均值作为最终数据。

（3）若要求测定压实状态下的碎散物料的堆密度，则在物料装入容器后可利用振动的方法使其自然压实，然后测定。

1.3　物料摩擦角的测定

1.3.1　测定原理

摩擦角的测定可在摩擦角测定器上进行。摩擦角测定器的构造是将平板一端铰接固定，而另一端则可借细绳牵引自由升降（图 1 - 9）。

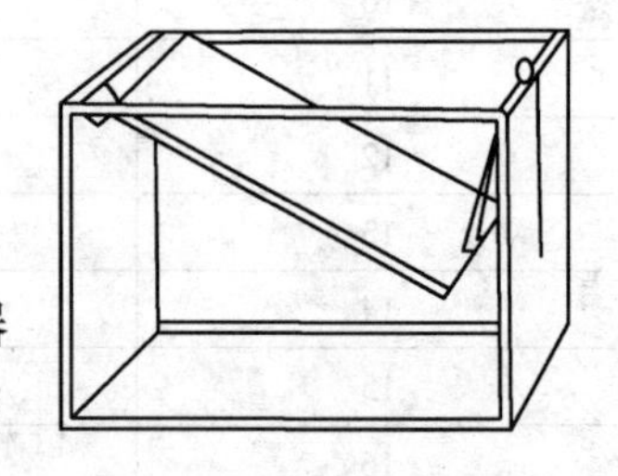

图 1 - 9　摩擦角测定器

测定时将被测物料置于板的固定端的中心部分，并将板缓慢的下降，直至物料开始滑动时为止（不准滚动），此时测出的倾角即为摩擦角。测定时应重复 3 ~ 5 次，取其平均值。

应该指出，摩擦角测定器的倾斜平板（有木板、钢板或其他材质的板）形状以长方形为适宜，其宽度不应小于被测物料最大粒度的 5 ~ 10 倍，板的长：宽 = 2∶1 或 3∶1 均可，由于倾斜平板的材质不同，因而测得的摩擦角也不同，故选择倾斜平板的材质时，应力求接近生产实际。

1.3.2　实验仪器、设备和器具

（1）自制摩擦角测定装置一台。

（2）量角器、直尺各一个。

（3）待测物料 5 ~ 10kg。

1.3.3 测定步骤

(1) 在水平台上摆好摩擦角测定装置，将平板放置水平。

(2) 将待测物料放到平板上。

(3) 将牵引细绳慢慢地放松，使平板缓慢下降，当物料开始滑动时，立即停止平板下降，将平板的位置固定。

(4) 用量角器测定平板的倾角，以上步骤重复几次，然后记录并计算平均值作为最终的测定值（表1-11）。

表1-11 摩擦角测定实验结果记录表

送样单位： 采样地点： 矿石名称： 矿样编号： 测定日期：

测量次数/次	第1次	第2次	第3次	…	平均值
摩擦角/(°)					

1.4 物料堆积角的测定

1.4.1 测定原理

堆积角的测定有自然堆积法和朗氏法。自然堆积法较简单，可在比较平坦的地面或地板上进行测定，将欲测物料通过漏斗落到地面或地板上自然堆积成锥体，直至实验物料沿料堆的各边都同等的下滑为止。然后将一长木板放在锥体的斜面上，再将倾斜仪置于木板上，此时测出的角度即为被测试料的堆积角（或称安息角）。如各种粒度铁矿石的堆积角一般为38°~40°。为使测得数据准确需重复测3~5次，取其平均值。朗氏法测定堆积角的装置如图1-10所示，将待测定的物料由漏斗落至圆台上，形成料堆，直至物料从圆台周围滑下为止。转动一根活动的直尺，即可测出堆积角。

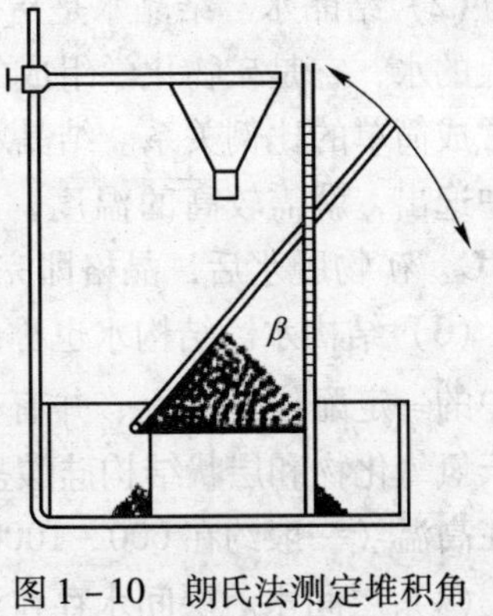

图1-10 朗氏法测定堆积角的装置

1.4.2 实验仪器、设备和器具

(1) 料铲一把和堆积角测定装置一台。

(2) 量角器、直尺各一个。

(3) 待测物料5~10kg。

1.4.3 测定步骤

1.4.3.1 自然堆积法的测定步骤

(1) 选定一块平整的地面。

(2) 用料铲将物料铲到地面上，按照自然堆锥的方式进行堆锥。

(3) 用直尺和量角器测出料堆与地面的夹角，即为测定的堆积角。

(4) 重复3~5次，测出的结果列于表1-12中，计算并取平均值。

1.4.3.2 朗氏法测定步骤

（1）调整堆积角测定装置的漏斗，使其与堆积台有合适的距离。

（2）用料铲将物料铲到漏斗中，使物料经漏斗缓慢的落下，在堆积台上自然形成锥体，当物料沿锥体的各边下滑速度一致时，停止加料。

（3）转动活动直尺，直到直尺的边缘与物料锥体面重合，用量角器测出角度。

（4）重复3~5次，测出的结果列于表1－12中，计算并取平均值。

表1－12 堆积角测定实验结果记录表

送样单位：　　采样地点：　　矿石名称：　　矿样编号：　　测定日期：

测量次数/次	第1次	第2次	第3次	…	平均值
堆积角/(°)					

1.5 物料水分含量的测定

1.5.1 物料中水分的分类

物料中的水分主要包括吸附水、结晶水、结构水、层间水、沸石水等。

（1）吸附水。吸附水是指被机械地吸附于矿物颗粒的表面及裂隙中，或渗入矿物集合体中的中性水分子（H_2O）。吸附水不参与晶格的形成，因而不属于矿物的化学组成。矿物中吸附水的含量不定，随环境的温度和湿度而变化。在常压下，当温度增高至100~110℃时，吸附水即全部从矿物中逸出而不破坏晶格。

（2）结晶水。结晶水是指以中性水分子（H_2O）的形式存在于矿物晶格中的一定位置上的水，它是矿物化学组成的一部分。水分子有确定的数目，其与矿物中其他组分的含量常成简单的比例关系。结晶水由于受到晶格的束缚，结合较牢固，因而要使结晶水从晶格中逸出，就需较高的温度，一般为200~500℃，个别矿物（如透视石）甚至可高达600℃。矿物脱水后，晶格即完全被破坏、改造而形成新的结构。

（3）结构水。结构水也称化合水，是指以OH^-、H^+、H_3O^+离子形式存在于矿物晶格中的一定配位位置上、并有确定的含量比的“水”，其中尤以OH^-最为常见，主要存在于氢氧化物和层状结构硅酸盐矿物中。结构水在晶格中与其他离子联结得非常牢固，只有在高温（一般约在600~1000℃）下结构遭受破坏时才能逸出。

（4）层间水。层间水存在于一些层状结构硅酸盐（如某些黏土矿物）晶格中结构层之间的中性水分子，它们主要与层间阳离子结合成水合离子。由于结构层本身的电价未达到平衡，其表面存在过剩的负电荷，可吸附其他金属阳离子，而后者又再吸附水分子，从而在相邻的结构层之间形成水分子层，即层间水。显然，层间水的含量随所吸附的阳离子的种类及环境的温度和湿度而异，其数量可在相当大的范围内变化。层间水较易失去，一般加热到几十摄氏度即开始逸出，常压下至110℃左右即大量逸出。

（5）沸石水。沸石水主要存在于沸石族矿物晶格中宽大的空腔和通道中的中性水分子，与其中的阳离子结合成水合离子。沸石水在晶格中也占据一定的配位位置，水的含量随温度和湿度而变化，其上限值与矿物其他组分的含量有简单的比例关系。沸石水一般从

80℃开始逸出，至400℃时水可全部失去，但并不引起晶格的破坏，只是某些物理性质发生变化，如透明度、折射率、相对密度随失水量的增加而降低。失水后的沸石能够重新吸水，并恢复到原来的含水限度，从而再现矿物原来的物理性质。

最后还需说明，在单矿物的化学全分析数据中，H_2O^{-1}称为负水，通常指不参加矿物晶格的吸附水，它不属于矿物固有的组成，当样品烘干到110℃以前即全部逸去；而正水H_2O^{+1}系指参加晶格的结构水或结晶水，其失水温度高于110℃。

1.5.2 实验仪器、设备及器具

（1）读数精度较高的电子天平（精确到0.01g）；

（2）恒温干燥箱一台、干燥器一具；

（3）带盖的不锈钢料盒一个，能最少容纳100g物料；

（4）物料100~500g。

1.5.3 测定步骤

（1）称量带盖的不锈钢料盒质量。

（2）称量100g物料放于料盒中，事先应将物料破碎到2mm以下并混匀。

（3）将料盒和物料一并放入干燥箱中烘干，干燥箱的温度控制在105~110℃左右。

（4）烘干4~8h，关闭烘箱，将料盒与物料取出放入干燥器中冷却，并称重。

（5）计算物料水分含量，按式（1-8）计算。

$$W = \frac{G - G_1}{G} \times 100\% = \frac{G - (G_2 - G_0)}{G} \times 100\% \tag{1-8}$$

式中 W——物料的水分含量，%；

G——物料的湿重，g；

G_0——料盒质量，g；

G_1——物料的干重，g；

G_2——（料盒+干样）质量，g。

（6）重复测定几个平行样，每次计算的结果列于表1-13中，并取平均值。

表1-13 水分含量测定结果记录表

送样单位： 采样地点： 矿石名称： 矿样编号： 测定日期：

测量次数/次	第1次	第2次	第3次	…	平均值
水分/%					

1.6 物料硬度的测定

1.6.1 测定原理

矿石硬度是指抵抗外来机械作用侵入矿石表面的能力，表征矿石物料破碎难易的指标。国际上通用的测定矿石硬度的方法是摩氏标准矿物硬度比较法，摩氏硬度是1824年由奥地利人摩斯（F. Mohs）提出的，摩氏硬度的范围为1~10，属于刻划硬度，以

硬度从小到大的滑石（1）、石膏（2）、方解石（3）、萤石（4）、磷灰石（5）、正长石（6）、石英（7）、黄玉（8）、刚玉（9）、金刚石（10）等十种标准矿物的硬度为标尺，鉴定被测矿石的硬度。被测定的矿物若能被某级标准矿物所刻划，在表面留下痕迹，又不能被低一级标准矿物刻划，则此矿石物料的硬度便在这两种硬度标值之间。矿石物料的硬度也可由其组成矿物的硬度及含量加权平均求得，摩氏硬度按硬度的标准由摩斯硬度计测得。

现在常用的划痕硬度检测方法有两种类别。一种是两物体互相刻划来比较硬度；另一种则是在负荷作用下，用一个金刚石压头来刻划。划痕硬度检测方法常用的有摩氏硬度检测方法和马尔顿斯划痕硬度检测方法。

摩氏硬度检测方法原理：摩氏硬度是以材料抵抗刻画的能力作为衡量硬度的依据。摩氏硬度的标度是选定十种不同矿物，从软到硬分为十级。如果一种材料不能用硬度标号为 n 的硬度物刻划出划痕，而只能用硬度标号为（$n-1$）的硬度物刻划出划痕时，它的硬度就在此两种硬度标号之间，即为（$n-1/2$）级。后来，摩氏硬度的应用范围日益扩大，级数也有所增加。

马尔顿斯划痕硬度检测方法原理：将标准压头在一定的负荷作用下压入被测物体表面内，然后使压头移动，则在金属表面画刻划出一条划痕。硬度值是用某一定的负荷下划痕的宽度或用刻划出一定宽度的划痕所需的负荷来表示。用具有90°锥角的金刚石锥体，刻划出10μm宽的划痕所需的负荷为硬度的量度，其公式为

$$H_m = F/d \tag{1-9}$$

式中 F——垂直负荷；

d——划痕宽度/mm。

关于划痕宽度的测量，应注意由于划痕硬度检测时首先要产生大的塑性变形。划痕两边会产生凸缘的（图1-11）。在测量时，不应测量划痕凸缘（c）和外边缘（b），而应测量真实划痕的宽度（d）。

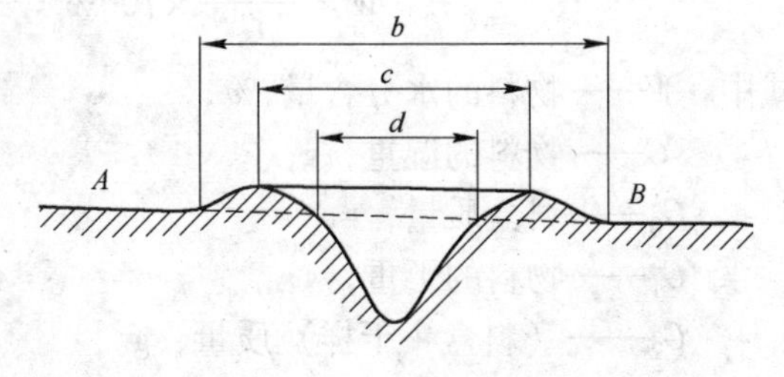

图1-11 划痕横截面示意图

过去，进行马尔顿斯划痕硬度检测时，分为两个步骤：即划出划痕以及在显微镜下测量划痕的宽度。现在多是在显微硬度计上附带专用的划痕压头，刻划后随即在显微硬度计上进行测量。

我国还采用普氏岩矿坚固性系数 f（俗称普氏硬度系数）表征矿石硬度，普氏硬度系数的范围为1~20，属于压入硬度。普氏硬度系数 f 是俄国学者普罗托季亚科诺夫于1911年提出并首先采用的。用以表征采矿工程中各种岩矿的破碎和岩体维护作业的难易程度，该理论认为无论以哪种方式进行破碎，岩矿所表现的坚固性都是趋于一致的，通常只用一个整数表示。

普氏硬度系数的计算公式为

$$f = \frac{R}{100} \tag{1-10}$$

式中 f——普氏硬度系数；

R——岩矿抗压强度，N/mm^2（或 MPa）；

$$R = \frac{P}{S} \tag{1-11}$$

P——矿石的破坏载荷，N；

S——矿石承担载荷的面积，mm^2。

典型的岩矿普氏硬度系数 f 值见表 1-14。

表 1-14 岩矿普氏硬度系数 f 值

岩石名称	最坚硬的石英岩和玄武岩	致密的花岗岩	坚固的石灰岩	一般的砂岩	砂岩页岩	较弱的页岩	坚固的煤	黏土	松散的砂土
f 值	20	10	8	6	5	2.5	1.5	1.0	0.5

硬度系数是用来设计选择矿石破碎和磨矿设备的重要参数。

1.6.2 实验仪器、设备及器具

（1）压力实验机一台。

（2）制样设备一套、游标卡尺一把、百分表检验台一个。

（3）有代表性的待测矿块若干。

1.6.3 测定步骤

（1）仔细阅读关于压力实验机的使用说明书，掌握操作方法。

（2）将代表性矿块制成标准试件，其规格为圆柱体直径为 50mm、高度为 50mm 或边长为 50mm 立方体。

（3）将试件抛光，达到试件的两端面平行，试件高度方向直径应相等。

（4）按顺序将试件放入压力机承压板中心，调整压力机球形座使试件受力均匀。

（5）以 0.5～1.0MPa/s 的加载速度加压，直到试件被破坏，记下破坏载荷。

（6）计算试件的抗压强度 R 和硬度系数 f 值，列于表 1-15 中。

（7）重复上述步骤直到实验完成为止。

表 1-15 硬度测定实验结果记录表

送样单位：　　采样地点：　　矿石名称：　　矿样编号：　　测定日期：

试件编号	直径/mm	高度/mm	试件面积/mm^2	载荷/kN	抗压强度 R/MPa	硬度系数 f	平均值
1							
2							
3							
…							

1.7 矿浆黏度的测定

1.7.1 测定原理

矿浆黏度检测是利用矿浆在受外力而运动时产生的剪切应变的速度来度量矿浆内摩擦

力大小的选矿测试技术。黏性表征流体抗拒流层间相对运动和变形的能力。在某些场合又称为流体的流变性。对于均质流体，这种能力起因于流体分子间引力所形成的内摩擦力（或称切力，单位面积上的切力称为切应力），因此，流体的黏度就是流体内摩擦力大小的度量。对于矿浆，其内摩擦力还起因于矿粒在流场内的旋转、团聚、表面水化以及颗粒间的相互碰撞等。层流流动的均质流体遵循切应力 τ 与剪切变形速度 du/dy 成正比的关系，即 $\tau=\mu du/dy$，比例系数 μ 称为流体的动力黏滞系数，对于各种流体 μ 均为定值，故可用 μ 值大小度量流体的黏度，符合这种关系式的流体称为牛顿流体。测知 τ 及 du/dy 值即可得知该流体的黏度 μ 值。水的黏滞系数 $\mu=1.002\text{mPa}\cdot\text{s}$。

低浓度矿浆的黏滞系数与其浓度的关系为

$$\mu=\mu_{20℃}(1+KC_V) \tag{1-12}$$

式中 $\mu_{20℃}$——水在20℃时的黏滞系数；

C_V——矿浆的容积浓度；

K——系数，通常可取2.5~2.55。

高浓度矿浆在受到微小外力作用时，首先发生变形，当外力增大到一定值后才开始流动，它的切应力 τ 和切变速度 du/dy 间的关系为

$$\tau=\tau_B+\eta du/dy \tag{1-13}$$

式中 τ_B——矿浆的屈服切应力；

η——矿浆的刚性系数。

τ_B 和 η 均为矿浆的流变参数。

具有这种流变性质的流体称为宾汉体，是非牛顿流体中的一种，也称为双参数流体，必须测知 τ_B 和 η 值，方可表征宾汉体的黏性或其内摩擦力的大小，矿浆浓度越大，其 τ_B 值越大，η 值也略有增加。例如密度为 2.19g/cm^3 的铁精矿的 τ_B 值为5.70Pa，η 值为 $8.93\times10^{-5}\text{Pa}\cdot\text{s}$。矿浆随浓度增加由牛顿体转变为宾汉体的浓度限，受固体颗粒密度、形状、粒度和表面性质等多种因素影响。矿浆黏性影响矿石的分选过程，尤其对重介质选矿；也影响磨矿效率和矿浆输送阻力等。所以在许多场合需检测矿浆黏性。

测定流体黏性的仪器很多，用于测试矿浆黏性的，主要有旋转黏度计和高压毛细管黏度计，它们均有离线式和在线式之分；此外还有超声波黏度计。测试时需保持矿浆的均匀性，防止矿浆沉降分层，且应在恒温下进行或对温度进行标定。国内常用的是旋转黏度计NDJ系列。

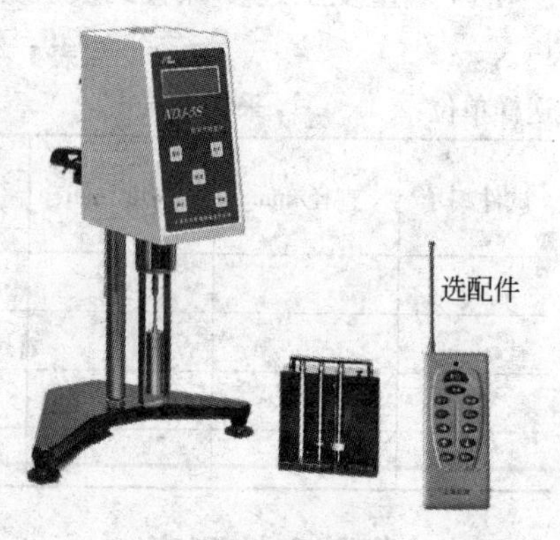

图1-12 NDJ-5S数字式黏度计

NDJ-5S数字式黏度计（图1-12）以高细分驱动步进电动机带动传感器指针，通过游丝和转轴带动转子旋转。如果转子未受到液体的阻力，游丝传感器指针与步进电动机的传感器指针在同一位置。反之，如果转子受到液体的黏滞阻力，游丝产生扭矩与黏滞阻力抗衡，最后达到平衡。这时分别通过光电传感器输出信号给16位微电脑处理器进行数据处理，最后在带夜视功能液晶屏幕上显示液体的黏度值（mPa·s）。

1.7.2 实验仪器、设备和器具

（1）NDJ－5S 数字式黏度计一台。

（2）500～1000mL 烧杯一个。

（3）温度计一支。

（4）待测矿浆 500～1000mL。

1.7.3 测定步骤

（1）仔细阅读关于 NDJ－5S 数字式黏度计的使用说明书，掌握操作方法。

（2）将代表性的矿浆置于烧杯中。

（3）把黏度计调整至水平，将转子保护框架装在黏度计上（向右旋入装上，向左旋出卸下）。

（4）将选用的转子旋入连接螺杆（向左旋入装上，向右旋出卸下）。旋动升降架旋钮，使黏度计缓慢地下降，转子逐渐浸入被测液体当中，直至转子上的标记与液面相平为止。调整黏度计位置至水平。

（5）选定转子（从 1 号、2 号、3 号、4 号中选定一只）和选定转速。

（6）接通电源，接通电动机开关。

（7）将已选定的有关参数输入计算机。

（8）按测量键，即可同时测得当前转子、转速下的黏度值和百分计标度。

（9）在测量过程中，如果需要更换转子，可直接按转子键，此时电动机停止转动，而黏度计不断电。当转子更换完毕后，重复上述步骤可继续进行测量。

未知黏度矿浆的测定须知：

（1）测量一般原则：高黏度的样品选用小体积（3 号、4 号）转子和慢的转速，低黏度的样品选用大体积（1 号、2 号）转子和快的转速。每次测量的百分计标度（扭矩）在 10%～90%之间为正常值，在此范围内测得的黏度值为正确值。

（2）先大约估计被测样品的黏度范围，然后根据高黏度的样品选用小体积的转子和慢的转速，低黏度样品选用大体积的转子和快的转速。一般先选择转子，然后再选择合适转速。例如转子 SP 为 1 号时，转速为 60r/min，屏幕直接显示满量程为 100mPa·s，当转速改为 6r/min 时，满量程为 1000mPa·s。

（3）当估计不出被测样品大致黏度时，应先设定为较高的黏度。试用从小体积到大体积的转子和由慢到快的转速。然后每一次测量根据百分计标度（扭矩）来判断转子和转速选择的合理性，百分计标度一定要在 10%～90%之间为正常值，若不在此范围内，黏度计会发出报警声，提示用户更改转速和转子。换转子时一定要根据选用转子改变转子号 SP。

注意事项：

（1）装卸转子时应小心操作，装卸时应将连接螺杆微微抬起进行操作，不要用力过大，不要使转子横向受力，以免转子弯曲。

（2）不要把已装上转子的黏度计侧放或倒放。

（3）连接螺杆与转子连接端面及螺纹处保持清洁，否则会影响转子晃动度。

(4) 黏度计升降时应用手托住，防止黏度计因自重而下落。

(5) 调换转子后，请及时输入新的转子号。每次使用后对换下来的转子应及时清洁（擦干净）并放回到转子架中。不要把转子留在仪器上进行清洁。

(6) 当调换被测液体时，及时清洁（擦干净）转子和转子保护框架，避免由于被测液体相混淆而引起的测量误差。

(7) 仪器与转子为一对一匹配，不要把数台仪器及转子相混淆。

(8) 不要随意拆卸和调整仪器零件。

(9) 搬动及运输仪器时，应将黄色盖帽装在连接螺杆处，并把螺钉拧紧，放入包装箱中。

(10) 装上转子后，不要在无液体的情况下长期旋转，以免损坏轴尖。

(11) 悬浊液、乳浊液、高聚物及其他高黏度液体中有许多属“非牛顿液体”，其黏度值随切变速度和时间等条件的变化而变化，故在不同转子、转速和时间下测定的结果不一致属正常情况，并非仪器误差。对非牛顿液体的测定一般应规定转子、转速和时间。

(12) 做到以下各点将有助于测得更精确的数值：精确地控制被测液体的温度；将转子以足够长的时间浸于被测液体中，使两者温度一致；保持液体的均匀性；测定时将转子置于容器中心，并一定要装上转子保护框架；保证转子的清洁和晃动度；当高转速测定立即变为低转速时，应关机一下，或在低转速的测定时间掌握稍长一点，以克服由于液体旋转惯性造成的误差；测定低黏度时选用 1 号转子，测定高黏度时选用 4 号转子；低速测定黏度时，测定时间相对要长些；测定过程中由于调换转子、被测液体等需要，通过旋动升降夹头改变黏度计的位置后，应及时查看并调整黏度计到水平位置。

2 筛分与磨矿实验

选矿厂碎矿和磨矿的主要目的和任务是将矿物原料粉碎，使大部分有用矿物得以从脉石中解离出来，在许多情况下也使两种矿物分离开来；另外一个任务就是将单体的有用矿物依其粒度的必要缩小程度，将粒度减小，使它们在下一个选矿过程中得以有不同的形态表现，即使矿石中的有用矿物充分单体解离及粒度适合选别要求，并且过粉碎尽量轻，使产品粒度均匀达到选别作业要求的粒度，以便为选别作业有效地回收矿石中的有用成分创造条件。

2.1 粒度组成分析

粒度分析的方法多种多样，发展也很迅速，从古老的筛分法到现在的激光粒度测试仪，颗粒的测试方法就有数十种。每一种测试方法的原理都不一样，表征的粒级方式也不一样。粒度分析是一种技术操作，它的任务是测定碎散物料的粒度特性。

粒度分析方法虽然很多，但矿物加工过程中常用的有筛分法、沉降法、显微镜法三种。

2.1.1 筛分法

筛分法是最简单和实用的粒度分析方法，同时也是粒度分级的标准方法之一，主要用于较粗颗粒的粒度测定。此法是利用筛孔大小不同的一系列筛子对散料筛分，n 层筛子可把物料分成 $n+1$ 个粒级，各粒级的上、下限粒度通常就取相应筛子的筛孔尺寸。筛分法广泛用于测定0.04～100mm散粒的粒度组成，更大粒度的物料也可编制更大筛孔的筛子，但对于小粒度的物料，制作相应筛孔的筛子较困难，另外很难筛得干净和彻底。一般干筛的分级粒度最小至0.1mm，0.04～0.1mm物料须用湿筛。

筛分法的特点是设备简单，仪器装置便宜，测定成本较低，易于操作，对环境要求不高，但筛析结果受颗粒形状和筛分时间的影响较大。根据所有筛分工具的不同，筛分法分为手筛筛分、标准套筛筛分和微细物料筛分。

2.1.1.1 手筛筛分

手筛筛分也称为非标准筛筛分，适合测量几毫米以上的粗粒级物料，一般用于原矿和破碎产物的粒度检测。手筛筛孔尺寸可在1～150mm的范围内变化，筛网一般采用金属丝或薄钢板制成，筛孔有圆形和正方形，实验者可自行制作手筛。

手筛的筛分过程简单，只要保持物料层有效松散，每次筛分操作的给料量适合，筛分时间足够长，其结果一般变化不大。

2.1.1.2 标准套筛筛分

标准套筛广泛用于粒度为0.045～6mm的磨矿产品、分级产品或选别产品的粒度分析。标准套筛是由一套筛孔大小有一定比例、筛孔宽度和筛丝直径都按标准制成的筛子组成。常用的标准套筛有美国泰勒筛、美国标准筛、德国标准筛、英国标准筛、国际标准筛和中国标准筛等。

标准套筛筛分根据筛分操作不同可分为干法筛分、湿法筛分、干湿联合筛分。

(1) 干法筛分。干法筛分是先将标准筛按顺序套好，要求选择主序列或间隔选择5～6个筛子，选择的两个相邻的筛子的筛孔尺寸比为一固定值，否则对所得数据难以解释，通常要保持最大筛孔尺寸的筛面上或最小筛孔尺寸的筛面下有5%的物料。称取100～150g物料，把样品倒入最上层筛面上，盖好上盖，放到振筛机上筛分10～15min，当筛子个数较多时应适当增加5～10min。筛分结束后依次将每层筛子取下，用手在橡皮布上筛分，如果1min内所得筛下物料量小于筛上物料量的1%，则认为已达到终点，否则就要继续进行筛分。干式筛分的粒度范围是0.043～3mm的不结块（聚团）物料。

(2) 湿法筛分。湿法筛分是提高筛分效率和精确度的有效措施，主要用于含水量高的0.038～0.074mm细粒物料或矿浆的粒度分析。湿筛前先将大于0.074mm的颗粒筛去，再将筛下的物料润湿分散。先准备若干的大盆，盆中盛适量水，水量一般应淹没筛面高出一定量，将筛子放入盆中，再把物料倒入筛子，将筛子在水中来回抖动，让物料通过筛面，一定时间后再将筛子放入另一盆中，继续筛分，直到最后筛分的盆中基本没有物料颗粒（或水较清澈）为止。为保证筛分效率，如果筛分物料量较大，可采用多次筛分的方法进行。

(3) 干湿联合筛分。先将试样倒入细孔筛（如小于0.043mm的筛子）中，在盛水的盆内进行筛分，每隔一定时间，将盆内的水更换一次，直到盆内的水不再浑浊为止。将筛上物料进行干燥和称重，并根据称出质量和原样品质量之差，推算洗出的细泥质量。然后再将干燥后的筛上物料用干法筛分，此时所得最底下筛面的筛下物料量应与湿法时筛出的细粒级物料合并在一起称量计算。筛分结束后，将各粒级物料用天平精确度称重，各粒级总质量与原样品质量之差不得超过原样品质量的1%，否则误差较大，应重新取样筛分。

2.1.1.3 筛分法分析

对某铁矿的选矿工艺进行流程考查，其中分级溢流产品是了解磨矿细度和球磨机排矿粒度组成的重要指标，现在想了解分级溢流产品的粒度组成情况。

用筛分法进行研究粒度组成，首先应了解矿石的物料性质。根据现场情况，发现铁矿产品磨得都很细，细粒级颗粒容易团聚，如果烘干后用干式套筛法，势必有部分颗粒结块，筛分结构失真，如果单独用湿式筛分法，工作量大。所以采用干湿联合筛分法。

操作与计算步骤如下：

(1) 首先用-0.074mm的筛子进行湿式筛分（实验研究发现筛上颗粒中有-0.074mm的颗粒，容易结块）。并将-0.074mm颗粒过滤烘干，称量其质量。

(2) 将+0.074mm的筛上物料烘干，进行干式套筛，得到每个粒级产品，并称量其质量。

(3) 按表2-1样式填写和计算。

(4) 进一步绘制粒度组成特性图（图2-1），并分析结果。

表2-1 某铁矿分级溢流产品筛分法计量结果

粒级		质量/g	产率/%		
mm	目		粒级产率	筛上累计产率	筛下累计产率
-0.208 +0.147	65~100	8.38	8.38	8.38	100.00
-0.147 +0.124	100~115	12.87	12.87	21.25	91.62
-0.124 +0.104	115~150	0.49	0.49	21.74	78.75
-0.104 +0.074	150~200	4.69	4.69	26.43	78.26
-0.074	<200	73.57	73.57	100.00	73.57
合计		100	100.00		

2.1.2 沉降法

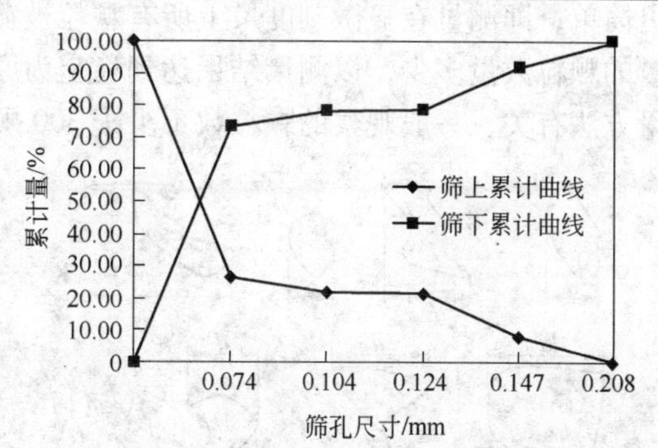

图2-1 累计粒度分析曲线

沉降法是早期广泛应用的一种粒度测定方法，它是基于 Stokes 定律通过测量颗粒在液体中沉降末速来计算颗粒粒度的。沉降法是利用水力分析装置，根据不同粒度的颗粒在水介质中沉降速度不同而分成若干粒级。沉降法适用于测定 0.074～0.01mm 细粒物料的粒度组成，其特点是不像筛分法那样严格按颗粒几何尺寸分级，而是按沉降速度分级。因水力沉降过程受颗粒密度和形状的影响，密度大的小颗粒与密度小的大颗粒有可能进入同一个粒级。这种方法的优点是仪器装置相对简单，用量试样少（一般几十克至几克）；缺点是费时，可测粒级范围窄，测量结果受颗粒密度、形状影响大，尤其不能适应密度相差较大混合颗粒的粒度分析。沉降分析法的类型很多，有重力沉降和离心沉降；液体沉降和气体沉降；静态沉降和动态沉降等。沉降分析原理简单，测定范围为 0.02～250μm，测定结果的统计性和再现性高，所以普遍采用。常用方法是沉积法、淘析法、流体分级法。沉积法不能分出各个单独产品，但能较快地测定细度和比表面。

由于淘析法和流体分级法可以直接得到各个粒级的产品，供进一步分别检测用，因此在选矿工艺中得到了广泛应用。

淘析法和流体分级法详见第4章。

2.1.3 显微镜法

显微镜法是另一种测定颗粒粒度的常用方法。根据晶体粒度的不同，既可采用一般的光学显微镜，也可以采用电子显微镜。光学显微镜测定范围为 0.8～150μm，大于 150μm 者可用简单放大镜观察，小于 0.8μm 者必须用电子显微镜观察，透射电子显微镜常用于直接观察大小在 0.001～5μm 范围内的颗粒。

传统的显微镜法测定颗粒粒度分布时，通常采用显微拍照法将大量颗粒试样照相，然后，根据所得的显微照片，采用人工的方法进行颗粒粒度的分析统计。由于测量结果受主观因素影响较大，测量精度不高，而且操作繁重费时，容易出错，但其主要特点是直观。

2.1.3.1 光学显微镜法

光学显微镜测定颗粒的粒度较简单，它是利用反射光或透射光使颗粒在显微镜的视域中投影来检测颗粒粒度，现实测定中一般采用透射光工作的光学显微镜。利用光学显微镜测定包括目镜测微尺的标定、样品制备和粒度测定。

粒度测定常用的方法是垂直投影法和线性切割法。垂直投影法的具体做法是待测颗粒在视场内向一个方向移动，顺序无选择性地逐个进行长度测量，不转动目镜上显微刻度尺的位置，经过长径测长径，经过短径测短径，如图 2-2 所示。线性切割法比垂直投影法更简单，即测量在显微刻度尺上所有颗粒被截取部分长度，如图 2-3 所示。粒度分布测量的颗粒数量多少，以测量结果达到稳定为原则，通常与颗粒形状、大小、分布范围和测量方法有关，一般观察的颗粒数不少于 300 颗。

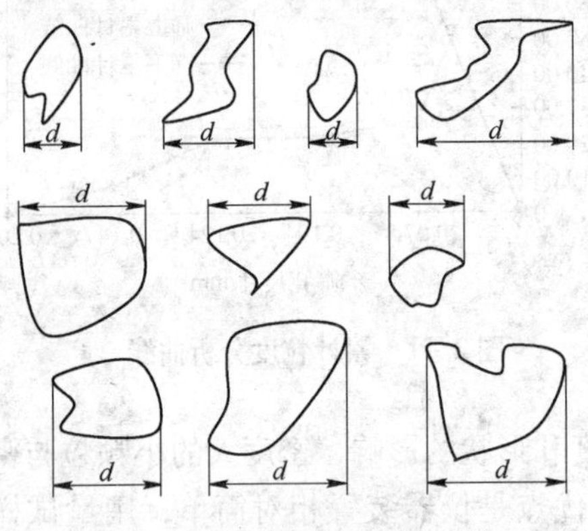

图 2-2 垂直投影法测量粒度

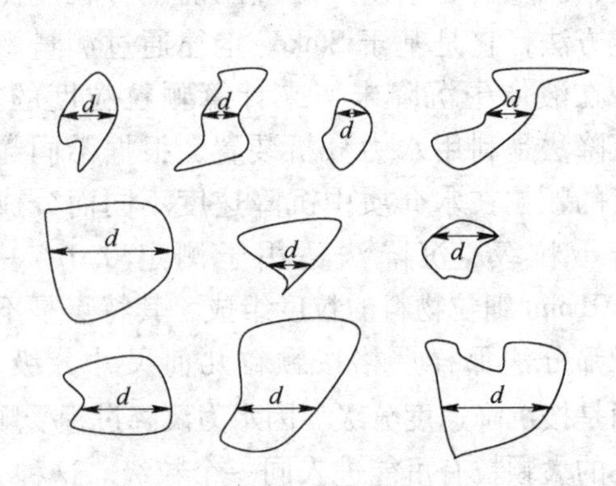

图 2-3 线性切割法测量粒度

2.1.3.2 电子显微镜法

电子显微镜是采用电子束代替普通光源进行颗粒的形状观察和粒度测量。电子束波长与加速电压有关，加速电压越大，电子束的波长越短，电子显微镜的分辨能力比光学显微镜高得多。

常用投射电子显微镜直接在荧光屏上观察 0.001~5μm 范围内的颗粒，或是分析记录在照相底版上的影像。扫描电子显微镜可以在显像管的屏幕上观测到景深很大的颗粒尺寸及外貌图像，粒度分析范围为 0.2~100μm。

2.2 筛分效率与分级效率的测定

2.2.1 筛分效率和分级效率的定义及推导

使用筛子或其他分级设备（螺旋分级机、水力旋流器等）时，既要求它的处理能力大，又要求尽可能多地将所需的细粒物料通过分级设备到筛下（溢流）产物中去。因此，分级设备有两个重要的工艺指标：一是它的处理能力，筛子处理能力的单位为 $t/(m^2 \cdot h)$，其他分级设备的单位为 t/h，它是表明分级机工作的数量指标；二是筛分（分级）效率，它是表明分级工作的质量指标。

筛分过程中，理论上比筛孔尺寸小的细级别应该全部透过筛孔，但实际上并不是如此，筛分效率要根据筛分机械的性能和操作情况以及物料含水量、含泥量等而定。因此，总有一部分细级别不能透过筛孔成为筛下产物，而是随筛上产品一起排出。筛上产品中，未透过筛孔的细级别数量越多，说明筛分的效果越差，为了从数量上评定筛分的完全程度，要用筛分效率这个指标。筛分效率是指实际得到的筛下产物质量与入筛物料中所含粒度小于筛孔尺寸的物料的质量之比，即为小于筛孔尺寸颗粒的回收率。筛分效率用百分数或小数表示。

$$E = \frac{C}{Q \cdot \frac{\alpha}{100}} \times 100\% \tag{2-1}$$

式中 E——筛分效率，%；

C——筛下产品质量；

Q——入筛原物料质量；

α——入筛原物料中小于筛孔的级别的含量，%。

连续生产的工业现场中测定 C 和 Q 是几乎不可能的，式（2－1）一般在实验室中可以使用，要想测定工业现场的筛分效率，应推导另外的公式进行计算。筛分效率推导示意图如图2－4所示。

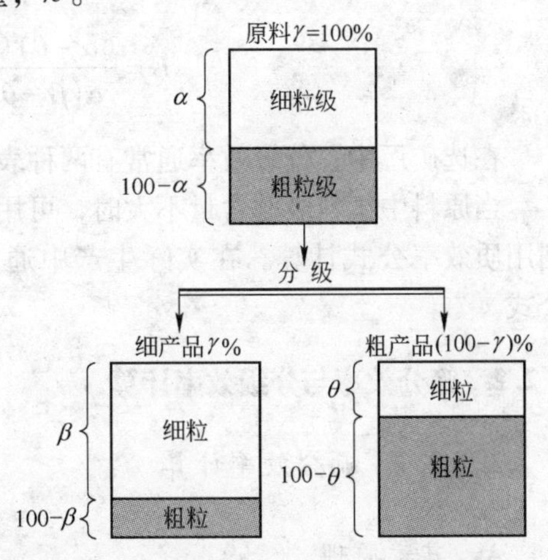

图2－4 筛分效率推导示意图

图2－4中，设原料中小于筛分尺寸的细颗粒粒级含量为 α（%），分级后细产品中的细颗粒粒级含量为 β（%），筛上产品中细颗粒粒级含量为 θ（%）。原料中的细粒级含量应等于细产品和粗产品中的细粒级颗粒之和。

$$100\alpha = \gamma\beta + (100-\gamma)\theta \tag{2-2}$$

即

$$\gamma = \frac{\alpha-\theta}{\beta-\theta} \times 100 \tag{2-3}$$

所以

$$E = \frac{\gamma\beta}{100\alpha} \times 100\% = \frac{\beta(\alpha-\theta)}{\alpha(\beta-\theta)} \times 100\% \tag{2-4}$$

分级机的分级效率也可用式（2－4）表示，在测定筛分效率（分级效率）时，在入分级设备的物料流中、溢流产品中和返砂物料流中每隔15～20min取一次样，应连续取样2～4h，将取得的平均试样在检查筛里筛分。分别计算出原料、溢流产品和返砂中细粒级别的含量 α、β、θ，代入式（2－4）中可求出分级效率 E。

式（2－4）表示的是分级量效率，只反映了分级后回收到溢流产品中小于某特定粒级的数量，而没有考虑到粗粒级混入溢流中对溢流产品质量的影响，因此用分级量效率评价分级效果是不全面的，例如在分级过程中把物料全部分级到溢流产品中，细粒级的分级量效率是100%，但此时的溢流质量最差，物料根本没有得到分级，所以必须有一个能反映粗粒级在溢流产品中混杂程度的指标来评价分级效果，这个指标就是分级质效率。

分级质效率的推导过程如下：

从图 2-4 中可看出，真正经过分级进入到溢流中的细颗粒量应为

$$P = \gamma(\beta - \alpha) \tag{2-5}$$

式（2-5）中 γ 反映溢流产物的数量，$(\beta - \alpha)$ 表示了质的提高幅度。

在理想情况下，小于分级粒度的颗粒应全部进入到溢流中，于是 $\gamma_0 = \alpha$（γ_0 为理想条件下溢流的产率），且 $\beta = 100\%$。可见在理想条件下被有效分级出的细颗粒量 P_0 应为

$$P_0 = \gamma_0(100 - \alpha) = \alpha(100 - \alpha) \tag{2-6}$$

因此分级效率被定义为：实际被有效分级的细颗粒量与理想条件下被分级的细颗粒量之比，用百分数表示

$$E = \frac{P}{P_0} \times 100\% = \frac{\gamma(\beta - \alpha) \times 100}{\alpha(100 - \alpha)} \times 100\% \tag{2-7}$$

将式（2-3）代入式（2-7）得出分级效率的计算公式

$$E = \frac{(\alpha - \theta)(\beta - \alpha) \times 10^4}{\alpha(\beta - \theta)(100 - \alpha)} \times 100\% \tag{2-8}$$

在选矿厂中，分级效率通常有两种表示方法，即分级量效率公式和分级质效率公式。

当原料中细粒级的含量不大时，可用量效率公式计算；当原料中细粒级含量很大时，则用质效率公式计算。在实际生产中通常筛分效率用量效率公式，分级作业用质效率公式。

2.2.2 筛分效率与分级效率计算

2.2.2.1 筛分效率计算

A 基本原理

松散物料的筛分过程主要包括易于穿过筛孔的颗粒和不能穿过筛孔的颗粒所组成的物料层到达筛面、易于穿过筛孔的颗粒透过筛孔两个阶段。

实现这两个阶段，物料在筛面上应具有适当的相对运动，一方面使筛面上的物料层处于松散状态，物料层将按粒度分层，大颗粒位于上层，小颗粒位于下层，易于到达筛面，并透过筛孔；另一方面，物料和筛子的运动都促使堵在筛孔上的颗粒脱离筛面，有利于其他颗粒透过筛孔。

松散物料中粒度比筛孔尺寸小得多的颗粒在筛分开始后，很快透过筛孔落到筛下产物中，粒度与筛孔尺寸越接近的颗粒（难筛粒），透过筛孔所需的振筛机时间越长。

一般而言，筛孔尺寸与筛下产品最大粒度具有如下关系

$$d_{max} = KD$$

式中 d_{max}——筛下产品最大粒度，mm；

K——形状系数，见表 2-2；

D——筛孔尺寸，mm。

表2-2 *K*值表

孔形	圆形	方形	长方形
*K*值	0.7	0.9	1.2~1.7

B 实验仪器、设备与器具

(1) 振筛机一台。

(2) 标准筛子一套。

(3) 分析天平一台（精确到0.01g）。

(4) 秒表、铲子等常用配套工具。

(5) 待测物料500~1000g。

C 实验步骤

(1) 用四分法从矿石中取出试样200g，并精确称重。

(2) 将分样套筛按筛孔大小从上至下按逐渐减小的次序排列好，最下一层套一筛底。

(3) 将称好质量的试样倒入最上层筛子内，然后盖上筛盖。

(4) 把振筛机上的压盖手轮放松，提上到顶端，然后将套筛放入振筛机内，用压盖压紧并锁紧。

(5) 接通振筛机电动机电源，振动15min后，断开电源。

(6) 将套筛从振筛机上取下，取出最下层的筛子，用手在橡皮布上摇动1min，若筛下产物的质量少于此筛子筛上产物质量的1%时，认定筛分终点已达到，否则，整个套筛应继续放到振筛机上进行筛分，直到筛分终点达到为止。

(7) 将已达到筛分终点的套筛取出，把各个筛子上的物料倒出并分别称重，记录筛析后各粒级质量之和与筛析前质量相比较，其误差不应大于1%。

D 数据处理、实验报告

(1) 将实验数据和计算结果按规定填入物料筛分实验结果表2-3中。

(2) 误差分析。

(3) 筛分前试样质量与筛分后各粒级产物质量之和的差值，其误差不应大于1%。

(4) 计算各粒级产物的产率。

(5) 绘制粒度特性曲线，包括直角坐标法（累积产率或各粒级产率为纵坐标，粒度为横坐标）、半对数坐标法（累积产率为纵坐标，粒度的对数为横坐标）、全对数法坐标法（累积产率的对数为纵坐标，粒度的对数为横坐标）。

(6) 分析试样的粒度分布特性。

表2-3 物料筛分实验结果记录表

试样名称____ 试样粒度____mm 试样质量____g 试样来源____ 试样其他指标____ 实验日期____

粒度		质量/g	产率/%	正累积/%	负累积/%
mm	目				
合计					
误差分析					

E 实例分析

试样为某地高磷鲕状赤铁矿经过磁选一粗一扫后的粗精矿，成分形态为鲕状赤铁矿和砾状赤铁矿。铁矿物以赤褐铁矿为主，磁性铁、碳酸铁和其他类型铁矿物含量均不高，矿样属含硫、高磷、高硅铝铁矿石。将粗精矿按实验步骤经过磨矿后，将磨矿产品先经200目（0.074mm）筛子湿筛，筛下产品过滤烘干，筛上产品经过滤烘干后取代表性样经振动筛筛分。各产品筛分实验结果见表2－4。

表2－4 各产品筛分实验结果

粒度		质量/g	产率/%	正累积/%	负累积/%
mm	目				
－0.3＋0.25	>60	10.00	5.00	5.00	100.00
－0.25＋0.15	60～100	18.93	9.47	14.47	95.00
－0.15＋0.125	100～120	49.24	24.62	39.09	85.54
－0.125＋0.106	120～140	3.58	1.79	40.88	60.92
－0.106＋0.085	140～160	15.52	7.76	48.64	59.13
－0.085＋0.074	160～200	9.19	4.60	53.23	51.37
－0.074	<200	93.54	46.77	100.00	46.77
合计		200.00	100.00		
误差分析		误差忽略不计（＝0）			

经数据计算，绘制的累计粒度分析曲线如图2－5所示，产品粒度特性曲线如图2－6所示。

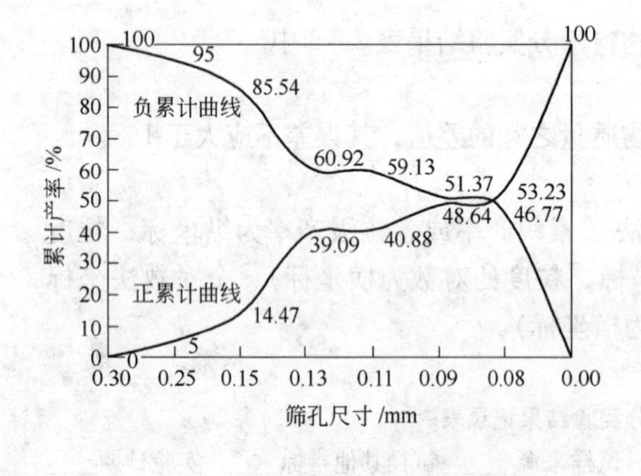

图2－5 累计粒度分析曲线

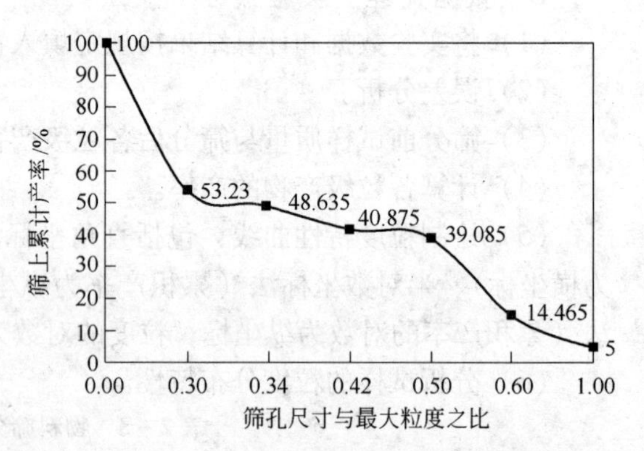

图2－6 产品粒度特性曲线

2.2.2.2 分级效率计算

计算分级效率的关键在于获取分级机给料、溢流及沉砂中某特定粒级的含量，在取样时，尽量次数多一些，现场用浓度壶每隔一定时间取样，取样后用特定粒级（如200目筛子）检查筛分，筛上与筛下的产品经过滤、烘干和称量。

A　粒度组成考查

铜选厂的磨矿流程共连续磨矿3次，连续磨矿高频振动筛筛下产品细度分别为59.45%、61.44%、70.97%，对三次连续磨矿的球磨机排矿粒度、球磨机返砂粒度及分级机溢流粒度组成分别考查，考查结果见表2-5～表2-7。

表2-5　球磨机排矿粒度组成分析

粒级/mm	第1次连续磨矿		第2次连续磨矿		第3次连续磨矿	
	产率/%	筛上累计/%	产率/%	筛上累计/%	产率/%	筛上累计/%
+1.0	6.04		6.88		2.52	
-1.0+0.7	5.34	11.38	7.76	14.64	3.05	5.57
-0.7+0.6	0.16	11.54	0.08	14.72	0.03	5.59
-0.6+0.5	4.08	15.62	5.38	20.10	2.17	7.76
-0.5+0.45	2.09	17.71	4.54	24.64	1.33	9.09
-0.45+0.30	9.44	27.15	9.86	34.50	8.13	17.22
-0.30+0.25	3.75	30.90	3.38	37.88	2.74	19.96
-0.25+0.20	12.90	43.80	13.76	51.64	12.93	32.89
-0.20+0.15	6.74	50.54	6.18	57.82	7.02	39.90
-0.15+0.125	6.48	57.02	5.99	63.81	7.97	47.87
-0.125+0.105	0.48	57.50	0.37	64.18	0.47	48.87
-0.105+0.074	4.44	61.94	3.46	67.64	4.90	53.24
-0.074	38.06	100.00	32.36	100.00	46.76	100.00

表2-6　球磨机返砂粒度组成分析

粒级/mm	第1次连续磨矿		第2次连续磨矿		第3次连续磨矿	
	产率/%	筛上累计/%	产率/%	筛上累计/%	产率/%	筛上累计/%
+1.0	12.85		13.52		8.40	
-1.0+0.7	11.28	24.35	12.10	25.62	8.05	16.45
-0.7+0.6	0.22	24.35	0.08	25.70	0.04	16.48
-0.6+0.5	10.70	35.05	8.84	34.54	3.00	19.48
-0.5+0.45	7.82	42.87	5.16	39.70	1.05	20.53
-0.45+0.30	15.64	58.51	21.70	61.40	22.62	43.15
-0.30+0.25	7.28	65.79	7.11	68.51	8.12	51.27
-0.25+0.20	20.50	86.29	19.76	88.27	25.43	76.70
-0.20+0.15	4.21	90.50	3.62	91.89	6.78	83.48
-0.15+0.125	2.19	92.69	1.95	93.83	4.98	88.46
-0.125+0.105	0.19	92.88	0.13	93.96	0.28	88.73
-0.105+0.074	1.24	94.12	0.20	94.16	2.81	91.54
-0.074	5.89	100.00	5.84	100.00	8.46	100.00

表 2-7 分级溢流粒度组成分析

粒级/mm	第 1 次连续磨矿		第 2 次连续磨矿		第 3 次连续磨矿	
	产率/%	筛上累计/%	产率/%	筛上累计/%	产率/%	筛上累计/%
+0.30	0.12		0.18		0.10	
-0.30 +0.25	0.21	0.33	0.11	0.29	0.13	0.23
-0.25 +0.20	8.84	9.17	8.77	9.05	5.62	5.85
-0.20 +0.15	9.48	18.65	9.68	18.73	7.82	13.68
-0.15 +0.125	10.81	29.46	10.82	29.55	10.03	23.71
-0.125 +0.105	0.68	30.14	0.72	30.27	0.59	24.30
-0.105 +0.074	10.42	40.55	8.27	38.54	4.73	29.03
-0.074	59.45	100.00	61.44	100.00	70.97	100.00

B 分级效率计算

根据式（2-8），分级机分级效率计算结果见表 2-8。

表 2-8 分级机分级效率计算结果

磨矿次序	粒级/mm	β	α	θ	E
第 1 次连续磨矿	-0.30	99.88	72.85	41.49	73.40
	-0.20	90.83	56.20	13.71	77.51
	-0.10	69.86	42.50	7.12	63.14
	-0.074	59.45	38.06	5.89	54.50
	平均计算值				67.14
第 2 次连续磨矿	-0.30	99.82	65.50	38.60	66.73
	-0.20	90.95	48.36	11.73	78.86
	-0.10	69.73	35.82	6.04	68.97
	-0.074	61.44	32.36	5.84	63.37
	平均计算值				69.48
第 3 次连续磨矿	-0.30	99.90	82.78	56.85	72.34
	-0.20	94.15	67.11	23.30	75.75
	-0.10	75.70	51.13	11.27	60.83
	-0.074	70.97	46.76	8.46	59.58
	平均计算值				67.13

2.3 磨矿实验

2.3.1 磨矿步骤

磨矿是选矿工艺的重要环节，磨矿工段的投资和经营费用，在整个选矿厂中所占的比例都很大，而磨矿细度能否达到要求，对于所设计选矿厂能否达到设计指标又具有决定性的意义，因而在选矿厂设计工作中，矿石的可磨度是一个重要的原始数据。

磨矿细度是指小于某一指定粒度（一般现场采用 -0.074mm）的含量。磨矿实验主要目的是得到磨矿时间与磨矿细度的关系，为后续选别实验获得适合颗粒粒度组成的磨矿时间提供依据。

磨矿实验的步骤为：

（1）实验准备。实验前一般要准备秒表、量筒、钢球、物料等，不同钢球的比例根据经验或计算所得。介质充填率一般为45%。每次磨矿的物料质量为300～500g，磨矿浓度为65%～75%，对于可调速磨机按转速70%～80%计算。试样经混匀、缩分等准备若干份试样样本。

（2）磨机的清洗。充填介质加入磨机后，加入适量的水，一般水要淹没球介质，如果对磨矿实验要求严格，应加入适量物料，空转3～5min，再将磨机清洗干净。

（3）加入物料和水。将准备好的物料和水加入到磨机，水的量应按计算好的浓度加准。物料可以直接干加入或经润湿后加入，一次磨矿实验加入的方式应相同，否则磨矿细度可能出现难以说明的情况。

（4）磨矿。分别用不同的时间进行磨矿，每次磨完应清洗干净球磨机。磨矿结束后应将球磨介质取出或将球磨机加入淹没介质量的水，避免球磨机内壁和介质生锈过快。

（5）统计与绘图。对球磨机排矿用特定粒级筛孔的筛子进行筛分，筛分产品经过滤、烘干和称量得到筛上和筛下产品的质量，按式（2-9）计算磨矿细度。

$$f = \frac{\text{筛下产品质量}}{\text{筛下产品质量} + \text{筛上产品质量}} \times 100\% \tag{2-9}$$

计算后制作表格（表2-9）和绘制磨矿曲线。磨矿曲线以磨矿时间为横坐标、细度为纵坐标绘制（图2-7）。

表2-9 磨矿时间与细度关系

时间/min	1	2	…	*n*
细度/%			…	

（6）查取细度下的磨矿时间。在磨矿曲线中通过细度查取想要的磨矿时间，如在图2-7中查取60%细度的磨矿时间为2min。

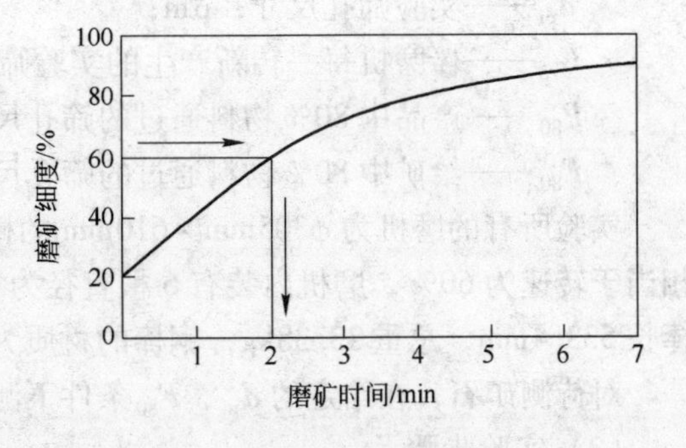

图2-7 磨矿曲线

2.3.2 可磨度实验

可磨度实验是通过磨矿实验来判断矿石物料被磨的难易程度。可磨度实验是研究矿石可磨性质的一个重要指标。可是，在实际工作中经常可以看到，按实验室可磨度实验结果算出的磨矿机生产率与实际不符，这表明现有的实验室可磨度测定方法是不完善的，需要在实践中研究改进。

2.3.2.1 可磨度表示方法的差异

已经提出的可磨度测定方法有多种，其差别主要表现在以下两方面：

（1）可磨度的度量标准。矿石可磨度的表示方法有许多种，可归纳为以下两大类：第一类是以单位容积磨机的生产能力表示可磨度，一般是指单位时间的产量，产量有的是指在指定给矿和产品粒度下处理的矿石量，有的是指新生 -0.074mm 的产品量，有的则是指新生总表面积（即新生的总表面积 = 比表面积 × 产品质量）；第二类是以单位耗电量度量可磨度，即在指定的给矿和产品粒度下每磨 1t 矿石的耗电量，或新生每吨 -0.074mm 物料的耗电量，或每吨矿石每新生 $1000cm^2/cm^3$ 比表面的耗电量。

两类矿石可磨度的表示方法都分为绝对法和相对法（即比较法），前者是用所测出的单位容积生产能力或单位耗电量的绝对值度量可磨度，因而也称为绝对可磨度；后者是将待测试样与标准试样的单位容积生产能力或单位耗电量的比值度量可磨度，因而也称为相对可磨度。目前一般都是测量相对可磨度。

（2）磨矿实验方法不同。按照磨矿实验方法的不同，可将磨矿分为开路磨矿和闭路磨矿。闭路磨矿在 2.4 节、2.5 节中详述。

2.3.2.2 可磨度表示方法

可磨度实验是通过磨矿实验来描述固体物料被粉碎的难易程度，可磨度与矿石的硬度、强度、韧性等性质指标类似。矿石可磨度是抵抗外力破坏的综合性质，更接近实际，所以矿石可磨度是一个重要的矿石参数。

A 功指数法

a 棒磨功指数

（1）实验原理。棒磨功指数 W_{IR} 表示以棒磨为研磨介质时某物料的被磨碎特性，其计算式为

$$W_{IR}=\frac{68.32}{d_{pi}^{0.23}\cdot G_{rp}^{0.625}\cdot\left(\frac{10}{\sqrt{P_{80}}}-\frac{10}{\sqrt{F_{80}}}\right)} \tag{2-10}$$

式中 W_{IR}——棒磨功指数，kW·h/t；

d_{pi}——实验筛孔尺寸，μm；

G_{rp}——棒磨机每一转新产生的实验筛孔以下粒级物料的质量，g/r；

P_{80}——产品中 80% 物料通过的筛孔尺寸，μm；

F_{80}——给矿中 80% 物料通过的筛孔尺寸，μm。

实验所有的磨机为 ϕ305mm × 610mm 的棒磨机，磨机内衬为波纹型，转速为 46r/min，相当于转速为 60%，磨机内装有 6 根直径为 31.75mm 和 2 根直径为 44.45mm 的钢棒，钢棒长 533.4mm，总重 33.38kg，钢棒的材质为含锰钢 90.90Mn。

对待测矿石，在给定的 d_{pi}，F_{80} 条件下测得 G_{rp}、P_{80}，代入式（2-10）计算出 W_{IR}。

（2）实验步骤。

1）试样准备。每一磨矿粒度 d_{pi} 的实验用量约 5.66L，试样粒度不大于 12.7mm，将试样烘干并测得松散密度 δ_V，将试样筛析测得原矿粒度分布。每次实验的试样容积为 1250mL，计算出质量 q_0(g) 为

$$q_0=1250\delta_V \tag{2-11}$$

2）按流程（图 2-8）模拟闭路实验。第一周期新给矿量为 q_0，以后每一周期新给

矿量 q_{0i}，应等于实验周期磨矿产品的筛下量 q_u。控制循环负荷 $C=100\%\pm2\%$，在每一磨矿中磨机的负荷始终保持 q_0，在实验中当在规定的 d_{pi}粒度时，G_{rp}连续出现2～3次稳定值，即认为实验达到终点，此时，

$$q_0=q_C+q_u$$

而 $q_C=1.0 \quad q_{0i}=1.0q_u$

所以 $q_C=\frac{q_0}{2}$，$q_u=\frac{q_0}{2}$

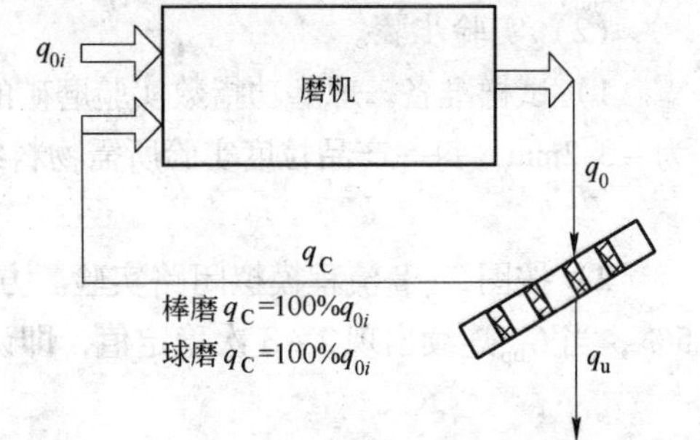

图2－8 棒磨/球磨功指数模拟闭路流程

第一周期磨矿转速可定为30r/min、50r/min、100r/min，视矿石的软硬而定，软矿石磨矿时间短些，硬矿石磨矿时间长些。

下一周期的磨机转速按式（2－12）计算

$$n_i=\frac{\text{预期筛下量}-\text{本次新给矿中所含筛下量}}{\text{上次 }G_{rp}\text{ 值}}=\frac{\frac{q_0}{1+C}-\gamma_{pi}q_{0i}}{G_{rp(i-1)}} \tag{2-12}$$

式中 γ_{pi}——原给矿中含有小于实验筛孔 d_{pi}的产率，小数。

3）计算 G_{rp}和 W_{IR}。将筛下产品筛析求取 P_{80}，将实验平衡后的2～3周期的 G_{rp}值加和求均值 $\overline{G_{rp}}$，按式（2－10）计算 W_{IR}。

4）实验过程数据记录到表2－10中。

表2－10 棒磨功指数实验记录表

磨矿次数	磨机转速/r·min^{-1}	磨矿产品中 －0.147mm含量/g	给矿中 －0.147mm含量/g	磨矿所净生成 －0.147mm含量/g	每转所生成－0.147mm的质量 G_{rp}/g·r^{-1}
第1次					
第2次					
第3次					
⋮					
第n次					

b 球磨功指数

（1）实验原理。球磨功指数 W_{IB}表示以钢球为研磨介质时某物料的被磨碎特性，是指 ϕ2.4m溢流型球磨机闭路湿式作业中某一矿石在指定给矿粒度条件下，将该矿石磨至磨一要求所消耗的功，其计算式为

$$W_{IB}=\frac{49.04}{d_{pi}^{0.23}\cdot G_{bp}^{0.82}\left(\frac{10}{\sqrt{P_{80}}}-\frac{10}{\sqrt{F_{80}}}\right)} \tag{2-13}$$

式中 W_{IB}——球磨功指数，kW·h/t；

d_{pi}——实验筛孔尺寸，μm；

G_{bp}——球磨机每一转新产生的实验筛孔以下粒级物料的质量，g/r。

实验所用的球磨机为 ϕ305mm×305mm功指数球磨机，磨机内无衬板。磨机内装球的球径与个数分别为：ϕ36.8mm 43个、ϕ30.2mm 67个、ϕ25.4mm 10个、ϕ19.1mm 71个、

ϕ15.5mm 94 个，共有 5 种尺寸的球 285 个，质量约 20kg。

（2）实验步骤。

1）试样准备。球磨功指数实验磨矿的产品粒度在 0.02～0.6mm 范围内，给料粒度全部为 -3.2mm，每一产品粒度实验所需物料约 2.83L。初装矿量为 700mL，其质量 q_0（g）为

$$q_0 = 700\delta_V \tag{2-14}$$

2）按图 2-8 流程模拟闭路实验。方法与棒磨功指数类似。控制循环负荷 $C = 250\% \pm 5\%$，当 G_{bp}连续出现 2～3 次稳定值，即认为实验达到终点，此时，

$$q_0 = q_C + q_u$$

$$q_0 = 3.5q_u$$

$$q_u = q_{0i}$$

第一周期磨矿转速一般可定为 100r/min，以后每下一周期的磨机转速按式（2-12）计算，但 $C = 2.5$，用 $G_{bp(i-1)}$ 代替 $G_{rp(i-1)}$。

3）计算 G_{bp}和 W_{IB}。将筛下产品筛析求取 P_{80}，将实验平衡后的 2～3 周期的 G_{bp}值加和求均值 $\overline{G_{bp}}$，按式（2-13）计算 W_{IB}。

4）实验过程数据记录到表中，类似于棒磨功指数记录表。

B 容积法

容积法可磨度一般用相对可磨度表示，是指待测矿石与标准矿石按某指定粒级计算的磨矿新生产的比生产率［t/(m³·h)］的比值，即

$$K_G = \frac{q_x}{q_{st}} \tag{2-15}$$

式中 K_G——可磨度系数；

q_x——待测矿石的比生产率，t/(m³·h)；

q_{st}——标准矿石的比生产率，t/(m³·h)。

在实验室中利用容积法求矿石可磨度时，采用同样磨机和相同磨矿条件求出 q_x、q_{st}，用式（2-15）计算求出可磨度系数。

一般把矿床规模较大、矿石性质均匀且较稳定、球磨机操作条件及生产指标均较稳定和合理的选矿厂所处理的矿石选作可磨度实验的标准矿石。

实验所用的磨机为 ϕ300mm×215mm 的球磨机，有效容积 $V = 15$L，衬板形式为半圆锥凸起，高 70mm，实验的磨机操作条件为：转速为 64.7r/min，装球 72kg，直径 40mm 和 50mm 的球各一半，充填率 45%。试样粒度不超过 4.7mm。试样体积占球磨机容积的 12%，其质量按式（2-16）计算。

$$q_s = 0.12V\delta_V \tag{2-16}$$

式中 V——磨机有效容积，mL；

δ_V——试样的松散密度，g/cm³。

实验采用湿式磨矿，磨矿浓度为 75%，磨矿形式分开路和闭路磨矿两种。

开路磨矿的时间可定为 1min、3min、5min、7min、10min、20min、40min 等，视矿石性质而定；闭路磨矿最终稳定在产品中含粒度合格成品量占原矿量的 1/3，返砂比 $C = 200\%$。

按式（2－17）计算开路磨矿情况下待测矿石和标准矿石的比生产率。

$$q_{op}=\frac{60q_s}{Vt}(\beta_{-x}-\alpha_{-x}) \quad (2-17)$$

式中 q_{op}——开路磨矿的比生产率，t/(m³·h)；

t——磨矿时间，min；

β_{-x}，α_{-x}——磨矿产品和给矿中小于 x 粒级的含量，%。

按式（2－18）计算闭路磨矿情况下待测矿石和标准矿石的比生产率，即

$$q_C=\frac{60q_s}{V(1+C)t}(\beta_{-x}-\alpha_{-x}) \quad (2-18)$$

根据实验数据绘制待测和标准矿石的 $q=f(\beta_{-x})$ 曲线，用这个曲线可求出这种矿石的任意磨矿细度时的比生产率，由此可求得任意磨矿细度时待测矿石的可磨度系数 K_G。

2.3.2.3 邦德（Bond）球磨功指数测定分析

A 实验原理

Bond 球磨功指数表示物料在球磨机中抵抗磨碎的阻力，指数越大，表示矿石具备抵抗磨碎的能力越大，硬度就越大。

B 仪器、器具及矿样

（1）Bond 球磨机、标准筛、电子秤、振动筛分机。

（2）锥形瓶、毛刷、实验样若干。

C 实验步骤

（1）矿样的准备。各个中碎样品经再碎得 －3.2mm（6 目）样品，按照要求配矿、混匀。

（2）测量试样的容积密度 S_V。用一固定的容器测定试样的平均质量 m（如用一锥形瓶测三次，取平均值），$S_V=m/V$。

（3）试样筛分。选定实验检验筛子［视要求而定，一般选用 0.147mm（100 目）或 0.174mm（200 目），下面以 100 目为例说明］，测定筛子 pi＝100 目的通过百分比（＋100 目套筛，－100 目水筛），以确定原矿原有（100 目）的筛下百分比 a。

（4）计算起始总负荷量 $q_0=700S_V$。球磨机循环负荷为 250%，所以平衡后筛下产物重：$b=q_0/3.5$。

（5）磨矿实验。进行循环磨矿实验，对磨矿产品进行定时定量检验筛筛析，实验结果及计算公式见表 2－11（磨机第一次转速设置视矿石而定，一般设置为 100r/min），每次筛分后添加新的矿样都保持磨机总负荷量（q_0）不变，磨机排矿产品筛析直至平衡为止（平衡标准为循环负荷为 250% ±5%）。

表 2－11 Bond 功指数实验记录单

次序	转速/r·min⁻¹	磨矿产品中 －0.174mm 含量	给矿产品中 －0.174mm 含量	磨矿净生成 －0.174mm 含量	每转新生成 －0.174mm 含量
1	100	筛下量 c_1	$d_1=q_0a$	$e_1=c_1-d_1$	$f_1=e_1/100$
2	$g_1=(b-d_2)/f_1$	筛下量 c_2	$d_2=c_1a$	$e_2=c_2-d_2$	$f_2=e_2/g_1$
3	$g_2=(b-d_3)/f_2$		$d_3=c_2a$		

（6）磨矿产品筛分。对磨矿产品筛析（+pi 套筛，-pi 水筛）。

（7）数据处理，画图。对试样样、返砂、筛下产物筛析数据进行统计，计算出累计产率，以负累计为纵坐标，粒级大小（单位为 μm）为横坐标对各样画图，求出 F_{80}、P_{80}。

（8）计算。按式（2-13）计算出 W_i。

注：XMGQ-φ305mm×305mm 型球磨机参数：内径×内长为 φ305mm×305mm；转速为 70r/min±0.5r/min；质量为 330kg；电动机功率为 0.75kW；钢球质量为 20.568kg；钢球数目为 φ38∶φ32∶φ25∶φ22∶φ19=25∶39∶60∶68∶93；外形尺寸（长×宽×高）为 1500mm×630mm×1100mm。

D 实验数据处理

Bond 球磨功指数测定磨矿实验数据见表 2-12。Bond 球磨机新给矿、循环负荷、筛下产品粒度筛析结果见表 2-13。矿石 Bond 球磨功指数测定结果见表 2-14。

表 2-12 Bond 球磨功指数测定磨矿实验数据

磨矿次序	球磨机转速 /r·min⁻¹	磨矿产品中 -0.147mm 含量/g	给矿中 -0.147mm 含量/g	磨矿所净生成 -0.147mm 含量/g	每转新生成 -0.147mm 的质量 G_{bp}/g·r⁻¹
1					
2					
3					
⋮					
n					

表 2-13 Bond 球磨机新给矿、循环负荷、筛下产品粒度筛析结果

粒级/mm	给料			返砂（平衡后）			-0.147mm 产品（平衡后）			
	质量/g	产率/%	筛下累积/%	质量/g	产率/%	筛下累积/%	粒级/mm	质量/g	产率/%	筛下累积/%
+3.2										
-3.2 +2.0										
-2.0 +1.43										
-1.43 +0.9										
-0.9 +0.355										
-0.28 +0.20										
-0.20 +0.154										
-0.154 +0.125										
-0.125 +0.10										
-0.1 +0.074										
-0.074 +0.043										
-0.043										
合计										
pi = __ μm，F_{80} = __ μm，P_{80} = __ μm										

表2-14 矿石 Bond 球磨功指数测定结果

样品名称	测定项目	测定结果	备注
原矿石 (-3.2mm)	检查筛孔尺寸 pi/μm		
	F_{80}/μm		
	P_{80}/μm		
	G_{bp}/g·r^{-1}		
	W_i/kW·h·t^{-1}		

E 实例分析

某铜钼矿原矿 Bond 球磨功指数测定的给矿粒度为 -3.2mm，此时测得原矿的容积密度 S_V=1.6027。一次加料体积为 700cm^3，球磨机的起始负荷 $q_0 = 700 \times S_V = 1121.5$g。原矿功指数的测定采用 XMGQ-$\phi$305mm×305mm 磨矿功指数球磨机，Bond 功指数球磨机的主要技术参数见表2-15。Bond 球磨功指数测定磨矿实验数据见表2-16，Bond 球磨机新给矿、循环负荷、筛下产品粒度筛析结果见表2-17，某铜钼矿原矿与产品筛析曲线如图2-9所示。矿石球磨功指数测定结果见表2-18。

表2-15 Bond 功指数球磨机的主要技术参数

序号	项目		参数	备注
1	筒体内径×内长/mm×mm		ϕ305×305	
2	筒体转速/r·min^{-1}		70±0.5	
3	电动机功率/kW		0.75	
4	内装钢球质量/kg		20.568	
5	内装钢球数量/个	ϕ38	25	
		ϕ32	39	
		ϕ25	60	
		ϕ22	68	
		ϕ19	93	
6	质量/kg		330	
7	外形尺寸（长×宽×高）/mm×mm×mm		1500×630×1100	

表2-16 Bond 球磨功指数测定磨矿实验数据

磨矿次序	球磨机转速/r·min^{-1}	磨矿产品中 -0.147mm 含量/g	给矿中 -0.147mm 含量/g	磨矿所净生成 -0.147mm 含量/g	每转新生成 -0.147mm 的质量 G_{bp}/g·r^{-1}
1	200	378	167.7	210.3	1.0515
2	251	350	56.5	293.5	1.1693
3	229	340.7	52.3	288.4	1.2594
4	214	327.1	50.9	276.2	1.2907
5	210	326.5	48.9	277.6	1.3219
6	206	332.9	48.8	284.1	1.3791
7	196	321.5	49.8	271.7	1.3862
8	197	319.3	48.1	271.2	1.3766
9	198	320.5	47.7	272.8	1.3778

表 2-17 Bond 球磨机新给矿、循环负荷、筛下产品粒度筛析结果

粒级/mm	给料			返砂（平衡后）			-0.147mm 产品（平衡后）			
	质量/g	产率/%	筛下累积/%	质量/g	产率/%	筛下累积/%	粒级/mm	质量/g	产率/%	筛下累积/%
+3.2	0		100.00			100.00				
-3.2+2.0	239.0	24.04	75.96	117.4	14.66	85.34				
-2.0+1.43	160.8	16.17	59.79	77.4	9.67	75.67				
-1.43+0.9	154.8	15.57	44.22	74.4	9.29	66.38				
-0.9+0.355	176.0	17.70	26.52	137.0	17.11	49.27				
-0.28+0.20	75.2	7.56	18.96	176.2	22.00	27.27				
-0.20+0.154	43.0	4.34	14.62	218.4	27.27					100.00
-0.154+0.125	5.4	0.54	14.08				-0.154+0.125	29.8	9.50	90.50
-0.125+0.10	19.8	1.99	12.09				-0.125+0.10	63.0	20.09	70.41
-0.1+0.074	20.0	2.01	10.08				-0.10+0.074	47.0	14.99	55.42
-0.074+0.043	24.8	2.49	7.59				-0.074+0.043	48.4	15.43	39.99
-0.043	75.4	7.59	—				-0.043	125.4	39.99	—
合计	100.0	100.00		800.8	100.00			313.6	100.00	

pi = 154μm，F_{80} = 2102μm，P_{80} = 106μm

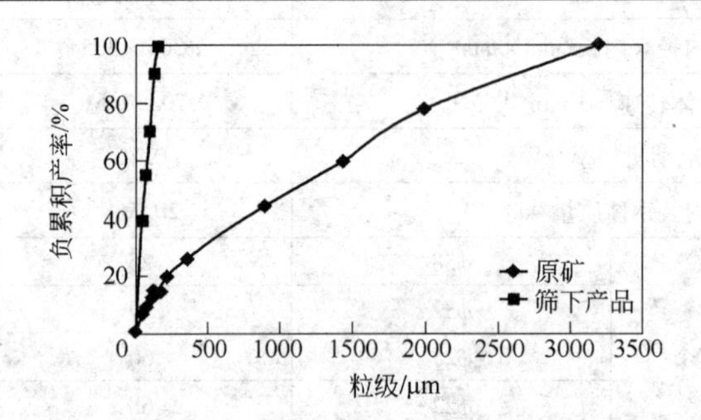

图 2-9 某铜钼矿原矿与产品筛析曲线

表 2-18 某铜钼矿矿石球磨功指数测定结果

样品名称	测定项目	测定结果	备注
某铜钼矿原矿石（-3.2mm）	检查筛孔尺寸 pi/μm	154	
	F_{80}/μm	2102	
	P_{80}/μm	106	
	G_{bp}/g·r^{-1}	1.3802	
	W_i/kW·h·t^{-1}	14.25	

2.4 闭路磨矿实验

2.4.1 闭路磨矿曲线

实验室选矿实验一般都会对矿石做可磨性分析，制作磨矿曲线来确定磨矿时间和磨矿

细度的关系，以此方法确定的磨矿细度和所需磨矿时间是非常粗略的，有时会出现较大偏差，主要是因为该磨矿曲线是在实验室以简单的开路磨矿方法得到的，与现实的选厂磨矿分级工艺相差较大，以此得出的开路磨矿曲线对实际生产指导意义较小。在相同的细度条件下，开路磨矿的磨矿产品和闭路磨矿的磨矿产品粒度组成差别较大，用这两个产品做相同的选矿实验，结果差别也很大。

2.4.2 闭路磨矿曲线的制作

2.4.2.1 制作步骤

（1）研究矿石的可磨性。矿石的可磨性主要参考矿石中几种主要矿物的嵌布粒度、硬度、密度、矿物之间的结合强度、现场经验和实验数据，并对矿样进行筛析，确定其粒度组成特性，按粒度大小进行多级分组。

（2）根据前期的研究和实践经验选取一个合适的筛子做分级设备。矿石的嵌布粒度和现场工艺参数是重要的参考数据，一般选择的筛子孔径应大于平均嵌布粒度粒径并且小于最大的嵌布粒度粒径值。

（3）确定磨矿时间与磨矿。磨矿时间的确定应在开路磨矿相应细度的磨矿时间基础上进行调整，可适量缩短时间。如取第 1 份矿样（500g）放入球磨机磨矿一定时间，对排矿产品以 0.20mm 孔径的筛子对排矿产品进行筛分分级，分级效率需接近 1，一般达到 95% 以上，筛上产品与第 2 份矿样合并放入球磨机磨矿，磨矿的球比、浓度和磨矿时间与第 1 份矿样的条件保持不变，磨后的排矿同样进行筛分，筛上产品与第 3 份矿样合并放入球磨机磨矿，磨矿条件相同。如此反复，直至磨矿平衡，平衡的标志是第 n 次磨矿的排矿产品进行分级后的筛上产品质量与第 $n-1$、$n-2$ 次进行分级后的筛上产品质量基本相同，即返砂量平衡。此时对第 n 次排矿产品进行分级后的筛下产品进行粒度筛分分析，即可得到该磨矿时间的细度。

（4）改变磨矿时间，进行磨矿。方法同第（3）步，即可得到另一磨矿时间的细度。

（5）绘制磨矿曲线。将第（3）、（4）步得到不同磨矿时间下的磨矿产品细度绘成曲线即可得到闭路磨矿曲线。

（6）改变筛孔尺寸值，可获取其他筛孔孔径下的闭路磨矿曲线。

2.4.2.2 制作实例

某铜选厂在实验室进行闭路磨矿实验，磨矿条件为：球比为 $\phi30:\phi25:\phi20:\phi15=30:65:80:76$；磨矿浓度为 65%；分级的筛子孔径为 0.25mm。

磨矿时间与细度的关系见表 2－19。

表 2－19 磨矿时间与细度的关系

时间/min	1.7	1.8	2.0	2.5	3.0
细度/%	56.3	60.5	66.34	71.32	76.38

绘制闭路磨矿曲线，如图 2－10 所示。

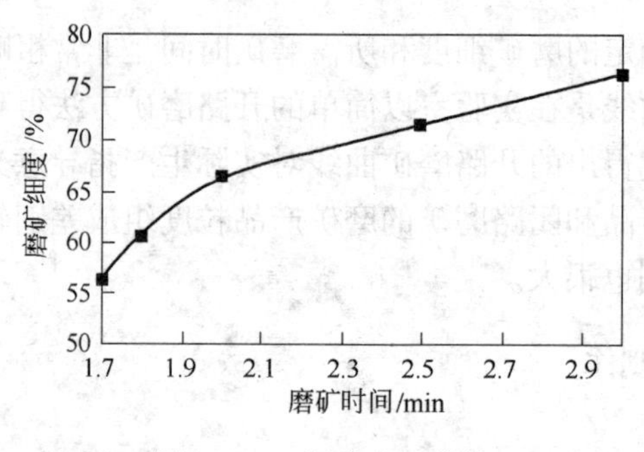

图 2-10 闭路磨矿曲线

2.5 闭路磨矿动力学推导与分析

2.5.1 闭路磨矿流程

实验室采用的闭路磨矿实验流程如图 2-11 所示。

如图 2-11 所示，设新给矿 Q 中含有 $\gamma_1\%$ 的待磨不合格颗粒，返砂 S 中含有 $\gamma_3\%$ 的待磨不合格颗粒，磨机排矿中 $Q+S$ 中含有 $\gamma_2\%$ 的不合格颗粒，根据物料平衡原理，磨矿平衡后 $Q_1=Q$，设 D_{fmax} 值筛孔尺寸的分级筛的分级效率为 E。

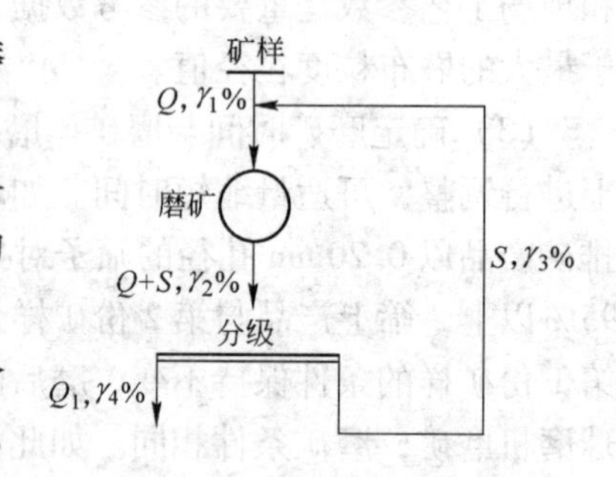

图 2-11 闭路磨矿实验流程

实验发现闭路磨矿细度是磨矿时间、返砂比与分级效率的函数，返砂比是磨矿时间和分级效率的函数。在一定磨矿时间范围内，缩短磨矿时间，返砂比增大，磨矿效率增大，分级效率减小，颗粒越不易过磨。当磨矿时间缩短超过一定阈值，闭路磨矿不能平衡，球磨机出现胀肚现象；延长磨矿时间，返砂比减少，磨矿效率减少，分级效率提高，颗粒过磨严重。

2.5.2 闭路磨矿动力学分析

根据实践经验，磨矿开始初期，粗粒级含量减少很快，几乎呈直线下降，随着时间的延长，粗粒级含量减少的速度逐渐变慢；另外，磨矿产品粒度越粗，磨矿速度越快，磨矿产品越细，磨矿速度越小。粗粒级残余量与磨矿时间的关系如图 2-12 所示。

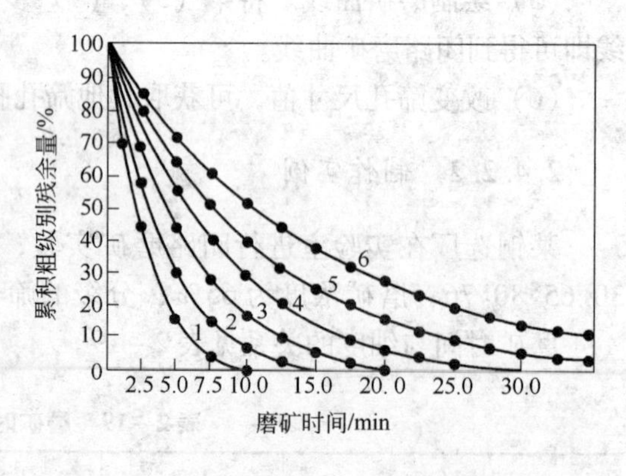

图 2-12 粗粒级残余量与磨矿时间的关系

1— +0.417mm；2— +0.295mm；3— +0.273mm；4— +0.147mm；5— +0.104mm；6— +0.074mm

磨矿动力学基本方程式推导过程如下：设 R_0 为被磨物料中粗粒级的含量，R 是经过磨矿时间 t 后磨矿机中粗粒级的剩余含量，则 $\mathrm{d}R/\mathrm{d}t$ 表示粗粒级在单位时间内减少的数量（即磨矿速度）。实验证明，磨矿速度与粗粒级的剩余含量呈正比，即

$$\frac{dR}{dt} = -kR \tag{2-19}$$

式中　“−”——粗粒级含量随磨矿时间的延长而减少；

　　k——比例系数，与磨矿产品粒度有关。

移项，并两边积分得

$$\ln R = -kt + C \tag{2-20}$$

式中　C——积分常数。

由边界条件 $t=0$ 时，$C=\ln R_0$。

则式（2-20）可写成

$$\ln R = -kt + \ln R_0$$

即

$$R = R_0 e^{-kt} \tag{2-21}$$

用式（2-21）处理实际矿物有较大的误差，通过实验的验证结果发现使用式（2-22）更加符合实际磨矿情况。

$$R = R_0 e^{-kt^m} \tag{2-22}$$

式（2-22）中有两个参数（k 和 m），可通过实验来确定，将该式连续取两次对数后得到

$$\lg\left(\lg\frac{R_0}{R}\right) = m\lg t + \lg(k\lg e) \tag{2-23}$$

通过实验可画出［$\lg t$，$\lg(\lg R_0/R)$］直线，m 是直线的斜率，而 $\lg(k\lg e)$ 为截距。

在返砂开始进入磨矿和新给矿一起经过磨机并送入分级机的瞬间，返砂量和新给矿量都在随时间而不断增加，设它们的无限小增量分布为 dS 和 dQ。分级机的返砂量是总给矿中粗粒级别经分级作用形成的，因而可以列出积分方程

$$(dS + dQ)\gamma_2 E = \gamma_3 dS \tag{2-24}$$

经过一段时间之后，返砂量从零逐渐增加至稳定值为 S，新给矿也就从零增至 Q。式（2-24）的积分可表示为

$$\int_0^Q \gamma_2 E dQ = \int_0^S (\gamma_3 - \gamma_2 E) dS$$

$$S = \frac{\gamma_2 E}{\gamma_3 - \gamma_2 E} Q$$

$$C = \frac{S}{Q} = \frac{\gamma_2 E}{\gamma_3 - \gamma_2 E} \tag{2-25}$$

式（2-25）表明返砂比决定于分级机的给料中的粗粒含量和分级效率。学者们推导了不同两种循环负荷及分级效率引起的磨矿时间变化及磨矿生产率变化的关系，其表达式为

$$\frac{(1+C_2)Q_2}{(1+C_1)Q_1} = \frac{t_1}{t_2} = \frac{\ln\dfrac{2+C_1-\dfrac{1}{E_1}}{1+C_1-\dfrac{1}{E_1}}}{\ln\dfrac{2+C_2-\dfrac{1}{E_2}}{1+C_2-\dfrac{1}{E_2}}} \tag{2-26}$$

或

$$\frac{Q_2}{Q_1}=\frac{(1+C_1)\ln\dfrac{2+C_1-\dfrac{1}{E_1}}{1+C_1-\dfrac{1}{E_1}}}{(1+C_2)\ln\dfrac{2+C_2-\dfrac{1}{E_2}}{1+C_2-\dfrac{1}{E_2}}} \tag{2-27}$$

假定在磨机生产率为 Q_1 和 Q_2 时的循环负荷都是 C，生产率为 Q_1 时的效率为 1，生产率为 Q_2 时的效率为 E_2，可将式（2－27）简化为

$$\frac{Q_2}{Q_1}=\frac{\lg\dfrac{1+C}{C}}{\lg\dfrac{2+C-\dfrac{1}{E_2}}{1+C-\dfrac{1}{E_2}}} \tag{2-28}$$

根据式（2－28）画出 E_2 与 Q_2/Q_1 的关系曲线，如图 2－13 所示。

图 2－13 表明，分级效率相同时，返砂比越高，磨机生产率越高；返砂比相同时，分级效率越高，磨机生产率也越大，分级效率低时，磨机生产率的下降幅度比分级效率高时的大，循环负荷低时与循环负荷高时比较尤为显著。显然，闭路磨矿中分级效率越高和返砂比越大都有利于提高磨机生产力。

假设分级效率基本不变，保持 100%（或接近 100%），那么返砂比与分级机的给料中的粗粒含量呈正相关，返砂比正相关于磨机生产率，可通过适当减少磨矿时间来提高返砂比。返砂比不能无限增大，起初磨机生产率随着返砂比的增加迅速增加，到后来，尽管返砂比增加很多，磨机生产率增加值也甚微，过高的返砂会降低分级效率和增加传动返砂的费用，不利于磨矿。

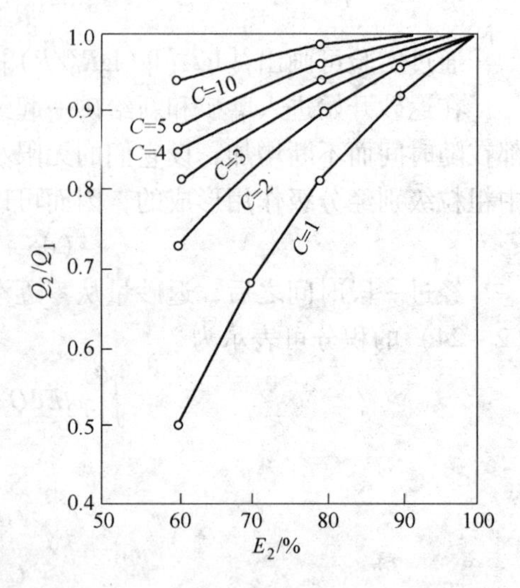

图 2－13 不同 C 值和 E_2 值时磨矿机的相对生产率

2.5.3 用磨矿动力学分析分级效率对返砂组成的影响

设溢流产物质量磨矿平衡后 $Q_1=Q$，全部是合格细度，当分级效率为 E 时，则磨矿机排矿（分级机给料）中的合格产品是 Q/E，并假设不合格的粗粒全都进入返砂，返砂比为 C，则磨矿机的总排矿量 $(1+C)Q$，那么总排矿中粗粒颗粒质量等于总排矿量减去合格产品量。

$$(1+C)Q-\frac{Q}{E}=(1+C-\frac{1}{E})Q \tag{2-29}$$

这些粗粒由分级分出返回球磨机再磨。

已知原矿的粗粒为 $\gamma_1 Q$，则磨矿机总给料中粗粒质量为

$$\gamma_1 Q + \left(1 + C - \frac{1}{E}\right)Q = \left(\gamma_1 + 1 + C - \frac{1}{E}\right)Q \tag{2-30}$$

由磨矿动力学式（2－21）可知

$$\left(1 + C - \frac{1}{E}\right)Q = \left(\gamma_1 + 1 + C - \frac{1}{E}\right)Q\mathrm{e}^{-kt^m} \tag{2-31}$$

两边改写为

$$\left[C - \left(\frac{1}{E} - 1\right)\right]Q = \left[\gamma_1 + C - \left(\frac{1}{E} - 1\right)\right]Q\mathrm{e}^{-kt^m}$$

两边移项得

$$CQ(1 - \mathrm{e}^{-kt^m}) = \gamma_1 Q\mathrm{e}^{-kt^m} + \left(\frac{1}{E} - 1\right)(1 - \mathrm{e}^{-kt^m})Q$$

两边同时除（$1 - \mathrm{e}^{-kt^m}$）得

$$CQ = \frac{\mathrm{e}^{-kt^m}}{1 - \mathrm{e}^{-kt^m}}\gamma_1 Q + \left(\frac{1}{E} - 1\right)Q \tag{2-32}$$

同时得出

$$\left(1 + C - \frac{1}{E}\right)Q = \frac{\mathrm{e}^{-kt^m}}{1 - \mathrm{e}^{-kt^m}}\gamma_1 Q \tag{2-33}$$

上面提到 $\left(1 + C - \frac{1}{E}\right)Q$ 为磨矿机排矿中粗粒级的含量，所以式（2－32）中左边第1项为返砂中粗粒级的含量，第2项是因分级效率不高而使合格颗粒进入返砂的含量。可把闭路磨矿下的各物料粗粒级和细粒级数量分别标注出来，如图2－14所示。

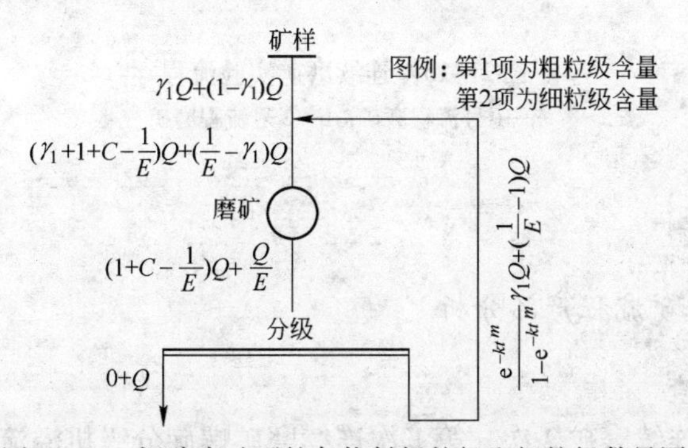

图2－14 闭路磨矿下的各物料粗粒级和细粒级数量图

2.6 实际矿物连续闭路磨矿分析

2.6.1 实验设备与条件

2.6.1.1 实验设备

（1）格子式连续球磨机 XMQL－79 型 420×450，容积 60L，转速 53r/min。

（2）与 XMQL－79 型格子球磨机配套的高堰式螺旋分级机。

（3）GPS－600－3 型高频振动筛，振动频率 2850 次/min，功率 1.5kW。

2.6.1.2 实验条件

（1）1 号流程磨矿球比：φ30∶φ25∶φ20∶φ15＝1∶4.13∶9.47∶0.47；2 号流程磨矿球比：φ30∶φ25∶φ20＝1∶2.33∶3.47；填充率都为 28%。

（2）高频振动筛筛孔尺寸 0.30mm。

（3）实验测得：1 号流程平均磨矿浓度 79.2%，返砂浓度 78.8%，溢流浓度 44.5%；2 号流程平均磨矿浓度 68.7%，返砂浓度 60.6%，溢流浓度 37.3%。

2.6.2 实验流程

每次开机作业时，通过调节给矿量和磨矿浓度来调节磨矿细度，连续磨矿 2h 至稳定，然后现场测细度。取样点有：球磨机排矿、分级溢流（螺旋分级机溢流或高频振动筛筛下产品）、返砂。每隔 20min 取一次，连续取 6～8 次。以上步骤中从开机到取完样品为一次作业。连续磨矿实验流程如图 2－15 所示。

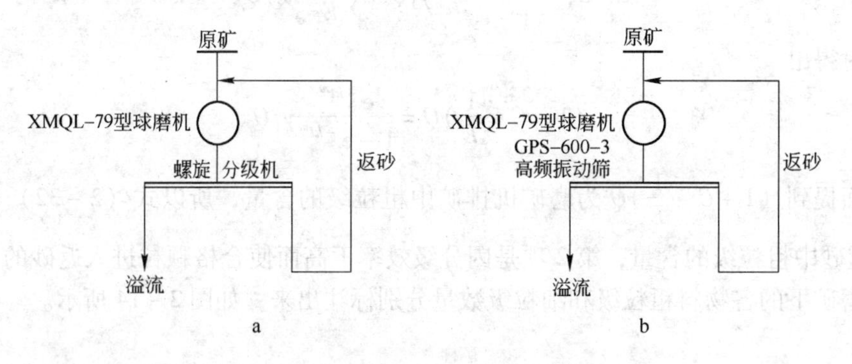

图 2－15 连续磨矿实验流程
a—1 号流程磨矿；b—2 号流程磨矿

2.6.3 实验结果分析

2.6.3.1 1 号磨矿流程产品分析

A 粒度组成考查

使用 1 号流程共连续磨矿 2 次，第 1 次连续磨矿螺旋分级机溢流产品细度约 65%，第 2 次连续磨矿的溢流产品细度约 70%，对两次连续磨矿的球磨机排矿、球磨机返砂及分级机溢流粒度组成分别考查，考查结果见表 2－20～表 2－22。

表 2－20 球磨机排矿粒度组成分析

粒级/mm	第 1 次连续磨矿		第 2 次连续磨矿	
	产率/%	筛上累计/%	产率/%	筛上累计/%
+1.0	2.40	2.40	2.77	2.77
－1.0＋0.7	2.40	4.80	2.60	5.37

续表2－20

粒级/mm	第1次连续磨矿		第2次连续磨矿	
	产率/%	筛上累计/%	产率/%	筛上累计/%
-0.7+0.6	0.05	4.85	0.02	5.38
-0.6+0.5	1.30	5.15	1.57	6.95
-0.5+0.45	0.83	5.98	0.97	7.92
-0.45+0.30	5.48	11.46	4.98	12.90
-0.30+0.25	2.00	13.46	1.70	14.60
-0.25+0.20	8.40	21.86	8.68	23.28
-0.20+0.15	7.17	29.03	7.27	30.55
-0.15+0.125	9.53	38.56	9.00	39.55
-0.125+0.105	0.47	39.03	0.67	40.22
-0.105+0.074	9.88	48.92	5.53	45.75
-0.074	50.08	100.00	54.25	100.00

表2－21　球磨机返砂粒度组成分析

粒级/mm	第1次连续磨矿		第2次连续磨矿	
	产率/%	筛上累计/%	产率/%	筛上累计/%
+1.0	4.51	4.51	5.23	5.23
-1.0+0.7	4.13	8.64	4.10	9.33
-0.7+0.6	0.06	8.70	0.03	9.37
-0.6+0.5	2.33	11.03	3.00	12.37
-0.5+0.45	1.10	12.13	1.80	14.17
-0.45+0.30	7.93	20.06	5.43	19.60
-0.30+0.25	1.80	21.86	3.48	23.07
-0.25+0.20	9.63	31.49	10.09	33.16
-0.20+0.15	7.43	38.92	7.73	40.89
-0.15+0.125	9.00	47.92	9.21	50.10
-0.125+0.105	7.57	55.49	7.33	57.43
-0.105+0.074	13.86	69.35	10.52	67.95
-0.074	30.65	100.00	32.05	100.00

表2－22　分级溢流粒度组成分析

粒级/mm	第1次连续磨矿		第2次连续磨矿	
	产率/%	筛上累计/%	产率/%	筛上累计/%
+0.30	4.22		3.37	
-0.3+0.25	1.06	5.28	1.12	4.49
-0.25+0.20	5.95	11.23	5.78	10.27

续表2-22

粒级/mm	第1次连续磨矿		第2次连续磨矿	
	产率/%	筛上累计/%	产率/%	筛上累计/%
-0.20+0.15	5.91	17.14	5.50	15.77
-0.15+0.125	8.13	25.27	7.82	23.59
-0.125+0.105	0.72	25.99	0.52	24.10
-0.105+0.074	9.33	35.32	5.91	30.01
-0.074	64.68	100.00	69.99	100.00

B 粒度组成考查磨矿技术参数计算

球磨机单位生产能力按新生成-0.074mm计，计算公式为：

$$q=\frac{Q(\beta_2-\beta_1)}{100V} \tag{2-34}$$

式中 q——球磨机单位生产能力，t/(m^3·h)；

Q——球磨机生产能力，t/h；

β_2——分级溢流中-0.074mm含量，%；

β_1——磨矿进料中-0.074mm含量，%；

V——球磨机容积，m^3。

球磨机生产能力计算结果见表2-23。

表2-23 球磨机生产能力计算结果

磨矿流程	参数数值				计算结果 q /t·(m^3·h)$^{-1}$
	Q/t·h^{-1}	β_1	β_2	V/m^3	
第1次连续磨矿	0.113	18.32	64.68	0.06	0.8731
第2次连续磨矿	0.102	18.32	69.99	0.06	0.8784

C 分级机分级效率及返砂比计算

分级机分级效率及返砂比计算结果见表2-24。

表2-24 分级机分级效率及返砂比计算结果

磨矿流程	粒级/mm	参数数值			计算结果	
		β	α	θ	E	C
第1次连续磨矿	-0.30	95.78	87.54	79.94	36.25	108.42
	-0.20	88.77	78.14	68.51	29.58	110.38
	-0.10	74.01	60.97	60.97	30.49	79.71
	-0.074	64.68	50.08	30.65	33.34	75.14
	平均计算值				32.42	93.41
第2次连续磨矿	-0.30	96.63	87.10	80.40	35.01	142.24
	-0.20	89.73	76.72	66.84	31.44	131.68
	-0.10	75.90	59.78	42.57	34.62	93.67
	-0.074	69.99	54.25	32.05	37.11	70.90
	平均计算值				34.55	109.62

2.6.3.2 2号磨矿流程产品分析

A 粒度组成考查

2号磨矿流程共连续磨矿3次，连续磨矿高频振动筛筛下产品细度分别约60%、62%、70%，对三次连续磨矿的球磨机排矿、球磨机返砂及分级机溢流粒度组成分别考查，考查结果见表2-25~表2-27。

表2-25 球磨机排矿粒度组成分析

粒级/mm	第1次连续磨矿		第2次连续磨矿		第3次连续磨矿	
	产率/%	筛上累计/%	产率/%	筛上累计/%	产率/%	筛上累计/%
+1.0	6.04		6.88		2.52	
-1.0+0.7	5.34	11.38	7.76	14.64	3.05	5.57
-0.7+0.6	0.16	11.54	0.08	14.72	0.03	5.59
-0.6+0.5	4.08	15.62	5.38	20.10	2.17	7.76
-0.5+0.45	2.09	17.71	4.54	24.64	1.33	9.09
-0.45+0.30	9.44	27.15	9.86	34.50	8.13	17.22
-0.30+0.25	3.75	30.90	3.38	37.88	2.74	19.96
-0.25+0.20	12.90	43.80	13.76	51.64	12.93	32.89
-0.20+0.15	6.74	50.54	6.18	57.82	7.02	39.90
-0.15+0.125	6.48	57.02	5.99	63.81	7.97	47.87
-0.125+0.105	0.48	57.50	0.37	64.18	0.47	48.87
-0.105+0.074	4.44	61.94	3.46	67.64	4.90	53.24
-0.074	38.06	100.00	32.36	100.00	46.76	100.00

表2-26 球磨机返砂粒度组成分析

粒级/mm	第1次连续磨矿		第2次连续磨矿		第3次连续磨矿	
	产率/%	筛上累计/%	产率/%	筛上累计/%	产率/%	筛上累计/%
+1.0	12.85		13.52		8.40	
-1.0+0.7	11.28	24.35	12.10	25.62	8.05	16.45
-0.7+0.6	0.22	24.35	0.08	25.70	0.04	16.48
-0.6+0.5	10.70	35.05	8.84	34.54	3.00	19.48
-0.5+0.45	7.82	42.87	5.16	39.70	1.05	20.53
-0.45+0.30	15.64	58.51	21.70	61.40	22.62	43.15
-0.30+0.25	7.28	65.79	7.11	68.51	8.12	51.27
-0.25+0.20	20.50	86.29	19.76	88.27	25.43	76.70
-0.20+0.15	4.21	90.50	3.62	91.89	6.78	83.48
-0.15+0.125	2.19	92.69	1.95	93.83	4.98	88.46
-0.125+0.105	0.19	92.88	0.13	93.96	0.28	88.73
-0.105+0.074	1.24	94.12	0.20	94.16	2.81	91.54
-0.074	5.89	100.00	5.84	100.00	8.46	100.00

表 2-27 分级溢流粒度组成分析

粒级/mm	第1次连续磨矿		第2次连续磨矿		第3次连续磨矿	
	产率/%	筛上累计/%	产率/%	筛上累计/%	产率/%	筛上累计/%
+0.30	0.12	0.12	0.18	0.18	0.10	0.10
-0.30 +0.25	0.21	0.33	0.11	0.29	0.13	0.23
-0.25 +0.20	8.84	9.17	8.77	9.05	5.62	5.85
-0.20 +0.15	9.48	18.65	9.68	18.73	7.82	13.68
-0.15 +0.125	10.81	29.46	10.82	29.55	10.03	23.71
-0.125 +0.105	0.68	30.14	0.72	30.27	0.59	24.30
-0.105 +0.074	10.42	40.55	8.27	38.54	4.73	29.03
-0.074	59.45	100.00	61.44	100.00	70.97	100.00

B 磨矿技术参数计算

球磨机生产能力计算结果见表 2-28。

表 2-28 球磨机生产能力计算结果

磨矿流程	参数数值				计算结果 $q/\mathrm{t\cdot(m^3\cdot h)^{-1}}$
	$Q/\mathrm{t\cdot h^{-1}}$	β_1	β_2	$V/\mathrm{m^3}$	
第1次连续磨矿	0.142	18.32	59.45	0.06	0.9734
第2次连续磨矿	0.132	18.32	61.44	0.06	0.9486
第3次连续磨矿	0.112	18.32	70.97	0.06	0.9828

C 分级机分级效率及返砂比计算

分级机分级效率及返砂比计算结果见表 2-29。

表 2-29 分级机分级效率及返砂比计算结果

磨矿流程	粒级/mm	参数数值			计算结果	
		β	α	θ	E	C
第1次连续磨矿	-0.30	99.88	72.85	41.49	73.40	86.19
	-0.20	90.83	56.20	13.71	77.51	81.50
	-0.10	69.86	42.50	7.12	63.14	77.33
	-0.074	59.45	38.06	5.89	54.50	66.49
	平均计算值				67.14	77.88
第2次连续磨矿	-0.30	99.82	65.50	38.60	66.73	127.58
	-0.20	90.95	48.36	11.73	78.86	116.27
	-0.10	69.73	35.82	6.04	68.97	113.87
	-0.074	61.44	32.36	5.84	63.37	109.65
	平均计算值				69.48	116.84
第3次连续磨矿	-0.30	99.90	82.78	56.85	72.34	66.02
	-0.20	94.15	67.11	23.30	75.75	61.72
	-0.10	75.70	51.13	11.27	60.83	61.64
	-0.074	70.97	46.76	8.46	59.58	63.21
	平均计算值				67.13	63.15

2.6.3.3 1号流程与2号流程分级效率对返砂的组成理论计算对比

将表2－24、表2－29的数据整理后列于表2－30（表2－30中β、α、θ是相对于原矿换算之后的产率）。

表2－30 分级尺寸0.30mm时两个磨矿流程参数对比

磨矿流程		粒级/mm	参数数值			计算结果	
			β	α	θ	E	C
1号	第1次连续磨矿	－0.30	95.78	87.54	79.94	36.25	108.42
	第2次连续磨矿	－0.30	96.63	87.10	80.40	35.01	142.24
2号	第1次连续磨矿	－0.30	99.88	72.85	41.49	73.40	86.19
	第2次连续磨矿	－0.30	99.82	65.50	38.60	66.73	127.58
	第3次连续磨矿	－0.30	99.90	82.78	56.85	72.34	66.02

由图2－14可知，要计算粗细粒级产率需知γ_1、E、C三个参数：γ_1为原矿粗粒级（＋0.30mm）的产率，E为分级效率，C为返砂比（也可看做返砂对原矿的产率）。计算结果列于表2－31。

表2－31 实际结果与理论计算对比

对比	流程	磨矿顺序	新给矿		球磨机给矿		球磨机排矿		返 砂		溢 流	
			粗粒级	细粒级	粗粒级	细粒级	粗粒级	细粒级	粗粒级	细粒级	粗粒级	细粒级
实际实验结果	1号	第1次	69.42	30.58	91.17	117.25	25.97	182.45	21.75	86.67	4.22	95.78
		第2次	69.42	30.58	97.30	144.94	31.25	210.99	27.88	114.36	3.37	96.63
	2号	第1次	69.42	30.58	**119.85**	**66.34**	**50.55**	**135.64**	**50.43**	**35.76**	**0.12**	**99.88**
		第2次	69.42	30.58	**147.75**	**79.83**	**78.51**	**149.07**	**78.33**	**49.25**	**0.18**	**99.82**
		第3次	69.42	30.58	**97.91**	**68.11**	**28.59**	**137.43**	**28.49**	**37.53**	**0.10**	**99.90**
按照图2－14计算结果	1号	第1次	69.42	30.58	1.98	206.44	－67.44	275.86		175.86	0.00	100.00
		第2次	69.42	30.58	26.03	216.21	－43.39	285.63		185.63	0.00	100.00
	2号	第1次	69.42	30.58	**119.37**	**66.82**	**49.95**	**136.24**	—	**36.24**	**0.00**	**100.00**
		第2次	69.42	30.58	**147.14**	**80.44**	**77.72**	**149.86**		**49.86**	**0.00**	**100.00**
		第3次	69.42	30.58	**97.20**	**68.82**	**27.78**	**138.24**		**38.24**	**0.00**	**100.00**

表2－31表明1号流程实际结果与理论计算相差甚大，甚至在球磨机排矿粗粒级计算的理论值出现负值；2号流程的实际结果与理论计算非常接近，从表中的黑体字部分数据对比可以看出。

球磨机返砂的粗粒级产率无法计算，原因是图2－14中的计算公式牵涉到k、t两个无法确定的参数。m可通过实际数据的拟合来计算（表2－32）。

表 2-32 计算所用的参数

2 号流程	返砂粗粒级产率实际结果（应等于$\frac{e^{-kt^m}}{1-e^{-kt^m}}\gamma_1$）	E	C
第 1 次连续磨矿	50.43	73.40	86.19
第 2 次连续磨矿	78.33	66.73	127.58
第 3 次连续磨矿	28.49	72.34	66.02

假设 2 号流程整个磨矿过程 k、m 不变，它们和矿石性质和磨矿环境有关，t 变化。通过推导和计算得出 $kt_1^m=0.8657$，$kt_2^m=0.6346$，$kt_3^m=1.2346$。

那么$\left(\frac{t_1}{t_2}\right)^m=1.3642$

根据式（2-26）得

$$\frac{t_1}{t_2}=\frac{\ln\dfrac{2+C_1-\dfrac{1}{E_1}}{1+C_1-\dfrac{1}{E_1}}}{\ln\dfrac{2+C_2-\dfrac{1}{E_2}}{1+C_2-\dfrac{1}{E_2}}}=\frac{\ln\dfrac{2+0.8619-\dfrac{1}{0.7340}}{1+0.8619-\dfrac{1}{0.7340}}}{\ln\dfrac{2+1.2758-\dfrac{1}{0.6673}}{1+1.2758-\dfrac{1}{0.6673}}}=1.3291$$

所以 $m=1.0917$。

整理 2 号流程第 1 次连续磨矿粗细粒级产率计算值，绘制成图 2-16。

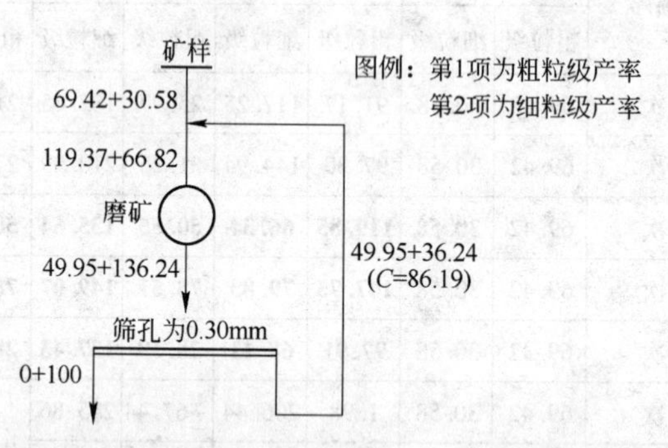

图 2-16 2 号流程筛孔为 0.30mm 闭路磨矿下的各物料粗粒级和细粒级数量

3 磁电选矿实验

磁选实验的目的是确定在磁场中分离矿物时最适宜的入选粒度、不同粒级矿物中分出精矿和废弃尾矿的可能性、中间产品的处理方法、磁选前物料的准备（筛分和分级、除尘和脱泥、磁化焙烧、表面药剂处理等）、磁选设备、磁选条件和流程。

电选主要用于精选作业，即电选的原料一般是经过重选或其他选矿办法选出来的粗精矿，采用电选分离，并提高精矿品位。当然也有部分矿物直接采用电选方法分选。电选对于各种粗粒级重矿物的分离及提高精矿品位是很有效的，有部分矿物采用浮选、重选或磁选难以分离，但却可用电选法有效地分离。

矿物的磁性与电性分析、磁性物含量的测定、磁选机磁场特性的测定等，对磁选厂、电选厂的工艺管理、实验研究和设计等至关重要，它对发挥生产流程、选矿设备的工作效率，提高管理水平，促进生产的现代化是关键的一环。本章阐述了实验室中测定矿物的比磁化系数、磁性物含量、高梯度磁选机分选实验、磁滚筒磁选实验以及相关实验的原理、方法及步骤。

3.1 矿物比磁化系数的测定

矿物的比磁化系数测定方法有三种，即：质动力法、感应法和间接法。质动力法测定矿物磁性装置简单、灵敏度高，实验室中常采用磁力天平测定。质动力法又分为法拉第法（又称为比较法—法拉第法）和古依法（又称为绝对法—古依法）两种。

3.1.1 比较法

3.1.1.1 测定原理

法拉第法通常采用磁力天平测定矿物的比磁化系数，又称为磁力天平法。磁力天平法一般用于测定弱磁性矿物的比磁化系数，它和古依法的区别是样品体积小，因此可认为样品所占空间内，磁场力是恒量。

测定原理是将一已知比磁化系数的样品和待测样品分别先后装入同一个小玻璃瓶中，并置于磁场的同一位置，使两次测量的 $H\mathbf{grad}H$ 相等，则两试样在磁场中所受的比磁力分别为

$$f_1 = \mu_0 x_1 H\mathbf{grad}H \quad (3-1)$$

$$f_2 = \mu_0 x_2 H\mathbf{grad}H \quad (3-2)$$

式中 f_1——标准样品所受的比磁力；

f_2——待测样品所受的比磁力；

x_1——标准样品的比磁化系数，用氧化钆，其比磁化系数为 $1.64\times10^6\mathrm{m^3/kg}$；

x_2——待测样品的比磁化系数，m^3/kg；

H——磁场强度，A/m；

grad$H$——磁场梯度，即磁场的不均匀程度，$\mathbf{grad}H = \frac{dH}{dx}$。

由式（3-1）、式（3-2）得

$$x_2 = x_1 \frac{f_2}{f_1} \tag{3-3}$$

测定的任务是f_1和f_2。

若试样的质量分别为$P_{标}$和$P_{测}$，其在磁场中的增量分别为$\Delta P_{标}$和$\Delta P_{测}$，则x_2为

$$x_2 = x_1 \frac{f_2}{f_1} = x_1 \frac{P_{标} \cdot \Delta P_{测}}{P_{测} \cdot \Delta P_{标}} \tag{3-4}$$

3.1.1.2　测量装置、试样及器具

（1）电磁铁两块（附电源插座、电线若干）、非磁性细线一根、玻璃制球形小瓶1个（直径为1cm）。

（2）分析天平一个（精度为0.001g）。

（3）铁磁材料制成的磁屏两片。

（4）氧化钆白粉、黑钨矿粉各5g。

普通磁力天平测量装置如图3-1所示。

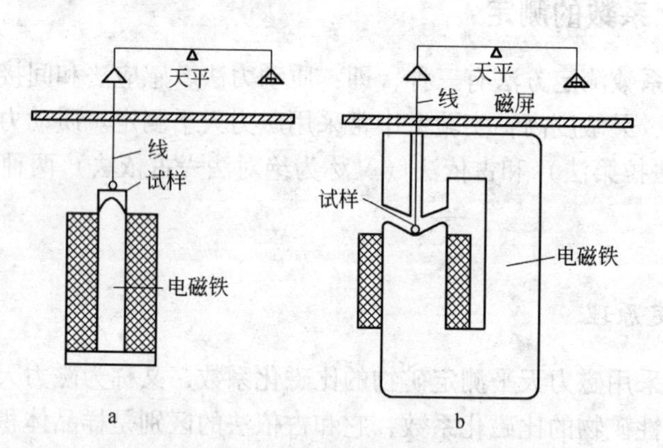

图3-1　普通磁力天平测量装置

a—非等磁力极磁天平；b—等磁力极磁天平

3.1.1.3　实验步骤

（1）将空试样瓶称重。

（2）将标准样品（氧化钆白粉末）和待测样品（黑钨矿粉）分别先后装入小瓶至颈处，并稍捣紧，再称量。

（3）用非磁性细线把小球瓶吊在天平的秤盘上，使之平衡。

（4）接通电磁铁的直流电，调节激磁电流至一定值（如为1A、2A、2.5A和3A），测量各个电流对样品质量的增量。

（5）按步骤（4），电流分别与上相同，测定待测样品在磁场中的增量。

（6）重复4～5次，取平均值。并按式（3－3）、式（3－4）计算待测试样的比磁化系数。

弱磁性矿物测定结果记录见表3－1。

表3－1 弱磁性矿物测定结果记录

送样单位： 采样地点： 矿石名称： 矿样编号： 测定日期：

序号	电流/A	试样名称	瓶重/mg	瓶＋样重/mg	样重/mg	在磁场中瓶＋样总重/mg	增量 ΔP/mg	计算 x_2 的值/$cm^3 \cdot g^{-1}$	x_2 的算术平均值/$cm^3 \cdot g^{-1}$
1	1	标准样品							
		待测样品							
2	2	标准样品							
		待测样品							
3	2.5	标准样品							
		待测样品							
4	3	标准样品							
		待测样品							

3.1.2 古依法

3.1.2.1 测定原理

古依法能直接测定强磁性和弱磁性矿物的比磁化系数，其测定装置如图3－2所示，主要由分析天平、薄壁玻璃管、多层螺线管、安培计、电阻器及开关等组成。测定原理为将一根全长等截面的试样悬挂在天平的一边秤盘上，将其一端置于场强均匀且较高的磁场区，另一端处于磁场强度较低的区域。则试样在其长度方向所受的磁力为

$$f_{磁} = \int_{H_2}^{H_1} K_0 LSH^2 \frac{dH}{dL} = \frac{K_0}{2}(H_1^2 - H_2^2)S \tag{3-5}$$

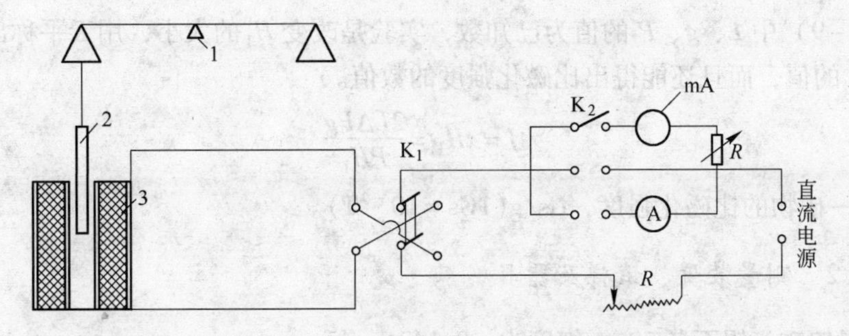

图3－2 古依法测定矿物比磁化系数的装置

1—分析天平；2—薄壁玻璃管；3—多层螺线管

式中 $f_{磁}$——试样所受磁力，dyn（$1\text{dyn}=10^{-5}\text{N}$）；

K_0——试样的物体容积磁化系数；

H_1，H_2——试样两端最高和最低磁场强度，Oe（1Oe＝80A/m）；

S——试样的截面积，cm^2；

L——试样长度，cm。

由于试样足够长，且 $H_1 \gg H_2$，式（3－5）可简化为：

$$f_{磁}=\frac{K_0}{2}H_1^2S \tag{3-6}$$

因为$f_{磁}=\Delta Pg$，所以

$$\Delta Pg=\frac{K_0}{2}H_1^2S \tag{3-7}$$

式中 ΔP——试样在磁场中的质量增量（与无磁场相比），g；

g——重力加速度，980cm/s^2。

已知
$$K_0=x_0\delta=x_0\frac{P}{LS}$$

代入式（3－7）得
$$\Delta Pg=\frac{x_0P}{2LS}H_1^2S$$

所以
$$x_0=\frac{2L\Delta Pg}{PH_1^2} \tag{3-8}$$

式中 x_0——试样比磁化系数，cm^3/g；

P——试样质量，g；

δ——试样密度，g/cm^3。

如果试样的长度很长［通常 $L=30\text{cm}$，$S=\frac{\pi}{4}(0.6\sim0.8)^2\text{cm}^2$，$m=\frac{L}{\sqrt{S}}\approx(106\sim60)$］时

$$x=x_0=\frac{2L\Delta Pg}{PH_1^2} \tag{3-9}$$

式中 x——试样的比磁化系数，cm^3/g。

式（3－9）中 L、g、P 的值为已知数，实验是改变 H_1 的大小，用天平称出 ΔP 的量，可计算出 x 的值，而且还能得出比磁化强度的数值。

$$J=xH_1=\frac{2L\Delta Pg}{PH_1} \tag{3-10}$$

式中 J——矿物的比磁化强度，Gs/g（$1\text{Gs}=10^{-4}\text{T}$）。

3.1.2.2 测量装置、试样及器具

（1）黑钨矿、锡石各50g，细度为－0.147mm。

（2）分析天平（精度0.001g）、薄壁玻璃管、多层螺线管、安培计、电阻器及开关等组成。

3.1.2.3 实验步骤

(1) 称量试样的质量。

(2) 将磨细的粉状待测试样小心地装入试样管中拧紧，试样装至要求高度（如250mm）为止，加塞称重。

(3) 把它挂在分析天平的左盘下，使其下端插入线圈轴线的中心，但不触及线圈壁。

(4) 将电流通入线圈，在不同的电流下称出磁场中料管的质量。

(5) 根据空管质量、样管加试样质量和样管加试样在磁场中的质量确定相关参数，填入表3－2。

(6) 将有关数据代入式（3－4）、式（3－5）可算出 x_0、x，并绘出 $x=f(H)$、$J=f(H)$ 图。

注意：测定弱磁性矿物时，为了提高精度，要求采用高精度的电流表和天平，并提高磁场强度，测定3～4次，取平均值。

表3－2 强磁性矿物比磁化系数测定结果记录表

送样单位： 采样地点： 矿石名称： 矿样编号： 测定日期：

序号	电流/A	试样名称	瓶重/mg	瓶＋样重/mg	样重/mg	在磁场中瓶＋样总重/mg	增重 ΔP/mg	计算 x_2 的值/$cm^3 \cdot g^{-1}$	x_2 的算术平均值/$cm^3 \cdot g^{-1}$
1	0.5	待测样品							
2	1.0	待测样品							
3	1.5	待测样品							
4	2.0	待测样品							

3.2 矿石中磁性矿物含量测定

在选矿厂和实验室工作中，经常需要对矿石中磁性矿物的含量进行考查。通过这些考查，可以确定矿石的磁选指标，评价矿石的磁性可选性。在磁选厂常对原矿和选矿产品进行磁性分析，查明尾矿中金属损失数量及损失的原因，改进工艺流程，提高选别指标，常用的矿石磁性分析方法主要有磁选管法和磁力分析仪法。

3.2.1 磁选管法

3.2.1.1 工作原理

磁选管是用作湿式分析强磁性矿物含量的主要分析设备（图3－3），主要由C形电磁铁和在两磁极尖头之间做往复和扭转运动的玻璃管组成。在铁芯两极头之间形成工作间隙，铁芯极头为90°的圆锥形。由非磁性材料做成的架子固定在电磁铁上，架子上装有使分选管做往复和扭转运动的传动机构，此机构包括电动机、减速器、蜗杆、曲柄连杆、分选管滑动架等。玻璃管被嵌在夹头里，而夹头则借曲柄连杆和减速器的齿轮连接。玻璃管与水平成40°～45°角，管子上下移动行程40～50mm。此外，它还能作一个不大的角度回转。

玻璃管上端是敞开的，下端是尖缩的，尖缩末端套有带夹具的胶皮管，夹具用以调节水的排出量。玻璃管上端有进水支管，支管上也套有带夹具的胶皮管，工作时分选管内充满水，水面应高于极头100~120mm，并保持水面稳定。接通直流电源，启动分选管，将试样从分选管敞口端均匀给入。物料进入磁选管后，因磁选管置于磁场中，物料受磁力和各种机械力的作用，磁性较强的矿粒所受的磁力大于与磁力方向相反的机械力的合力，因而被吸引到内壁上；由于冲洗水和分选管的往复和扭转运动，非磁性部分由下端排出，成为尾矿。在玻璃管往复和回转运动中，连续冲洗5~10min之后，即可停止。关闭夹子，切断电流，排出磁性部分，分别将磁性产品和非磁性产品澄清、烘干和称重。计算样品中磁性产品的含量。试样应根据矿物嵌布粒度磨细到1mm以下，每次试样质量一般为5~20g，视磁选管直径大小而定。

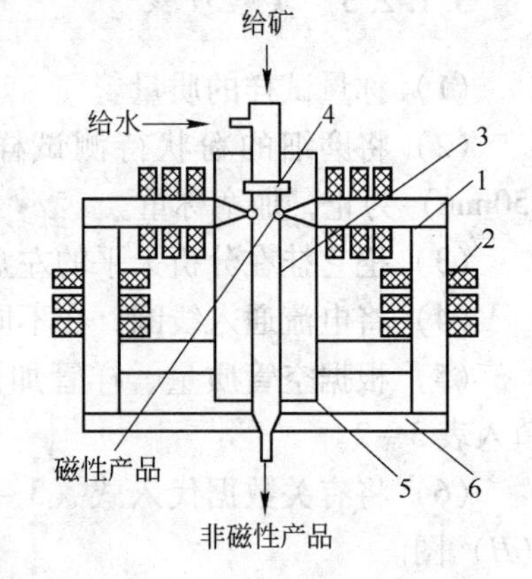

图3-3 磁选管结构

1—C形铁芯；2—线圈；3—玻璃分选臂；4—筒环；5—非磁性材料支架；6—支座

3.2.1.2 设备、用具及试样

（1）磁选管结构如图3-3所示。

（2）分析天平（精度0.01g），脸盆、塑料桶、烧杯、毛刷、牛角勺、永磁块及白纸。

（3）磁铁矿粉和石英粉，粒度为-0.1mm。

3.2.1.3 实验步骤

（1）称样。称取磁铁矿粉及石英矿粉各10g为一份样，共称四份样。

（2）打开水笼头，往恒压水箱内注水，并保持恒压水箱内的水压恒定。

（3）将恒压水箱的水注入磁选管内，使磁选管内的水面保持在磁极位置以上10cm处，并保持磁选管内进水量和出水量平衡。

（4）接通电源开关，并启动磁选管转动。

（5）启动激磁电源开关，调节激磁电流至一定值，并在排矿端放好接矿容器。

（6）给矿。取一份试样倒至烧杯中，先用水润湿后再稀释至100~150mL（容积），用玻璃棒边搅拌边给矿，给矿应均匀给入，要注意避免矿浆从磁选管上部溢出。

（7）给矿完毕后，继续给水，直至磁选管内的水澄清为止，先切断磁选管转动电源，然后切断进水，使管内水流尽，排出物即为非磁性产品。

（8）将排矿端容器移开，换上另一个容器，切断激磁电源，并用水冲洗干净管壁内的磁性产品。

（9）按以上步骤，分别调节场强为64kA/m、72kA/m、80kA/m、88kA/m做四次分选实验。

（10）将得到的磁性产品经澄清、烘干、称重及化验得到磁性物质量与品位，将结果填入表3-3中。

表3-3 实验结果记录表

送样单位： 采样地点： 矿石名称： 矿样编号： 测定日期：

实验场强/kA·m^{-1}	产品名称	产品质量/g	产率 γ/%	品位 β/%	$\gamma\beta$	回收率/%
64	磁性物					
	非磁性物					
	给　矿					
72	磁性物					
	非磁性物					
	给　矿					
80	磁性物					
	非磁性物					
	给　矿					
88	磁性物					
	非磁性物					
	给　矿					

3.2.1.4 实验数据处理

(1) 按式（3-11）、式（3-12）分别计算磁性物的产率、回收率。

$$\text{磁性物的产率} = \frac{\text{磁性物质量}}{\text{磁铁矿质量} + \text{石英粉质量}} \times 100\% \quad (3-11)$$

$$\text{磁性物的回收率} = \frac{\text{磁性物质量} \times \text{磁性物品位}}{(\text{磁铁矿质量} + \text{石英粉质量}) \times \text{给矿品位}} \times 100\% \quad (3-12)$$

磁性物品位通过化学分析获得。

(2) 绘制出场强对品位和回收率的关系曲线，并分析曲线。

3.2.2 磁力分选仪法

3.2.2.1 工作原理

磁力分选仪可用于湿式和干式分选物料中弱磁性矿物的含量，其构造如图3-4所示。它主要由磁系、分选槽、分选槽横向和纵向坡度调节装置、蜗轮蜗杆传动装置等组成。整个分析仪用同心轴支放在悬臂式的支架上，悬臂支架用同心轴固定在机座上。转动手轮可以改变分选槽的纵向坡度，转动另一手轮，可以改变分选槽的横向坡度。带振动器的分选槽和快速分选槽用于干式分离，前者分离纯度高，处理速度低；后者处理速度高，但分离纯度较低。湿式分离时，分选槽为玻璃分选管。

磁力分选仪采用等磁场力磁系，保证了矿粒按磁性分选的精确性，因为比磁化系数相同的矿粒，不论它处于槽中任何位置时，它们所受的磁力相同。应用带振动器的分选槽进行干式分选时，物料从漏斗中流入分选槽。分选槽置于磁极中，一端与振动器连接，使分选槽处于振动状态。物料在分选槽中受到的磁力是靠内侧弱，外侧强。磁性较强的矿粒受较强的磁力作用，克服重力分力流向分选槽外侧，从外侧沟中流出。非磁性矿料，由于受

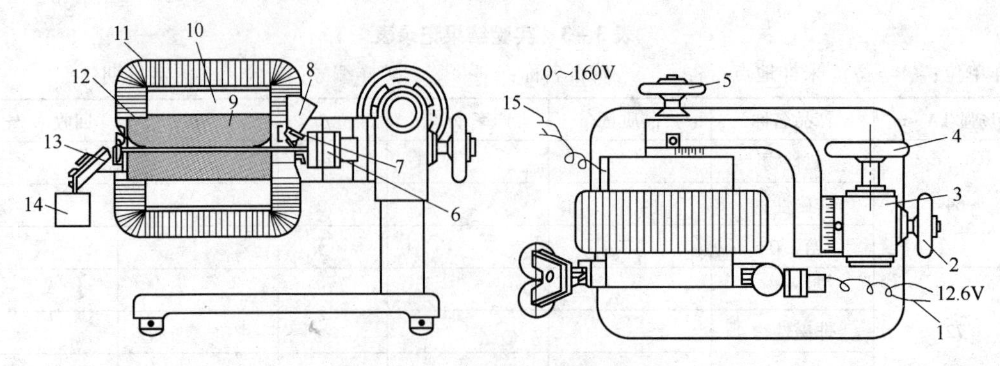

图3-4 磁力分选仪构造

1—12.6V 交流低压接线；2—锁紧手轮；3—蜗轮蜗杆传动箱；4—大手轮；5—小手轮；6—振动器；7—给料座；8—给料斗；9—分选槽；10—铁芯；11—线圈；12—磁极；13—分流槽；14—盛样桶；15—激磁线圈接线

重力作用而流向分选槽内侧，从内侧沟中流出。

操作时，首先接通激磁电流和电磁振动器的电源，用试样的副样找出适当的激磁电流、振动器的振动强度（即振动器电流强度）、分选槽的纵向和横向坡度等，使分选槽矿粒分带明显。然后切断电源，将分选槽、磁极、盛样桶等清扫干净。再接通电源将正式试样给入料斗中，进行分离，结束后将磁性和非磁性产品分别称重，分别计算其质量分数。

应用快速分选槽干式分选时，将电磁铁整体部分转至适宜的倾斜角度或垂直方向，装上快速分选槽和分流槽后进行物料分离。

湿式分离时，电磁铁整体部分旋转至垂直位置，将玻璃分选管放到磁极空间间隙的等磁力区。然后将水量调节装置的螺钉拧紧、向分选管注水，直至水面升到漏斗底部为止。此时将试样和水混合后倒入给料斗内，调节磁极激磁电流到磁极间隙中见到有矿粉黏附于分选管壁为止。稍微打开水量调节装置的螺钉，使管内水滴至管下的容器内，待玻璃管内水流净后，再将螺钉旋至最松位置，换一容器，切断电源，将磁性产品用水冲下。

3.2.2.2 实验设备、用具及试样

（1）WCF_2-72 型磁力分选仪（表3-4）。

（2）分析天平（精度0.01g）、瓷盘、毛刷、牛角勺、永磁块及白纸。

（3）磁铁矿粉、石英粉，粒度为-0.074mm。

表3-4 WCF_2-72 型磁力分选仪的主要技术特性

给料粒度/mm		分选灵敏度（可分选磁性比）		磁场强度 /A·m^{-1}	允许工作条件	
干式	湿式	干式	湿式		温度/℃	湿度/%
0.6~0.035	0.03~0.005	>1.25	>20	8~1600	5~35	≤85

3.2.2.3 实验步骤

（1）称取磁铁矿粉及石英粉各3g为一份样，共称四份样。

（2）调节。首先接通激磁电流和电磁振动器的电源，用试样的副样找出适当的激磁电流、振动器的振动强度（即振动器电流强度）、分选槽的纵向和横向坡度等，使分选槽矿粒分带明显。

（3）打开电源开关，然后启动交流激磁电源，调节好电流至一定值。

（4）给矿。将矿给到漏斗中，让其慢慢流入分选槽，用毛刷细心操作。磁铁矿粉被吸引到分选槽外侧，成为磁性产品。石英粉是非磁性矿物，不受磁力的作用，从内测沟中流出，成为尾矿。

（5）待分选完毕后，切断激磁电流，分别将磁性物和非磁性物清理，分别称重，得出两产品的质量，并取样化验分析。

（6）按以上步骤，分别在场强 48kA/m、56kA/m、64kA/m、72kA/m 做四次实验，实验结果记录到表 3-5 中。

表 3-5 实验结果记录表

送样单位： 采样地点： 矿石名称： 矿样编号： 测定日期：

实验场强/$kA \cdot m^{-1}$	产品名称	产品质量/g	产率 γ/%	品位 β/%	$\gamma\beta$	回收率/%
48	磁性物					
	非磁性物					
	给 矿					
56	磁性物					
	非磁性物					
	给 矿					
64	磁性物					
	非磁性物					
	给 矿					
72	磁性物					
	非磁性物					
	给 矿					

3.3 磁选机磁场强度的测定

磁选机的磁场强度对磁选的工艺指标有很大的影响，因此，应定期检查磁选机的磁场强度是否合乎要求。高斯计使用方法简单，测量精度较高，是目前测量磁场强度的最常用仪表。

3.3.1 测定原理

高斯计的测量原理基于霍尔效应。它将测量的霍尔电压放大并转换成高斯数。如图 3-5所示，当高斯计探头中的半导体薄片通入电流 I，并在其薄片的垂直方向施加磁场 H 时，由电流和磁场方向构成的平面的垂直方向出现有电势 V_H，这种现象称为霍尔效应，

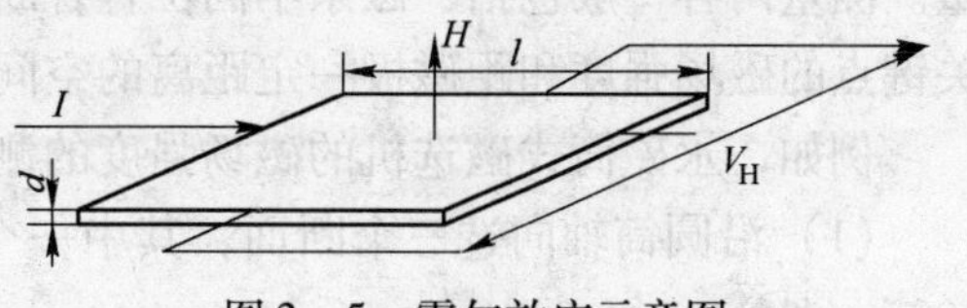

图 3-5 霍尔效应示意图

出现的电势称为霍尔电势。霍尔电势 V_H 与电流强度 I 和磁场 H 成正比，并与霍尔元件的材料和形状系数有关，即

$$V_H = IHK_H \tag{3-13}$$

式中　V_H——霍尔电压，V；

I——高斯计的工作电流，A；

H——磁场中测点的磁通密度，T（$1T = 10^4 Gs$）；

K_H——与霍尔元件的形状和尺寸有关的常数。

由于高斯计的工作电流 I 是常数，因而霍尔电势 V_H 只与探头所在点的磁场 H 有关。高斯计将 V_H 放大并直接转换成高斯数，测量时可直接读出高斯数或特斯拉数。

常用的高斯计有 CT_3 型、CT_5 型、CT_7 型，CT_3 型高斯计用于测量恒定磁场和交变磁场，CT_5 型高斯计只用于测量恒定磁场（图 3-6），CT_7 型高斯计可测直流磁场及各种磁性材料表面及间隙磁场强度（图 3-7）。三者均能辨识磁极的极性，有效量程为 0～1T，参考量程为 1～2.5T，可分辨 2×10^{-5}T 的磁场。其主要优点是测量灵敏度和精确度高；测量时，不需将探头在磁场中切割磁力线或交替接通与切断磁场激磁电源。具体使用方法和注意事项需参阅仪器说明书。

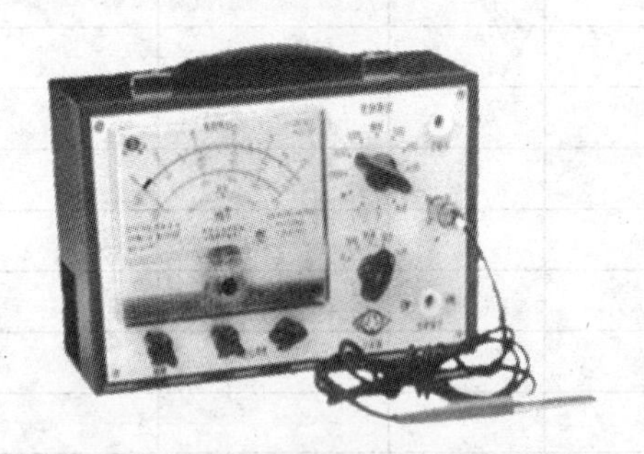

图 3-6　CT_5 型直流特斯拉计（高斯计）

图 3-7　CT_7 型直流特斯拉计（高斯计）

3.3.2　测定方法

进行测量之前，先将圆筒（即磁系）支起，高度以便于测量为宜。此时磁系垂直向下，但在圆筒外看不到磁极，测点位置定不准，可在圆筒外撒些铁粉，磁极边缘吸引铁粉较多，磁极形状就能显示出来。如果没有铁粉，亦可用铁钉找点，铁钉能直立于筒面的地方即是磁极中心（或极隙中心），找到准确位置后用粉笔或毛笔打上标记，再逐点进行测量。

测量方法：为使测点的位置准确，在测量前应根据磁极形状制作测点样板（用有机玻璃板或木板）。把各测点位置画在样板上，在测点位置钻孔以备探头伸入孔内进行测量。测量内容一般包括：磁系不同位置各断面的磁场强度、每一断面上要测出磁极表面各关键点的磁场强度和距磁极一定距离的空间点的磁场强度等。

例如，永磁筒式磁选机的磁场强度的测量方法如下：

（1）沿圆筒轴向选三个断面，其中一个选在正中间，另两个断面分别取在距两端各 200mm 处。

（2）在每个断面上要测出圆筒表面若干关键点的磁场强度，一般每个磁极的边缘和中间共3个点（磁系边缘2点不测），极隙中间1个点，如果极数为n，则测点数$N=3n-2+(n-1)=4n-3$，如3极磁系为9个点，4极磁系为13个点。

（3）每个断面上各关键点上方距筒面一定距离测3~5个点。圆筒表面所测各点的磁场强度平均值代表圆筒表面的磁场强度，同理，距筒面一定高度各点的磁场强度平均值代表该弧面的磁场强度。

3.4 高梯度磁选机分选实验

3.4.1 SLon-100周期式脉动高梯度磁选机简介

SLon-100周期式脉动高梯度磁选机（图3-8），额定背景场强分别为1.2T、1.75T。该机可供实验室做小型实验或少量配置矿产品之用，适用于弱磁性金属矿的湿式分选，也可用于非金属矿的除铁提纯。它配有脉动机构，冲程、冲次和背景磁感强度可在较大范围内连续无级调节。SLon-100周期式脉动高梯度磁选机的技术参数见表3-6。

图3-8 SLon-100周期式脉动高梯度磁选机外形

表3-6 SLon-100周期式脉动高梯度磁选机的技术参数

背景场强/T	0~1.75	0~1.2
分选腔直径×高度/mm×mm	ϕ100×100	ϕ100×100
背景磁感强度/T	0~1.75	0~1.2
激磁电流/A	0~1900	0~1200
激磁电压/V	0~30	0~16.4
激磁功率/kW	0~57	0~19.7
脉动电动机功率/kW	0.55	0.55
脉动冲程/mm	0~30	0~30

续表 3 - 6

脉动冲次/次 · min^{-1}	0 ~ 600	0 ~ 600
磁介质堆尺寸（直径×高）/mm×mm	ϕ100×10（62.4×62.4×100）	ϕ100×100（62.4×62.4×100）
给矿粒度（mm）（-0.074mm 百分含量（%））	-1.3（50 ~ 100）	-1.3（50 ~ 100）
给矿浓度/%	5 ~ 40	5 ~ 40
给矿量/g · r^{-1}	100 ~ 600	100 ~ 600
供水压力/MPa	0.1 ~ 0.3	0.1 ~ 0.2
主机质量/kg	1350	1150
主机外形尺寸（长×宽×高）/mm×mm×mm	1750×1180×1720	1600×800×1600

3.4.2 实验设备、用具及试样

（1）SLon - 100 周期式脉动高梯度磁选机一台。

（2）分析天平（精度 0.01g）、塑料盘（大盘）、毛刷、牛角勺及白纸。

（3）赤铁矿试样 1000g，粒度为 - 0.1mm。

3.4.3 实验步骤

（1）实验流程设计，根据矿样的性质，设计该闭路流程为一粗一扫一精流程，精选尾矿返回到粗选段，确定各段的场强，流程图如图 3 - 9 所示（注：该工艺流程不是唯一流程，而是探索流程）。

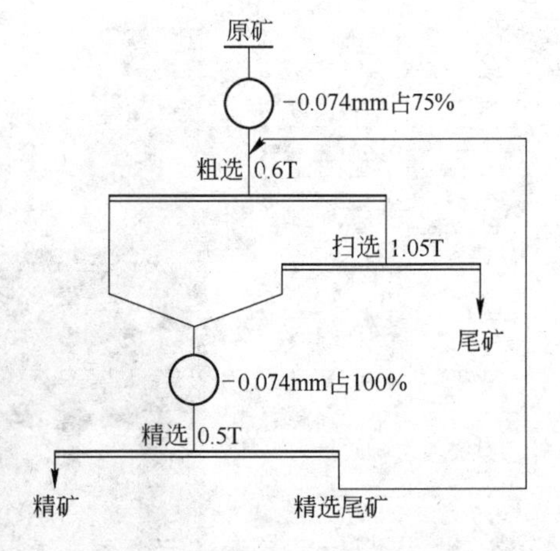

图 3 - 9 混精再磨闭路实验流程

（2）称量一定数量（200g 左右）的赤铁矿试样，将其磨到细度为 - 0.074mm 75%，准备实验。

（3）将自来水管阀门开到一定程度恒压从磁选机入口注入，使磁选机内的水面保持在磁极位置以上约 30cm 处（注水处有观测口可是直接观察），打开磁选机下部开口处水管阀门一定量，保持磁选机内进水量和出水量平衡。

（4）打开电源开关，然后启动交流激磁电源，调节好电流至一定值（调节到相应场强对应的电流值）。

（5）给矿。将试样给慢慢流入中心槽体，用毛刷细心操作。磁性矿物被吸引到分选槽内，成为磁性产品。非磁性矿物，不受磁力的作用，从磁选机下部开口流出，成为尾矿。

（6）待分选完毕后，切断激磁电流，将磁性物用水冲出磁选机，直到水清澈为止，再澄清、吸水、烘干、称重，得到磁性产品的质量，并取样化验分析。尾矿经澄清、吸水、过滤、烘干、称重，得到其质量，并取样化验分析。

（7）粗选扫选、精选步骤类似于（3）、（4）、（5）、（6）。

（8）按以上步骤，做三次实验，实验结果记录到表 3 - 7 中，绘制的混精再磨闭路流程数质量流程如图 3 - 10 所示。

表3－7　混精再磨闭路实验结果

实验次数	产物名称	质量/g	产率 γ/%	品位 β/%	回收率 ε/%
第1次	精　矿	129.40	61.68	52.55	74.84
	尾　矿	80.40	38.32	28.43	25.16
	给　矿	209.80	100.00	43.31	100.00
第2次	精　矿	122.90	59.75	52.87	73.69
	尾　矿	82.80	40.25	28.02	26.31
	给　矿	205.70	100.00	42.87	100.00
第3次	精　矿	108.00	60.91	52.90	74.53
	尾　矿	69.30	39.09	28.17	25.47
	给　矿	177.30	100.00	43.23	100.00
平均值	精　矿	120.10	60.78	52.76	74.35
	尾　矿	77.50	39.22	28.21	25.65
	给　矿	197.60	100.00	43.13	100.00

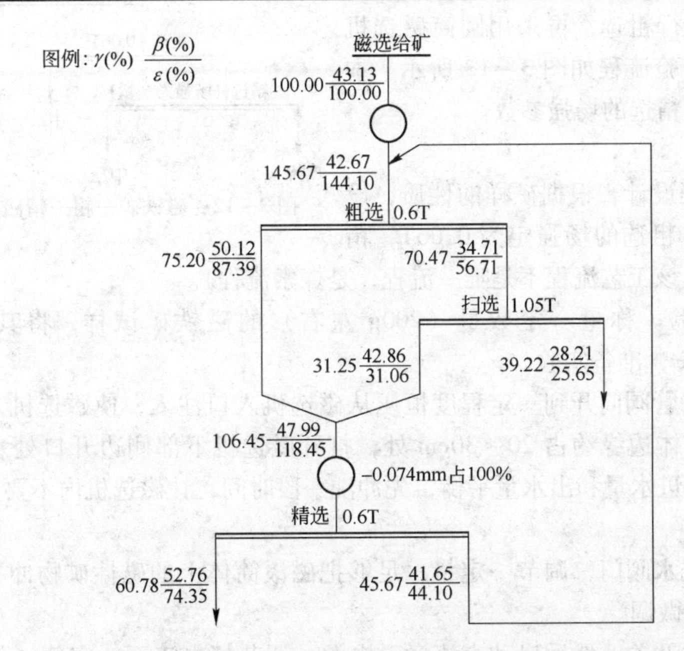

图3－10　混精再磨闭路流程数质量流程

3.5　磁滚筒磁选实验

3.5.1　DCX300型磁滚筒简介

筒式磁选机是实验室用重要的弱磁选设备，该设备用于阶段定量选别实验和连续流程选别实验，图3－11所示为DCX300型磁滚筒外形，表3－8为DCX300型磁滚筒的技术参数。

图3－11　DCX300型磁滚筒外形

3.5.2　实验设备、用具及试样

（1）DCX300型磁滚筒弱磁选机一台。

表 3－8 DCX300 型磁滚筒的技术参数

型号	筒体规格/mm × mm	筒体表面平均磁感应强度/T	给料粒度/mm	筒体转速/$r \cdot min^{-1}$
DCX300	ϕ300 × 234	0 ~ 0.5	－0.5	15.75

（2）分析天平（精度 0.01g）、塑料盘（大盘）、毛刷、牛角勺及白纸。

（3）磁铁矿试样 1000g，粒度为 －0.1mm。

3.5.3 实验步骤

对某矿山磁铁矿粗精矿进行磁选流程，粗精矿先进行分级，采用圆筒磁选机对 －0.074mm颗粒进行粗选，再采用圆筒磁选机进行精选实验，实验流程如图 3－12 所示。本实验主要用来确定精选的场强参数。

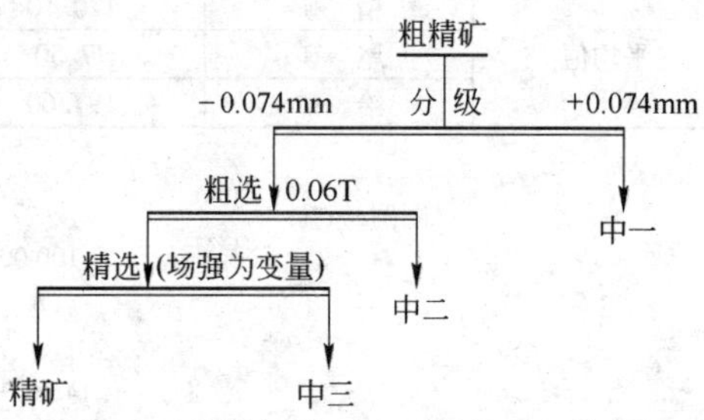

图 3－12 磁铁矿一粗一精磁选工艺流程

实验步骤如下：

（1）实验流程设计，根据矿样的性质，设计一粗一精流程，粗选的场强定为 0.06T，精选场强待定（注：该工艺流程不是唯一流程，是探索流程）。

（2）粗选实验。称量一定数量（200g 左右）的磁铁矿试样，将其磨到细度为 －0.074mm 占 65%，准备实验。

（3）将自来水管阀门开到一定程度恒压从磁选机入口注入，使磁选机入口处的水面边缘保持在磁滚筒体边缘约占 20 ~ 30cm 处，打开磁选机下部侧边开口处水管阀门一定量，保持磁选机内进水量和出水量平衡，先冲洗一段时间，让磁选机内不要残留上次实验的试样。

（4）打开冲洗水阀门，调节一定量，足够把磁滚筒体上的磁性矿物冲下即可，实验过程中可观察现象微调。

（5）打开电源开关，然后启动交流激磁电源，调节好电流至一定值（调节到相应场强对应的电流值）。

（6）给矿。将试样慢慢倒入入口，用毛刷细心操作。磁性物料由于受圆筒表面磁力的作用和圆筒一起旋转，在精矿口端被冲洗水冲下进入精矿口，非磁性物料从磁滚筒体测边缘被排入尾矿口，从而得到分选。

（7）待分选完毕后，切断激磁电流，将磁性物用水冲出磁选机，此时磁性矿物从尾矿口处被冲出，直到水清澈为止，用塑料桶装好倒入精矿筒。精矿经澄清、吸水、烘干、称重，得到磁性产品的质量，并取样化验分析。尾矿经澄清、吸水、过滤、烘干、称重，得到其质量，并取样化验分析。

（8）精选的步骤类似于（3）、（4）、（5）、（6）、（7）步骤。

（9）按以上步骤，改变精选段磁场强度，做三次实验，精选条件实验结果记录到表 3－9中。

表3-9 精选条件实验结果

场强/T	产物	产率/%		品位/%	回收率/%	
		作业	相对原矿		作业	相对原矿
0.04	精矿	65.11	43.12	63.37	72.67	59.57
	尾矿	34.89	23.10	44.48	27.33	22.40
	合计	100.00	66.22	56.78	100.00	81.97
0.05	精矿	82.38	54.55	62.06	90.04	73.81
	尾矿	17.62	11.67	32.09	9.96	8.16
	合计	100.00	66.22	56.78	100.00	81.97
0.06	精矿	86.24	57.11	60.97	92.61	75.91
	尾矿	13.76	9.11	30.51	7.39	6.06
	合计	100.00	66.22	56.78	100.00	81.97

由表3-9可以看出，采用圆筒磁选机进行一次精选，精矿品位提高了4%~8%，但品位均在63.37%以下。

3.6 磁选柱分选实验

3.6.1 磁选柱简介

磁选柱（图3-13）在大、中、小型磁铁矿选矿厂应用很多，均起到了明显的提质、降杂、增效的效果。

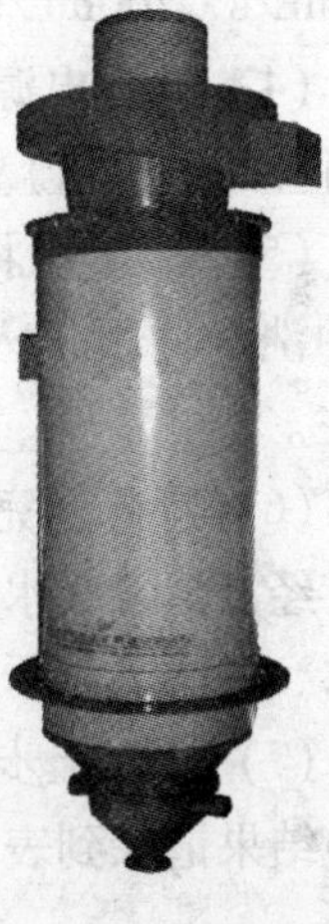

国内外普遍使用的筒式磁选机等常规磁选设备，生产实践早已证明它们是抛弃合格尾矿的好设备，因而得到了广泛应用。但是，由于其磁场强度较高，磁场力较大，磁场恒定，会使成千上万的单体磁铁矿粒度及连生体颗粒在磁场中产生强大的磁化磁团聚，离开磁场后，由于剩磁的存在产生剩磁磁团聚。因而在磁选过程中存在磁性夹杂和非磁性夹杂。磁性夹杂使连生体进入磁选精矿，非磁性夹杂使单体脉石进入磁选精矿。两者均使磁选精矿品位降低，因而常规磁选难以得到高品位磁铁矿精矿。

图3-13 磁选柱外形

磁选柱用于粗选可提前从粗磨精矿中提取合格最终精矿，用于精选可提高磁铁矿品位2~10个百分点，并可降低硅、硫、磷等杂质含量。磁选柱是一种电磁式低弱磁场磁重选矿机，它既能充分分散磁团聚，从而高效分出单体脉石和连生体，特别是贫连生体；又能充分利用磁团聚作用，捕捉细粒、微细粒单体磁铁矿，防止细粒、微细粒单体磁铁矿逃逸，从而实现提高磁铁矿精矿品位，达到提质、降杂、增产、增效的目的。

3.6.2 实验设备、用具及试样

（1）实验室用磁选柱一台。

（2）分析天平（精度0.01g）、塑料盘（大盘）、塑料桶、毛刷、牛角勺及白纸。

（3）磁铁矿粗精矿试样1000g，粒度为 -0.1mm。

3.6.3 实验步骤

对某矿山磁铁矿粗精矿进行磁选流程，粗精矿先进行分级，采用圆筒磁选机对 -0.074mm颗粒进行粗选，再采用磁选柱进行精选实验，磁选柱的场强和水的流量为变量，实验流程如图3-14所示。本实验主要用来确定精选的场强参数。

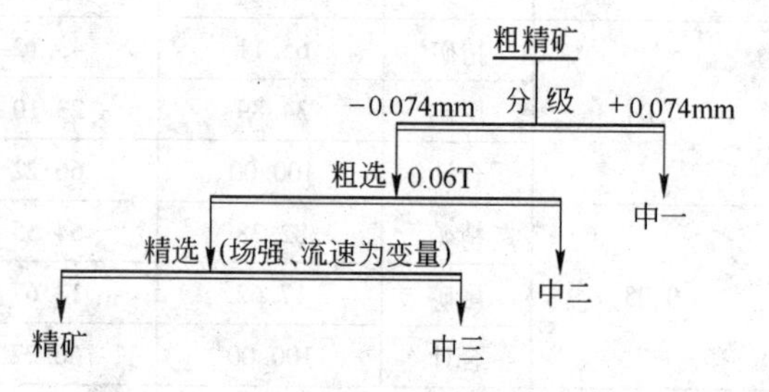

图3-14 磁选柱精选实验流程

实验步骤如下：

（1）实验流程设计，根据矿样的性质，设计一粗一精流程，粗选的场强定为0.06T，精选场强待定，水的流量为变量（注：该工艺流程不是唯一流程，是探索流程）。

（2）粗选实验。称量一定数量（200g左右）的磁铁矿粗精矿试样，将其磨到细度为 -0.074mm 占65%，先用200目（0.074mm）筛进行分级，筛下产品进粗选。实验过程参照3.5.3节。

（3）精选实验。将自来水管阀门开到一定程度恒压从磁选柱上部入口注入，磁选柱尾矿出口阀门打开，从尾矿出口处用大容量量筒量得水的流速（分别为160mL/s、180mL/s、200mL/s）。

（4）打开电源开关，然后启动交流激磁电源，调节好电流至一定值（调节到相应场强对应的电流值）。

（5）给矿。将试样慢慢倒入入口，用毛刷细心操作。磁性物料从下部精矿口端被冲洗水冲下进入盆子，非磁性物料从磁选柱上端测边缘被排入尾矿口，用塑料桶接住。

（6）待分选完毕后，切断激磁电流，将磁性物用水冲出磁选柱，直到水清澈为止，精矿经澄清、吸水、烘干、称重，得到磁性产品的质量，并取样化验分析。尾矿经澄清、吸水、过滤、烘干、称重，得到其质量，并取样化验分析。

（7）按以上步骤，改变精选段磁场强度和水的流量，做三次实验。磁选柱精选条件实验结果记录到表3-10中。

表3-10 磁选柱精选实验结果

电流/A	流速/mL·s^{-1}	产物	产率/%		品位/%	回收率/%	
			作业	相对原矿		作业	相对原矿
2.00	160.00	精矿	90.92	60.35	60.06	96.34	78.32
		尾矿	9.08	6.03	22.84	3.66	2.97
		合计	100.00	66.38	56.68	100.00	81.29
2.00	200.00	精矿	84.49	56.09	60.12	89.62	72.85
		尾矿	15.51	10.29	37.94	10.38	8.44
		合计	100.00	66.38	56.68	100.00	81.29

续表3-10

电流/A	流速/mL·s^{-1}	产物	产率/%		品位/%	回收率/%	
			作业	相对原矿		作业	相对原矿
2.50	180.00	精矿	88.38	58.67	59.61	92.95	75.56
		尾矿	11.62	7.71	34.39	7.05	5.73
		合计	100.00	66.38	56.68	100.00	81.29

由表3-10可以看出，随着水流速度增加，精矿品位提高。此作业过程，对精矿品位提高近5%，精矿品位均在60.00%左右。

3.7 赤铁矿磁化焙烧磁选实验

3.7.1 磁化焙烧的目的和原理

3.7.1.1 磁化焙烧的目的

铁矿石磁化焙烧的主要目的是将弱磁性铁矿石，转变为强磁性铁矿石。此外还可获得如下效果：排除矿石中的气体和结晶水，如褐铁矿（或含水赤铁矿）与菱铁矿，经焙烧后除去了水和二氧化碳，相应的增加了矿石的孔隙率，提高了矿石的品位；从矿石中排除有害元素，如矿石中含有硫和砷等有害杂质，焙烧时硫、砷变为气体从矿石中排出；使矿石结构疏松，性质变脆，有利于破碎和磨矿，降低破碎和磨矿成本，提高作业效率。

3.7.1.2 弱磁性铁矿石磁化焙烧的原理

由于所焙烧的矿石性质不同，其化学反应也不相同，故焙烧原理也不一样。根据其化学反应分为还原焙烧、中性焙烧和氧化焙烧。

（1）还原焙烧。还原焙烧是在还原气氛中进行的，造成还原气氛的还原剂通常为C、CO和H_2。这种焙烧适用于赤铁矿（Fe_2O_3）和褐铁矿（$2Fe_2O_3 \cdot 3H_2O$）。对于赤铁矿而言，使矿石升温在550~600℃，将赤铁矿还原成磁铁矿，其反应如下

$$3Fe_2O_3 + C \xrightarrow{550\sim600℃} 2Fe_3O_4 + CO\uparrow \quad (3-14)$$

$$3Fe_2O_3 + CO \xrightarrow{550\sim600℃} 2Fe_3O_4 + CO_2\uparrow \quad (3-15)$$

$$3Fe_2O_3 + H_2 \xrightarrow{550\sim600℃} 2Fe_3O_4 + H_2O\uparrow \quad (3-16)$$

褐铁矿在加热过程中，首先排除结晶水，变为不含水的赤铁矿，再按上述还原反应进行。

（2）中性焙烧。这种焙烧用于焙烧菱铁矿。为了保持中性气氛，焙烧时不通入空气或通入少量空气，加热到300~400℃时，菱铁矿发生如下反应

不通入空气 $$3Fe_2CO_3 \xrightarrow{300\sim400℃} Fe_3O_4 + 2CO_2\uparrow + CO\uparrow \quad (3-17)$$

通入少量空气 $$2Fe_2CO_3 + \frac{1}{2}O_2 \xrightarrow{300\sim400℃} Fe_2O_3 + 2CO_2\uparrow \quad (3-18)$$

$$2Fe_2O_3 + CO \xrightarrow{300\sim400℃} 2Fe_3O_4 + CO_2\uparrow \quad (3-19)$$

（3）氧化焙烧。这种焙烧是专门对黄铁矿而言的。如黄铁矿在氧化气氛（保持氧化气氛要通入大量空气）中短时间焙烧时，首先被氧化成磁黄铁矿，其反应如下

$$7FeS_2 + 6O_2 \longrightarrow Fe_7S_8 + 6SO_2 \uparrow \tag{3-20}$$

延长焙烧时间，磁黄铁矿按下列反应变成磁铁矿

$$3Fe_7S_8 + 38O_2 \longrightarrow 7Fe_3O_4 + 24SO_2 \uparrow \tag{3-21}$$

这种方法多用于从稀有金属精矿中用焙烧磁选的方法分离出硫铁矿。

3.7.1.3 还原焙烧产品的质量检查

还原焙烧矿的质量，一般用还原度来表示，和磁性率的公式一样，它表示还原焙烧矿中 FeO 和全铁含量的百分比。

$$R = \frac{FeO}{TFe} \times 100\% \tag{3-22}$$

式中 R——还原度，%；

FeO——还原焙烧中 FeO 的含量，%；

TFe——还原焙烧中全铁的含量，%。

在理想情况下矿石中的 Fe_2O_3 全部还原为 Fe_3O_4 时，还原焙烧的效果最好，还原焙烧矿的磁性也最强。由于 Fe_3O_4 由一个分子的 FeO 与一个分子的 Fe_2O_3 结合而成，即 $FeO \cdot Fe_2O_3$。当全部还原时，矿石中的 Fe_2O_3 与 FeO 的数量相等，即两者结合为 Fe_3O_4 外，各无余量，此时还原度为

$$R = \frac{55.84 + 16}{55.84 \times 3} \times 100\% = 42.8\%$$

这个值是衡量焙烧矿质量的标准。如 $R > 42.8\%$ 时，说明焙烧矿发生过还原，有一部分磁铁矿已变成 FeO。当 $R < 42.8\%$ 时，说明焙烧矿还原不够，还有一部分赤铁矿未还原成磁铁矿。实际上由于焙烧过程的不均匀性和焙烧因素的波动，很难达到标准值。

3.7.1.4 还原焙烧过程

竖炉的还原焙烧过程如图 3-15 所示，其整个焙烧过程由加热、还原和冷却三个环节组成，这三个环节既是互相联系，又互相影响的，其中关键的一环是还原。加热是为矿石进行还原创造必要的条件，而冷却是为了保持还原的效果。还原过程是一个多相反应过程，即固相（铁矿石）和气相（还原气体中的 CO、H_2）发生反应，其过程分为以下三个阶段：（1）扩散和吸附。由于还原气体的对流或分子扩散作用，还原气体分子吸附于矿石表面。（2）化学反应。被吸附的还原气体分子与矿石中铁氧化物相互作用，进行还原反应。（3）气体产物的脱附反应生成的气体产物脱离矿石表面，沿着和矿石运行相反的方向扩散到气相中去。

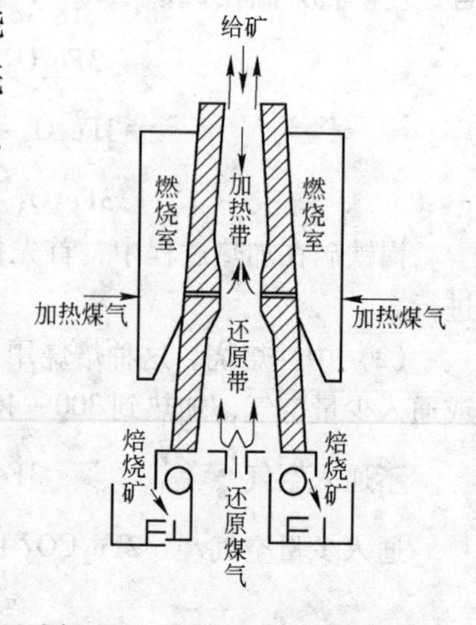

图 3-15 竖炉还原过程示意图

3.7.2 实验设备、用具及试样

（1）实验室用马弗炉炉一台，温度可调至1200℃。

（2）分析天平（精度0.01g）、陶瓷耐高温器皿数个（含盖子），塑料桶一个、毛刷、牛角勺、白纸及尖嘴钳子。

（3）赤铁矿试样1000g，粒度为-0.1mm，煤粉200g，粒度为-0.1mm。

3.7.3 实验步骤

（1）将原矿破碎至-0.074mm占60%。

（2）取一定量矿样（如50g），按比例与煤粉混合（煤粉的量可选取2.5g、5g、10g、15g、20g等），装入陶瓷耐高温器皿，盖好盖子。

（3）将器皿置于马弗炉内，在指定温度（如700℃、750℃、800℃、850℃、900℃等）下焙烧至指定时间（如5min、10min、15min等）。

（4）用尖嘴钳子将器皿取出，迅速扔置于水中，用水冷淬。

（5）澄清、吸水、烘干、称重，得到产品的质量，取样化验分析，并作物相分析。

（6）改变条件（如焙烧温度、焙烧时间、粉煤用量等），按以上步骤完成实验。实验结果见表3-11。

表3-11 磁化焙烧实验结果

送样单位： 采样地点： 矿石名称： 矿样编号： 测定日期：

条 件	产率/%	磁铁矿产率/%	还原度/%	备 注
1				
2				
3				

3.8 锡精矿与石英电选分离实验

3.8.1 基本原理

电选是利用矿物在高压电场内的电性差异而达到分选目的的一种分选方法。当物料经旋转着的鼓筒带至电晕电极和偏极作用的高压电场中时，物料受到各种电力（包括库仑力、非电场作用力及界面吸力）、离心力、重力的作用。由于各种物料电性质的不同，受力状态的不同使物料落下时的轨迹不同，从而达到分选的目的（图3-16）。

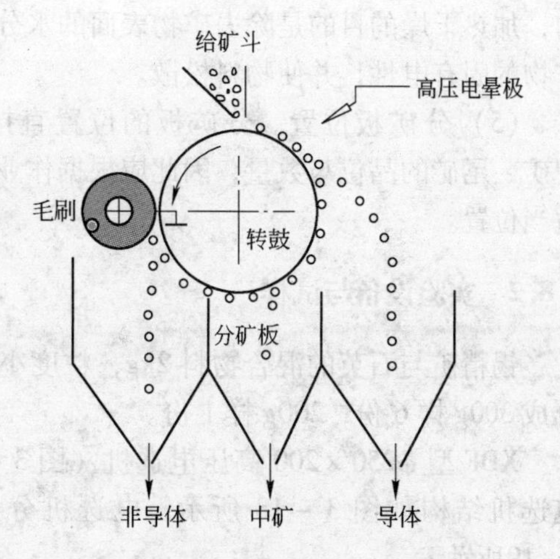

图3-16 电选分离示意图

在高压电场作用下导体和非导体受力的情况表现为导体和非导体物料在电场中均获得很多电荷。但因导体物料的导电性好，吸附在表面的电荷能在表面自由流动，故能很

快地分布于矿粒表面，一旦导体与接地极接触，其表面上的电荷瞬间传导至接地极而消失，在离心力和重力作用下沿鼓筒旋转的方向偏向电晕电极一侧落下，而成为导体产品；非导体物料由于导电性很差或不导电，表面吸附的电荷不能或不能很快传走，所以与接地极鼓筒相互吸引，此界面吸力大于离心力和重力的合力，故物料紧吸于鼓面转至后方，直到被刷子刷下成为非导体产品；导电性界于中间的物料则在中间带落下，即所谓中性物料。

电选大多数情况下主要用于精选作业，即电选的原料是经过重选或其他选矿方法先富集到一定的品位，然后采用电选分离并提高精矿品位；也有部分矿物采用浮选、重选或磁选难以分离而直接采用电选的。电选对于各种粒级重矿物的分离及提高精矿品位是很有效的一种选矿方法。

影响电选的因素很多，主要有电压、极距与电极位置、转鼓速度、物料水分、分矿板位置等。

(1) 电压。电压指带电电极与接地电极（转鼓）之间的电压，一般来说电压越高，越有利于分选，但是对各种具体矿物所要求的分选电压是不同的，电压太低时，不利于提高矿物的品位；电压过高，又会影响矿物的回收率。

(2) 极距与电极位置。极距指带电电极与接地电极之间的距离，小极距易产生电晕放电，但实际选矿时，很易产生火花放电，严重影响选矿效果；大极距不易产生火花放电，电场较稳定，但难以产生电晕放电，又难以有效分选。实验中常用极距在 40 ~ 60mm 之间，生产上常使用较大的极距，在 60 ~ 80mm 以上。

(3) 转鼓速度。转鼓转速大小直接影响入选物料在电场区的停留时间。转速小时，矿粒获得较多的电荷，对非导体而言，就能产生较大的镜面吸力，从而不易脱离鼓筒，使得精矿品位提高，相反转速大时，非导体的镜面吸力较小，使非导体矿粒过早脱离鼓面，混杂于导体矿粒中，造成精矿品位下降。精选作业时，为保证导体矿物的品位，宜用低转速。

(4) 物料水分。矿物含有水分时，会使非导体矿物的导电性提高，容易混进导体产品中，严重影响分选效果。因此电选前加热是非常重要的，加热干燥的目的是除去矿物表面的水分，恢复不同矿物的固有电性，并使物料松散。

(5) 分矿板位置。分矿板的位置直接影响精矿、中矿、尾矿的品位与数量，因此应根据作业要求，选择适当位置。

3.8.2 实验设备与试样

锡精矿与石英的混合物料 2kg，粒度小于 1mm，缩分成 300g 样 6 份，200g 样 1 份。

XDF 型 $\phi250\times200$ 高压电选机（图 3 - 17）一台。电选机结构如图 3 - 18 所示，电选机分选示意图如 3 - 19所示。

图 3 - 17 XDF 型 $\phi250\times200$ 高压电选机

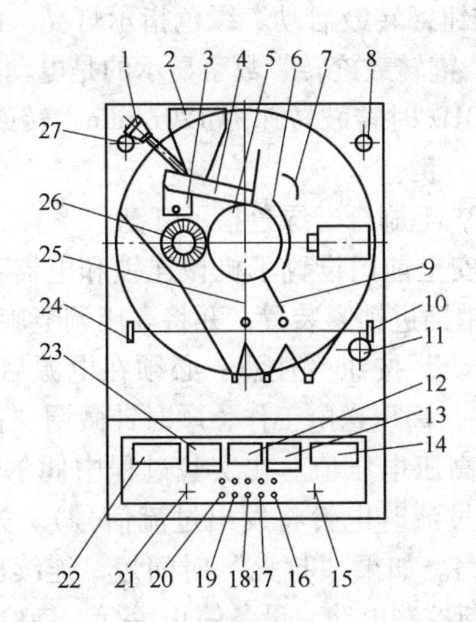

图 3-18 电选机结构示意图

1—给料调节手轮；2—料仓；3—给料振动器；4—给料溜槽；5—鼓筒；6—电晕电极；7—偏极（静电极）；
8—电极周向调节手轮；9—前分隔板；10—前分隔板调节手轮；11—电极径向距离调节手轮；
12—变频调速控制板；13—高压电流表；14—料仓温度控制仪；15—给料调节旋钮；16—给料启/停按钮；
17—毛刷离合按钮；18—高压启/停按钮；19—转鼓启/停按钮；20—电源启/停按钮；21—高压调节按钮；
22—鼓筒温度控制仪；23—高压电压表；24—后分隔板调节手轮；25—后分隔板；
26—毛刷；27—给料溜槽角度调节手轮

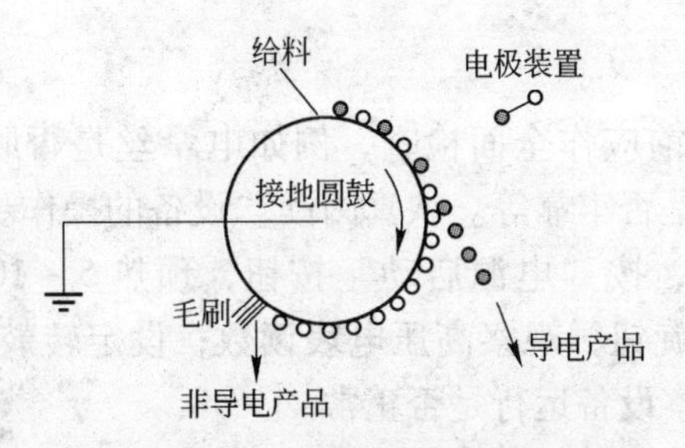

图 3-19 电选机分选示意图

3.8.3 设备操作步骤与实验步骤

3.8.3.1 设备操作步骤

(1) 接通电源，红色指示灯亮。

(2) 按“电源启动”按钮，电源启动、绿色指示灯亮，整机控制电源接通。

(3) 设定转鼓、料仓所需加热温度。分别将转鼓、料仓加热温度调节仪温度设定开关拨至“设定”处，旋转设定按钮，此时数字显示的是所需温度值，再将温度设定开关拨至“测量”处，此时数字显示的是被测对象温度值。当被测对象温度值低于设定温度时绿灯亮，达到设定温度时红灯亮。

（4）按“转鼓启动”按钮，转鼓启动、绿色指示灯亮。此时，“转鼓调速”控制板数字显示“00”，按“RUN”键转鼓旋转。数字显示的是电动机运行频率，换算转鼓转速公式按1Hz＝6r/min。例：20Hz时转鼓转速为120r/min。转鼓转速按“↑”或“↓”键调节，停止运行则按“STOP”键。

（5）按“毛刷合”按钮，毛刷合、绿色指示灯亮。

（6）为保障人身及设备安全前门设置了机械连锁和电器互锁装置。工作时必须将门关紧。顺时针扭动手轮，插销插进锁紧装置，并将高压调节旋钮逆时针旋至零位后，才能启动高压送电。按“高压启动”按钮（注意：必须在电源启动5～10min后才能启动高压），高压启动绿色指示灯亮，高压送电工作，顺时针微调“高压调节”旋钮，并观察高压电表读数，将其调至所需高压电压值。在实验过程中偶尔会因各种原因出现“打火”现象，产生高压过流（高压过流时电铃将发出过流信号）。为了保证分选工作的连续进行，该机设置了自动保护电路。如果“打火”时间短，连续次数不多，高压仍能正常工作；否则保护电路将自动切断控制电路，设备停止运行，待检修人员修理后才能进行分选工作。

（7）按“给料启动”按钮，给料启动（绿色）指示灯亮，给料机工作。调节“给料调节”旋钮，调节给料量。

（8）停止工作。关好矿斗闸门，高压调节至零位，依次按“高压停止”、“毛刷离”、“给料停止”、“转鼓停止”，并将给矿调节至零位，按“电源停止”按钮，断开总电源。

（9）清扫分选室。开门时先将开关手轮上的插销拔起，然后逆时针转动手轮，至放电棒已与电极接触进行高压放电，门才能打开，然后进行室内清扫。

3.8.3.2　实验步骤

（1）机器检查。开机前应作全面检查，例如电晕丝是否脱落，电选机门是否关好，机内有无障碍物，接地线是否牢靠等。认真阅读“设备的操作步骤”。

（2）试机。接通电源，按“电源启动”按钮，预热5～10min；按“高压启动”按钮，并调节“高压调节”旋钮，观察高压电表读数；设定转鼓及料仓的加热温度，开动鼓筒、毛刷及给料器，观察设备运行是否正常。

（3）分选实验。

1）选定给矿量转速及分矿板位置。电压、极距、物料加温可随意设定并固定下来，用200g样重复实验，观察给矿量、转速及分矿板位置的影响，选择最好的条件，此后给矿量转速及分矿板位置固定下来。

2）方法如1），重复实验，观察极距及物料加温对电选效果的影响。大致选适宜的极距及物料加温温度。

3）改变电压值，其他条件不变，用300g试样进行实验，记录精、中、尾矿的质量，并分别筛分称重，计算锡精矿品位及回收率，记录下表。并绘制电压与锡品位及回收率曲线。

4）实验完毕，清理实验设备与现场，回收实验试样，实验结果列入表3－12中。

表 3-12 电选实验结果

送样单位： 采样地点： 矿石名称： 矿样编号： 测定日期：

实验条件场强/T	产物	产率/%		品位/%	回收率/%	
		作业	相对原矿		作业	相对原矿
	精矿					
	尾矿					
	合计					
	精矿					
	尾矿					
	合计					
	精矿					
	尾矿					
	合计					

4 重力分选实验

重力选矿是利用被分选矿物颗粒间相对密度、粒度、形状的差异及其在介质（空气、水或其他相对密度较大的液体）中运动速率和方向的不同，使之彼此分离的选矿方法。它广泛应用于处理煤、有色金属、稀有金属、贵金属矿石，也用于对石棉、金刚石等非金属矿石的加工。

4.1 自由沉降实验

4.1.1 测定原理

在重力场中进行的沉降过程称为重力沉降。

4.1.1.1 沉降速度

A 沉降颗粒受力分析

若将一个表面光滑的刚性球形颗粒置于静止的流体中，如果颗粒的密度大于流体的密度，则颗粒所受重力大于浮力，颗粒将在流体中降落。此时颗粒受到三个力的作用，即重力、浮力与阻力。重力向下，浮力向上，阻力与颗粒运动方向相反（即向上）。对于一定的流体和颗粒，重力和浮力是恒定的，而阻力却随颗粒的降落速度而变。

若颗粒的密度为ρ_i，直径为d，流体的密度为ρ，则颗粒所受的三个力为：

重力
$$G_0 = \frac{\pi}{6} d^3 \rho_i g \tag{4-1}$$

浮力
$$F = \frac{\pi}{6} d^3 \rho g \tag{4-2}$$

阻力
$$R = \xi A \frac{\rho u^2}{2} \tag{4-3}$$

式中 ξ——阻力系数，无因次；

A——颗粒在垂直于其运动方向的平面上的投影面积，其值为$\pi d^2/4$，m^2；

u——颗粒相对于流体的降落速度，m/s。

静止流体中颗粒的沉降速度一般经历加速和恒速两个阶段。颗粒开始沉降的瞬间，初速度u为零，阻力R为零，加速度a为最大值；颗粒开始沉降后，阻力随速度u的增加而增大，加速度a则减小，当速度达到某一值u_{max}时，阻力、浮力与重力平衡，颗粒所受合力为零，加速度为零，此后颗粒的速度不再变化，开始做速度为u_{max}的匀速沉降运动。

B 沉降的加速阶段

根据牛顿第二运动定律可知，上面三个力的合力应等于颗粒质量与其加速度a的乘积，即

$$\frac{\pi}{6}d^3\rho_i g - \frac{\pi}{6}d^3\rho g - \xi A\frac{\rho u^2}{2} = \frac{\pi}{6}d^3\rho_i\frac{\mathrm{d}u}{\mathrm{d}t} \tag{4-4}$$

式中 t——时间，s。

由于固体颗粒的表面积很大，颗粒与流体间的接触面积很大，颗粒开始沉降后，在极短的时间内阻力便与颗粒所受的净重力（即重力减浮力）平衡。因此，颗粒沉降加速阶段时间很短。

C 沉降的等速阶段

匀速阶段中颗粒相对于流体的运动速度 u_{max} 称为沉降末速，由于该速度是加速段终了时颗粒相对于流体的运动速度，称为自由沉降末速。当固体颗粒达到沉降末速时，$a=0$，则式（4-4）变为

$$u_{max} = \sqrt{\frac{4gd(\rho_i - \rho)}{3\xi\rho}} \tag{4-5}$$

4.1.1.2 阻力系数 ξ

用式（4-5）计算沉降末速时，需确定阻力系数 ξ 值。根据因次分析，ξ 是颗粒与流体相对运动时雷诺准数 Re 的函数，ξ 与 Re 的关系曲线如图 4-1 所示。图中，Φ_S 为球形系数，Re 的计算式为

$$Re = \frac{du_{max}\rho}{\mu} \tag{4-6}$$

式中 μ——流体的黏度，Pa·s。

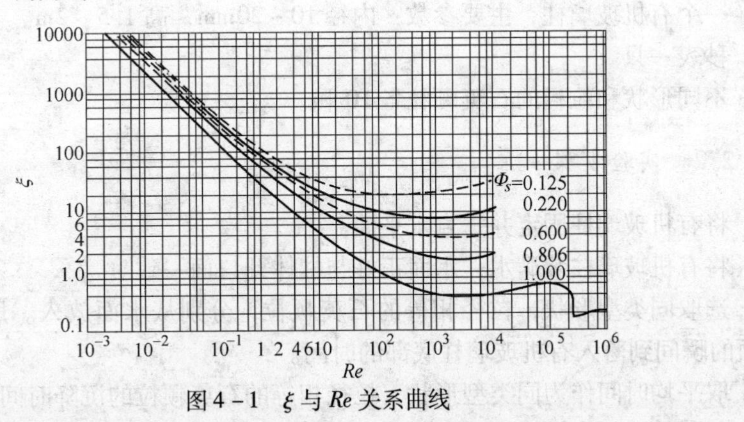

图 4-1 ξ 与 Re 关系曲线

从图 4-1 中可以看出，对球形颗粒（$\Phi_S=1$），曲线按 Re 值大致分为三个区域，各区域内的曲线可分别用相应的关系式表达如下：

（1）斯托克斯区阻力公式。Re（$10^{-4}<Re<1$）非常小时，黏性力占主导地位，不考虑压差阻力的影响，也就是摩擦阻力远大于压差阻力，球形颗粒的阻力为

$$R_S = 3\pi\mu u_{max} d \tag{4-7}$$

将 R_S 代入式（4-3），计算得到 ξ，再将 ξ 代入式（4-5）中，得到斯托克斯区的沉降末速为

$$u_{Smax} = \frac{d^2(\rho_i - \rho)}{18\mu}g \tag{4-8}$$

（2）阿连阻力公式。当 $1 \leqslant Re \leqslant 10^3$ 时，压差阻力和摩擦阻力同时影响物体的运动，此时球形颗粒的阻力为

$$R_A = \frac{5\pi}{4\sqrt{Re}} d^2 u_{\max}^2 \rho \approx \frac{24}{Re} \tag{4-9}$$

同理将式（4－9）代入相关公式，得到阿连过渡流区的沉降末速为

$$u_{A\max} = 25.8 d \sqrt[3]{\left(\frac{\rho_i - \rho}{\rho}\right)^2 \frac{\rho}{\mu}} \tag{4-10}$$

（3）牛顿－雷廷智阻力公式。当 $Re > 10^3$ 时，压差阻力为主，此时球形颗粒的阻力为

$$R_A = \left(\frac{\pi}{16} \sim \frac{\pi}{20}\right) d^2 u_{\max}^2 \rho \approx 0.44 \tag{4-11}$$

$$u_{A\max} = 54.2 \sqrt{d\left(\frac{\rho_i - \rho}{\rho}\right)} \tag{4-12}$$

球形颗粒在流体中的沉降速度可根据不同流型，分别选用上述公式进行计算。由于沉降操作中涉及的颗粒直径都较小，操作通常处于层流区，因此，斯托克斯公式应用较多。

沉降速度由颗粒特性（ρ_i、形状、大小及运动的取向）、流体物性（ρ、μ）及沉降环境综合因素所决定。

4.1.2　实验部分

4.1.2.1　实验设备、物料及器具

（1）一个有机玻璃柱，主要参数：内径 10～20mm，高 1.5～2m。

（2）秒表一只。

（3）不同形状和粒径的石英颗粒各 10 颗。

4.1.2.2　实验步骤

（1）将有机玻璃柱固定并垂直水平面。

（2）将有机玻璃柱装满水，水面正好与柱体开口面一致。

（3）选取同类型形状，粒径相等的石英颗粒，分别从水面放入。用秒表测定当颗粒进入水面的瞬间到落入有机玻璃柱底部的时间。

（4）取平均时间作为同类型形状，粒径相等的石英颗粒的沉降时间。

（5）用其他形状和粒径的颗粒重复以上实验。将测定结果列入表 4－1 中。

表 4－1　物料自由沉降实验记录表

试样名称____　试样粒度____mm　试样质量____g　试样来源____　试样其他指标____　实验日期____

颗　粒		第 1 次沉降时间 /s	第 2 次沉降时间 /s	第 i 次沉降时间 /s	第 n 次沉降时间 /s	平均时间 /s
粒径/mm	形状					

4.1.2.3 实验数据记录和处理

颗粒加速阶段的时间很短，此实验中忽略不计。

实际沉降速度 $$u = \frac{L}{t}$$

式中 L——有机玻璃长度，m；

t——沉降时间，s。

理论计算沉降速度可用斯托克斯公式计算。

$$u_{S\max} = \chi \frac{d_V^2(\rho_i - \rho)}{18\mu} g$$

式中 d_V——体积当量直径，m，颗粒的筛分粒度与体积当量直径 d_V 的关系见表 4-2；

χ——球形系数，不同矿粒形状的球形系数 χ 见表 4-3。

表 4-2 颗粒的筛分粒度与体积当量直径 d_V 的关系

颗粒形状	测量值比 d_V/d_{si}
浑圆形	1.15 ~ 1.30
多角形	1.06 ~ 1.20
长方形	1.15 ~ 1.22（金粒在 1.60 以下）
扁平形	1.05 ~ 1.10

表 4-3 不同矿粒形状的球形系数 χ

矿粒形状	球形	浑圆形	多角形	长方形	扁平形
球形系数 χ	1.0	1.0 ~ 0.8	0.8 ~ 0.65	0.65 ~ 0.5	<0.5

体积当量直径 d_V 的计算为：先将石英颗粒过筛，看哪一筛目的尺寸最接近石英颗粒的尺寸。例如 2mm 筛目的尺寸最接近某一颗粒（在筛分时，石英颗粒刚好通过 2mm 筛目尺寸的筛子），在根据形状判断，如多角形颗粒。那么体积当量直径 d_V 计算为：

$$d_V = 2 \times 1.08 = 2.16\text{mm}$$

查表 4-3，χ 取 0.7。将 d_V、χ 代入斯托克斯公式计算。

分析实际沉降速度与理论计算的速度误差。

4.2 淘析法实验

4.2.1 测定原理

淘析法的基本原理是利用逐步缩短沉降时间的方法，由细至粗地逐步地将较细物料自试料中淘析出来。淘析分离装置如图 4-2 所示，基本器皿为一带毫米刻度纸的透明容器，以及搅拌器、虹吸管等。

实验前应先按斯托克斯方程计算各粒级的沉降速度、时间和距离的关系。经单位换算之后的斯托克斯公式为

$$u = \frac{h}{t} = 5450d^2(\rho_i - 1) \quad (4-13)$$

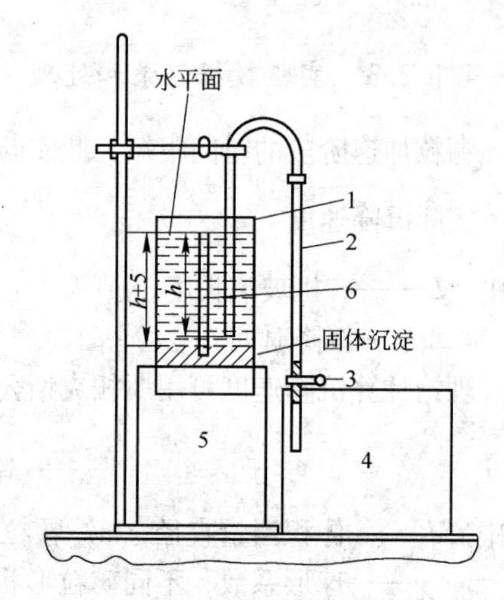

图 4－2　淘析分离装置

1—玻璃杯；2—虹吸管；3—夹子；4—溢流收集器；5—台座；6—毫米刻度纸条

式中　u——粒子沉降末速，cm/s；

h——沉降距离，cm；

t——沉降时间，s；

ρ_i——物料密度，g/cm^3；

d——物料颗粒直径，cm。

4.2.2　实验部分

4.2.2.1　实验物料、装置及器具

（1）沉降水析装置一套（烧杯为 3L）。

（2）塑料桶若干个。

（3）秒表一只。

（4）－0.074mm 石英颗粒 500g。

4.2.2.2　操作步骤

（1）称量一定量（一般为 50～100g）待淘析的干物料放进一小烧杯内加水润湿，把气泡赶走。

（2）绘制一张 10cm 刻度纸条（最小单位 mm 刻度）贴于烧杯外壁，0 刻度对齐烧杯最大刻度处，将湿物料倒进容积为 3L 的玻璃杯（或缸）内，加水至 0 刻度处。

（3）将虹吸管开口伸入到液面下计算好的距离处，紧固好装置。

（4）用带橡皮头的玻璃棒强烈搅拌，使物料悬浮，然后停止搅拌。

（5）待液面基本平静后即开始按秒表计时，经过时间 t 后，打开虹吸管夹子，将矿浆全部吸出至收集器。

（6）重新加水至 0 刻度处，完全重复（4）、（5）操作，经多次直至吸出的液体不浑浊为止。

（7）将析出的产物沉淀、过滤、烘干、称重，即可算出该粒级的产率。

按此法通过改变时间 t（由长到短）而分别得出各粒级（由细到粗）的产物并算出其对应的产率。

需要说明的是，确定 h 时要使虹吸管口高于物料层 5mm 以上，并使矿浆中固体容积浓度不大于 3%；为避免矿粒彼此间团聚产生误差，可在淘析时于水中加入少量（使矿浆中分散剂的浓度为 0.01%～0.2%）分散剂，如水玻璃、焦磷酸钠或六偏磷酸钠等；为加速 10μm 以下微细粒级产物的沉淀，可在含该产物的水中加入少许明矾；实验时为避免微细颗粒级别沉降时间过长可适当缩短虹吸管在液面下的距离。

最终实验结果的处理方法与筛析结果的处理方法类似，称量与计算结果可列于表 4－4中。

表4-4 淘析法实验结果记录表

送样单位: 采样地点: 矿石名称:
矿样编号: 实验编号: 测定日期:

粒级/mm	质量/g	产率/%	筛上累计产率/%	筛下累计产率/%
合 计				

4.2.2.3 淘析法实验分析

取纯矿物石英-0.074mm颗粒，测定-0.074+0.053、-0.053+0.043、-0.043+0.038、-0.038+0.027、-0.027+0mm粒级的含量。石英的密度为$2.65g/cm^3$，玻璃烧杯贴一毫米刻度纸，长度为10cm。

首先计算沉降速度、时间和沉降距离的关系。

各粒级沉降速度为

$$u_{0.027mm} = 5450d^2(\rho_i - 1) = 5450 \times (27 \times 10^{-4})^2 \times (2.65 - 1) = 0.066cm/s$$

$$u_{0.038mm} = 5450d^2(\rho_i - 1) = 5450 \times (38 \times 10^{-4})^2 \times (2.65 - 1) = 0.130cm/s$$

$$u_{0.043mm} = 5450d^2(\rho_i - 1) = 5450 \times (43 \times 10^{-4})^2 \times (2.65 - 1) = 0.166cm/s$$

$$u_{0.053mm} = 5450d^2(\rho_i - 1) = 5450 \times (53 \times 10^{-4})^2 \times (2.65 - 1) = 0.253cm/s$$

因为0.027mm颗粒的沉降时间过程，沉降时间的计算结果为$t = h/u = 151s$，所以应适当缩短虹吸管插入液面以下的距离，h缩短到6cm。同理0.038mm粒级，h为8cm。沉降时间、距离和沉速的关系见表4-5。

表4-5 沉降时间、距离和沉速的关系

沉速/$cm \cdot s^{-1}$	距离/cm	时间/s	沉速/$cm \cdot s^{-1}$	距离/cm	时间/s
0.027	6	91	0.043	10	61
0.038	8	62	0.053	10	40

测量步骤如下：

(1) 称量50g待淘析的-0.074mm石英干物料放进一小烧杯内加水润湿，把气泡赶走；

(2) 绘制一10cm刻度纸条（最小单位mm刻度）贴于烧杯外壁，0刻度对齐烧杯最大刻度处，将湿物料倒进容积为3L的玻璃杯（或缸）内，加水至0刻度处；

(3) 将虹吸管开口伸入到液面下6cm处，紧固好装置；

(4) 用带橡皮头的玻璃棒强烈搅拌，使物料悬浮，然后停止搅拌；

(5) 待液面基本平静后即开始按秒表计时，经过91s后，打开虹吸管夹子，将6cm高的矿浆全部吸出至收集器；

(6) 重新加水至0刻度处，完全重复 (4)、(5) 操作，经多次直至吸出的液体不浑浊为止；

(7) 将析出的产物沉淀、过滤、烘干、称重，即可算出 -0.027mm 粒级的产率。

按此法通过改变 h 和 t 而分别得出各粒级（由细到粗）的产物并算出其对应的产率。

淘析法实验结果记录表见表4-6。

表4-6 淘析法实验结果记录表

送样单位： 采样地点： 矿石名称：纯石英

矿样编号： 实验编号： 测定日期：

粒级/mm	质量/g	产率/%	筛上累计产率/%	筛下累计产率/%
-0.027	15.3	30.6	100.0	30.6
-0.038+0.027	8.2	16.4	69.4	47.0
-0.043+0.038	9.5	19.0	53.0	66.0
-0.053+0.043	7.8	15.6	34.0	81.6
-0.074+0.053	9.2	18.4	18.4	100.0
合 计	50	100.0		

4.3 连续水析实验

4.3.1 测定原理

连续水析仪是根据矿粒在水介质中自由沉降的规律，利用相同的上升水量，在不同直径的分级管中，产生不同的上升水流速度，使矿粒按其不同的沉降速度，分成若干级别，每个级别的产品，都是沉降速度相等的粒群组成，沉降速度常按石英密度计算。

连续水析仪主要由给矿装置、给水装置、分级管等部分组成（图4-3）。操作时，包

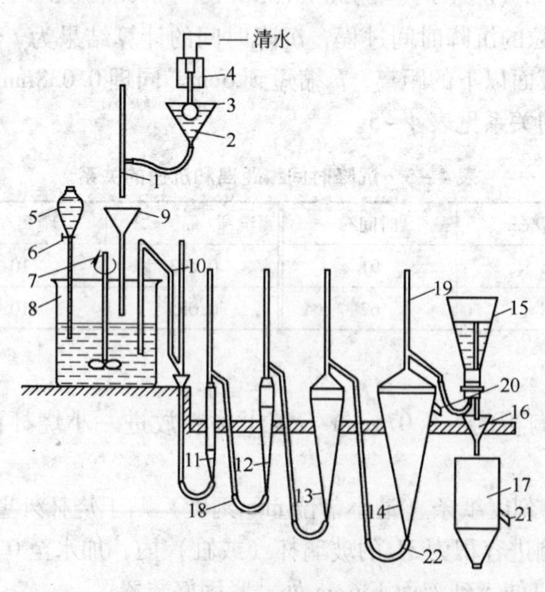

图4-3 四管连续水析仪

1—滴管；2，9，16—漏斗；3—浮标；4—水阀；5—给矿瓶；6—调节阀；7—搅拌器；8—容器；10—虹吸管；11~14—水析管；15—溢流瓶；17—细泥回收瓶；18，22—软胶管；19—空气管；20，21—溢流管

括水玻璃溶液在内的总给水量为100mL，其中水玻璃溶液的浓度为1%，给入量为5mL/min，故与清水混合后实际浓度为0.05%。

每次水析试样量50~100g左右，应预先用0.074mm筛子筛除粗粒，干样要预先用水浸泡，先调节流速，然后再给矿，给矿时矿浆应不断搅拌，给矿时间约1.5h，2h后停止搅拌，6h后停止给水，结束分级过程。

上升水流法比淘析法分级速度快，结果也比较稳定，但应注意防止因搅拌不充分而造成粗粒级产率偏大，给矿过快或分级水中断而出现堵塞，以及细粒黏附器壁等现象，以保证水析结果的可靠性。

连续水析法是在连续水析器中进行的。实验室内一般采用的连续水析器是由4~6个水析管组成，其管径的大小有一定比例。通常用的水析管直径分别为24.4mm、45.6mm、89mm、134.4mm。每次水析矿样量大约为50~100g，一份矿样水析时间大约需16~24h，以最后两水析管中水流清澈时为止。在进行水析时，各管的粒级范围和流量可根据最后一水析管中所溢出的最大颗粒尺寸（5~10μm）来确定。例如，已知矿样的密度为ρ，要求最后水析管溢出的最大颗粒尺寸为d（cm），则水流的上升速度v为

$$v = 5450d^2(\rho - 1) \tag{4-14}$$

则水的流量为

$$Q = Av \tag{4-15}$$

式中 A——最后一水析管圆柱部分截面积，cm^2；

v——最后一水析管中水的上升流速，cm/s。

已知各个水析管的直径（即水析管柱部分的内径），可求出各级水析产品的粒度。水析器有n个水析管，可得到$n+1$产品，设水析管的直径分别为D_1、D_2、…、D_n，其截面积分别为A_1、A_2、…、A_n，管中上升水流速分别为v_1、v_2、…、v_n。各管中沉降颗粒的直径分别为d_1、d_2、…、d_n。由于各水析管中的流量Q均相等，则

$$Q = A_1v_1 = A_2v_2 = \cdots = A_nv_n \tag{4-16}$$

已知

$$A = \frac{1}{4}\pi d^2$$

$$u = v = 5450d^2(\rho - 1)$$

则

$$D_1d_1 = D_2d_2 = \cdots = D_nd_n \tag{4-17}$$

所以

$$\frac{d_1}{d_2} = \frac{D_2}{D_1}, \cdots, \frac{d_1}{d_n} = \frac{D_n}{D_1} \tag{4-18}$$

即两水析管分级产品的直径之比等于其管径之反比。根据上述关系式，可求出各级产品的粒度范围，即：$+d_1$，$-d_1+d_2$，…，$-d_{n-1}+d_n$，$-d_n$。

式（4-15）~式（4-18）是对理想球体颗粒而言，但矿粒并非球体，因此常用与矿粒有相同沉降速度的球体直径表示矿粒的粒度。在用式（4-14）计算时，矿粒密度ρ的选取是应根据需要而定，主要有如下几种情况：

（1）对原矿和尾矿水析时的密度ρ应选取主要脉石的密度或石英的密度（$2.65g/cm^3$）；

（2）对精矿水析时的密度ρ可用实际测定的精矿密度；

（3）对某一种有用矿物进行系统地研究，考察其在各个粒级中的分配和计算各产品的指标，水析时对各产品都应统一选取该种有用矿物的密度；

（4）对两种以上有用矿物水析时，应选取其中主要有用矿物的密度，计算次要的有用矿物时，可按等降比换算；

（5）如要计算粒级回收率，水析时采用与原矿相同的密度ρ（即石英的密度）。要计算其他矿物颗粒的粒度可按等降比换算。

4.3.2 实验部分

4.3.2.1 实验仪器、设备及器具

（1）连续水析仪一套。
（2）塑料桶若干个。
（3）取样工具一套。
（4）500mL 烧杯一个。
（5）纯石英物料 50～100g（粒度为 -0.053mm）。

4.3.2.2 测定步骤

（1）拔开软胶管 18（图 4-3），从水析管 11 的下部注入清水，直到全部水析管充满水为止（注水时要封闭各水析管上面的空气管 19），然后用虹吸管 10 将容器 8 与水析管连接起来。

（2）水量的调节是根据所要求的分级粒度确定水析管内水的流速，并由此确定水的流量。按计算好的流量移动滴管 1 的上下位置，使其滴管 1 的流量为 V（mL/min）。

（3）给矿。称取干矿样，给矿前将给矿瓶 5 及下部导管中的气体排出，否则给矿瓶内矿粒将不能沉淀。为此，在给矿瓶内先加入半瓶清水，然后打开调节阀 6，使一部分水下流以排出管内的空气，然后将矿样加水调成矿浆缓慢的给入给矿瓶内，同时将给矿瓶加满清水，并将瓶上口封闭不使其漏气。

（4）水析时，先开动搅拌器 7，然后打开调节阀 6 进行给矿，通过虹吸管 10 使容器 8 中矿浆缓慢地逐个进入水析管中进行水析。大约经过 2h 容器中除少量颗粒外，其他固体颗粒均进入水析管内并进行分级。此时停止搅拌，继续按规定的流量注入清水，达到水析终点为止。

（5）水析产品处理。当最后两个水析管（13 及 14）中水呈清晰时，即水析达到终点。此时应关闭给水管，打开溢流管 20 和 21 排出清水。然后用夹子分别夹着各水析管下部放矿胶管 22，拔开软胶管 18，从粗到细分别将各级产品卸出，再分别烘干称重，并计算各级别产率和累积产率。

（6）实验处理结果。将实验所得结果填入表 4-7 中，并计算。在直角坐标系中以粒度为横坐标、粒级产率（或累计粒级产率）为纵坐标画图，并分析。

4.3.2.3 连续水析法实验分析

以纯石英（-0.053mm）为试样，用连续水析器，经 8h 的水析结果见表 4-8，筛上累计产率和筛下累计产率如图 4-4 所示。

表4-7 连续水析法实验结果记录表

送样单位: 采样地点: 矿石名称:

矿样编号: 实验编号: 测定日期:

粒级/mm	质量/g	产率/%		
		粒级产率	筛上累计产率	筛下累计产率
$+d_1$				
$-d_1+d_2$				
⋮				
$-d_{n-1}+d_n$				
$-d_n$				
合 计				

表4-8 连续水析法实验结果记录表

粒级/mm	质量/g	产率/%		
		粒级产率	筛上累计产率	筛下累计产率
+0.040	6.18	12.35	12.35	100.00
-0.040 +0.020	28.86	57.72	70.07	87.65
-0.020 +0.010	13.64	27.28	97.35	29.93
-0.010 +0.005	1.07	2.14	99.49	2.65
-0.005	0.26	0.51	100.00	0.51
合 计	50.00	100.00		

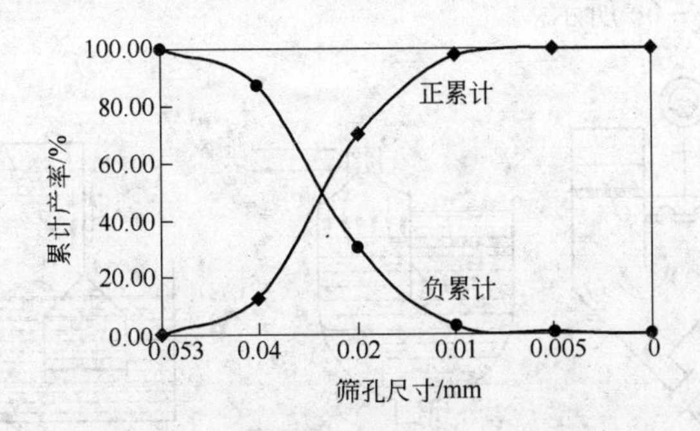

图4-4 筛上累计产率和筛下累计产率

4.4 跳汰分选实验

4.4.1 跳汰简介与工作原理

跳汰选矿是重力选矿的主要方法之一，跳汰机选矿是一种古老的选矿方法，从劳动人民开始使用跳汰机选矿生产以来，已经有400多年的历史，使用机械传动的跳汰机也有100多年的历史，跳汰机广泛应用在粗、中、细粒度矿石的重力选分上。

跳汰选别时，矿石给到跳汰机的筛板上，形成一个密集的物料层，称作床层，从下面透过筛板周期地给入上下交变水流（有的是间断上升或间断下降水流）。在水流上升期间，床层被抬起松散开来，重矿物颗粒趋向底层转移。当水流转而向下运动时，床层的松散度减小，开始是粗颗粒的运动变得困难了，以后床层越来越紧密，只有细小的矿物颗粒可以穿过间隙向下运动，称作钻隙运动。下降水流停止，分层作用亦暂停。直到第二个周期开始，又继续进行这样的分层运动。如此循环不已，最后密度大的矿粒集中到了底层，密度小的矿粒进入到上层，完成了按密度分层。这一过程如图 4－5 所示。用特殊的排矿装置分别接出后，即可得到不同密度的产物。

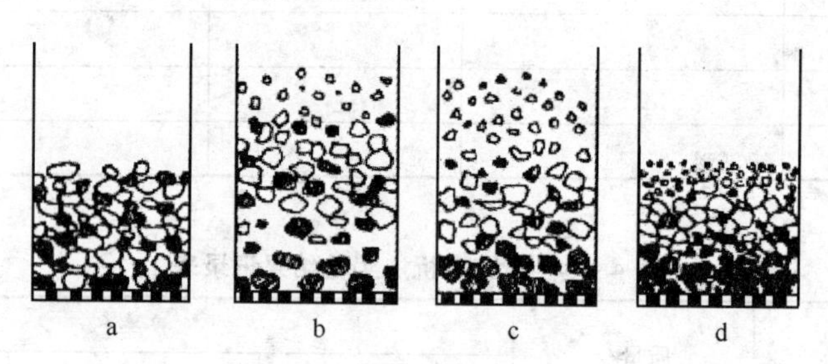

图 4－5　跳汰分层过程示意图

a—分层前颗粒混杂堆积；b—上升水流将床层抬起；c—颗粒在水流中沉降分层；d—水流下降，床层密集，重矿物进入底层

推动水流运动的方法是多种多样的，选矿用跳汰机最常见的是由偏心连杆机构带动橡胶隔膜做往复运动，借以推动水流在跳汰室内上下运动，这样的跳汰机称作隔膜跳汰机，如图 4－6a 所示。选煤用的大型跳汰机采用周期鼓入压缩空气的方法推动水流运动，称作无活塞跳汰机，如图 4－6b 所示。此外亦可将筛网同矿石一起在水中运动，这种跳汰机称作动筛跳汰机，如图 4－6c 所示。

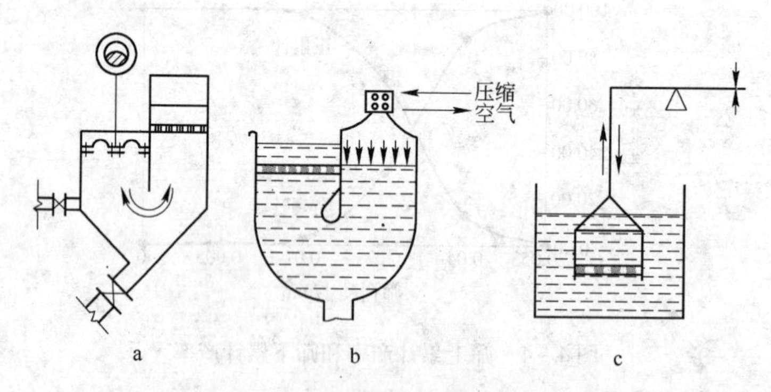

图 4－6　跳汰机中推动水流运动的方式

a—隔膜鼓动；b—空气鼓动；c—动筛跳汰（人工操作）

跳汰机中水流的运动速度和方向是周期变化的，这样的水流称作脉动水。脉动水每完成一次周期性变化所用时间称为跳汰周期。在一个周期内表示水流速度随时间变化关系的曲线称为跳汰周期曲线。跳汰周期曲线是反映水流运动特性最重要的曲线。水流在跳汰室内上下运动的最大距离为水流冲程，而隔膜或活塞本身运动的最大距离则称作机械冲程。水流或隔膜每分钟运动的循环次数称作冲次。床层厚度、周期曲线形式、冲程和冲次是影

响跳汰选别过程的重要参数。

周期变化的水流属于非稳定流动（在这里基本为均匀的非稳定流）。床层在水流的动力作用下松散，松散度也是周期性变化的。跳汰床层的松散度总的来说是不大的，约为50%～60%。随着松散度的变化，颗粒运动受到床层的机械阻力也不固定。颗粒的运动既不是自由沉降，也属于一般的干涉沉降。轻、重矿物颗粒在松散度不大的床层中主要借局部静压强差分层转移，水流的动力作用对颗粒的运动也有一定的影响。

跳汰选矿是处理粗、中粒矿石的有效方法。它的工艺操作简单，设备处理量大，并有足够的选别精确度，在生产中应用很普遍。处理金属矿石时给矿粒度上限可达30～50mm，回收的粒度下限为0.075～0.2mm。选煤的处理粒度范围为0.5～100mm。跳汰选矿法广泛地用于选煤，同时并大量的用于选别钨矿、锡矿、金矿及某些稀有金属矿石；此外还用于选别铁、锰矿石和非金属矿石。国外早年曾用于处理铅锌矿石，但近年来已很少应用。

跳汰机工作的原理是，不同密度的矿粒群，在垂直运动的介质中按密度分层，矿粒的粒度和形状对分层也有一定的影响。跳汰机选矿的结果是不同密度的矿粒在高度上占据不同的位置，密度较大的矿物颗粒位于下层，也就是重产物（精矿）。密度较小的矿物颗粒位于上层，也就是轻产物（尾矿）。跳汰机选矿过程中，原料不断给入跳汰机中，而重产物和轻产物不断地排出，这样就形成了连续不断地跳汰选矿过程。

4.4.2 实验部分

4.4.2.1 实验设备、用具及试样

（1）实验室型双筒侧动隔膜跳汰机一台。

（2）接样塑料桶若干个。

（3）天平一台。

（4）秒表一只。

4.4.2.2 操作步骤

（1）调节跳汰机的冲程和冲次。冲程的调节在于调节偏心套，指针指向零点时，冲程为零，指针指向180℃时，冲程最大，冲程的可调范围为0～6mm。冲次的调节在于调节调速电机转速。将冲程、冲次调节到某一位置（如4mm、400r/min）。

（2）称取一定量粒级的物料（如200g）一份，加水在烧杯中润湿，缓慢的给入跳汰筒。

（3）轻轻地打开筛下给水管，向跳汰室加水至水面高于物料40～50mm左右。

（4）开动机器，注意观察物料的分层情况，待分层结束后，记下跳汰时间。

（5）跳汰结束，关闭机器。

（6）慢慢地取下玻璃筒，移去端盖，倒置玻璃筒将物料冲入盆内。

（7）改变补加水量、冲程、冲次等因素重复（1）～（6）。

（8）将得到的产品烘干、称重。

跳汰实验条件、跳汰选别结果见表4-9、表4-10。

表4-9 跳汰实验条件

试样名称____ 试样粒度____mm 试样质量____g 试样来源____ 实验日期____

实验序号	处理量/kg·h^{-1}	补加水量/mL·min^{-1}	冲程/mm	冲次/次·min^{-1}	备注
1					
2					

表4-10 跳汰选别结果

试样序号____

产品名称	质量/g	产率 γ/%	品位 β/%	$\gamma\beta$	回收率 ε/%
原矿					
精矿					
中矿					
尾矿					

4.5 摇床分选实验

4.5.1 摇床简介与工作原理

摇床是重力选矿的主要设备之一，广泛用于选别钨、锡、钽、铌、铁、锰、铬、钛、铋、铅、金等其他稀有金属和贵金属矿，也可用于煤矿。摇床可用于粗选、精选、扫选等不同作业，选别粗砂（2~0.5mm）、细砂（0.5~0.074mm）、矿泥（-0.074 mm）等不同粒级。

所有的摇床基本上都是由床面、机架和传动机构三大部分组成。典型的摇床的结构如4-7所示。平面摇床的床面近似呈矩形或菱形。在床面纵长的一端设置传动装置。在床面的横向有较明显的倾斜。在倾斜的上方布置给矿槽和给水槽。床面上沿纵向布置有床条(俗称来复条)。床条的高度自传动端向对侧逐渐降低，并沿一条或两条斜线尖灭。整个床面由机架支撑或吊起，机架上装有调坡装置。矿粒在床面上的扇形分布如图4-8所示。

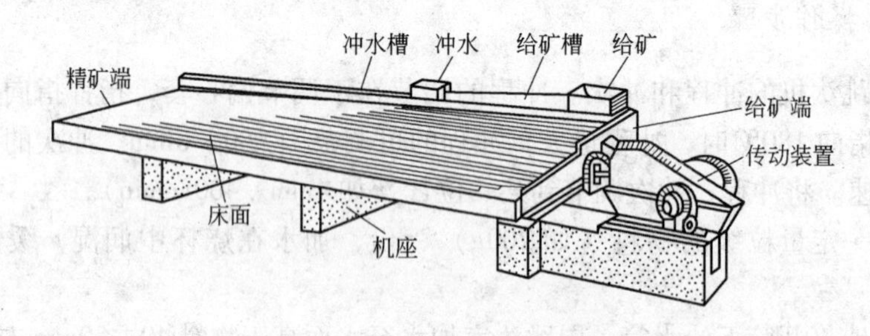

图4-7 典型摇床的结构

摇床选矿是借助床面的不对称往复运动和薄层斜面水流分选矿石的过程。摇床分选精确度高，富集比高，经一次选别可得到最终精矿、最终尾矿和1~2种中间产物。

（1）在水流和摇动作用下，矿粒松散分层。矿粒分层主要是由于沉降分层和析离分层的联合结果。横向水流流经床条所形成的涡流，造成水流的脉动，使物料松散并按沉降速度分层。床面摇动使重矿物细粒钻过颗粒的间隙，沉于最底层，这种析离分层是摇床分选的重要特点。分层结果是：粗而轻的矿粒在最上层，其次是细而轻的矿粒，再次是粗重矿粒，最底层为细重矿粒。

（2）矿粒在床面上的移动与分离。位于床层中不同层次的矿物颗粒，因纵向和横向的运动速度不同，而有不同的运动方向。

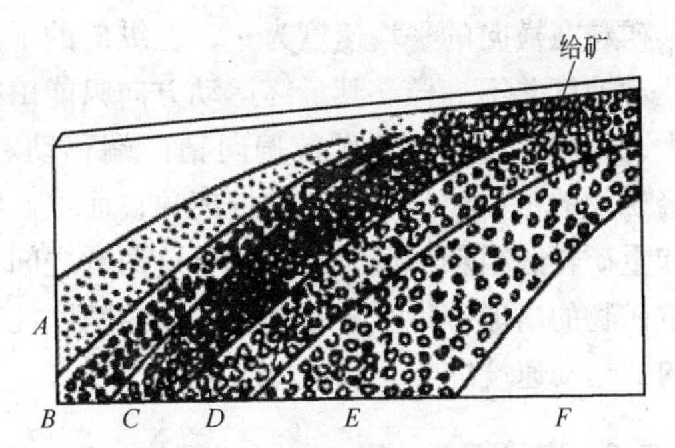

图4-8 矿粒在床面上的扇形分布
A—精矿；B—中矿Ⅰ（次精矿）；
C—中矿Ⅱ；D—贫中矿；
E—尾矿；F—溢流及矿泥

1）矿粒沿床面的横向移动。在横向水流作用下，矿粒沿横向移动，轻而粗的矿粒沿横向移动速度快，重矿物移动速度慢。在横向水流推动下，位于同一层面高度的颗粒，粒度大的要比粒度小的运动得快，密度小的又比密度大的运动得快。矿粒的这种运动差异又由于分层后不同密度和粒度颗粒占据了不同的床层高度面而越明显。水流对那些接近床条高度的颗粒冲洗力最强，因而轻矿物的粗颗粒首先被冲下，横向运动速度为最大。随着床层向精矿端移动，床条的高度降低，原来占据中间层的矿物颗粒不断地暴露在上表面。于是轻矿物的细颗粒和重矿物的粗颗粒相继被冲洗下来，形成不同的横向运动速度。位于底层的重矿物细颗粒横向运动速度小。它们一直被推送到床面末端的光滑区域，这一区域称作精选区。与此相对的靠近床头的部分则是粗选区。在这两者中间床条来尖灭前一段宽度为复选区。

2）矿粒沿床面的纵向移动。矿粒沿床面的纵向移动是由床面作不对称往复运动引起的，矿粒在床面发生相对移动的条件是矿粒的惯性力大于床面的摩擦力。

当颗粒的惯性力小于摩擦力时，颗粒即在摩擦力带动下随床面一起做加速运动，就好像矿粒黏附在床面上一样。及至床面的加速度增加到一定值时，颗粒的惯性力达到与摩擦力相等。超过这一限度后摩擦力不足以克服颗粒的惯性力，于是颗粒即沿惯性力方向（与床面加速度方向相反）相对于床面运动。

颗粒的临界加速度意义为颗粒开始在床面上做相对运动时床面所具有的加速度，它与矿粒和介质的密度、摇床表面性质有关。在其他条件一定时，颗粒的密度越大、临界加速度亦越大。显而易见，要使颗粒在床面上运动，摇床运动的加速度必须超过临界加速度。

现在来讨论密度不同的两矿粒在床面上沿纵向的运动差异。假定两矿粒的粒度相同、形状也相似，只是密度不同，重矿物和轻矿物的临界加速度分别为 a_1 和 a_2，开始时，同在床面的某一点。由于轻矿物的临界加速度 a_2 较小，在床面上既向前作相当大距离滑动，又向后作相应距离滑动，而其差值却较小；重矿物颗粒的临界加速度 a_1 较大，前后滑动的距离均较小，但其差值却要比前者为大，两者出现了距离差。

粒群经过分层后，位于底层贴近床面的重矿物颗粒具有最大的摩擦系数，在床面的带动下，向前滑动的距离亦最大，由此向上，颗粒层间的摩擦系数越小，受床面推动的作用力越弱，因而在更大程度上表现为摆动运动，实际向前运动的距离依次减小，这样便进一步扩大了轻重矿粒沿纵向移动的速度差。

3）不同性质矿粒在床面上的分带。矿粒在床面上既作横向运动又作纵向运动，其最终运动方向应是这两者的向量和。矿粒实际运动方向与床面纵轴的夹角称作偏离角 α。设某矿粒在横向的平均速度为 v_y，在纵向的平均速度为 v_x，则矿粒每一瞬时沿横向和纵向的运动速度并不一样。其最终运动方向只能由横向和纵向的平均速度决定。横向运动速度越大，偏离角 α 越小，矿粒偏向精矿端移动。由前述矿粒在横向和纵向的运动差异可知，轻矿物的粗颗粒具有最大的偏离角，而重矿物的细颗粒偏离角最小。其他轻矿物的细颗粒和重矿物的粗颗粒偏离角则介于这两者之间，具有 $\alpha_1 > \alpha_2 > \alpha_3 > \alpha_4$ 的关系，就构成了轻、重矿物的扇形分带。分带越宽，分离精度性越高。分带的宽窄决定于不同矿粒在横向和纵向的运动速度差异。

4.5.2　实验部分

4.5.2.1　实验设备、用具及试样

（1）试样为粒度为 -0.2mm 的鲕状赤铁矿物料。

（2）设备。实验室型摇床 1000mm × 450mm 一台。

（3）仪器。标准筛、秒表、天平、倾斜仪、接料盘、量筒等。

（4）给矿性质。

1）给矿量。给矿量大，精矿品位提高，但回收率降低。

2）给矿浓度。给矿浓度大，处理量大，精矿品位提高，回收率降低。正常给矿浓度一般为 15% ~30%。

4.5.2.2　操作步骤

（1）称取矿样两份，每份矿样 1kg，用水润湿。

（2）开动摇床给入适当的冲洗和给矿水，取一份试样从给矿槽均匀给入（可用洗耳球均匀冲刷至矿样均匀给入给矿槽，给矿时间约 5min），调节水量及床面坡度，使物料在床面精矿端明显呈扇形分带。

（3）物料呈扇形分布后，给矿条件及水量保持不变直到物料选完，停止机器运转，给水管、冲水管固定在调好的位置不要关闭，记录下给水量和冲水量的大小，观察物料的分带情况。

（4）清扫床面，将接矿盘中的物料收集。

（5）固定以上实验条件，将另一份试样按以上步骤正式进行分选实验，接取精矿、次精矿、中矿、尾矿四个产品（根据情况也可接出三个产品：精矿、中矿和尾矿）。

（6）测定并记录摇床的适宜操作条件。

（7）将上述四个产物分别过滤、烘干、称重、制样，化验各产品品位。

（8）将实验结果填入表 4-11、表 4-12，并进行讨论。

表 4-11　摇床适宜的实验条件

试样名称____　试样粒度____ mm　试样质量____ g　试样来源____　实验日期____

实验序号	处理量 /kg · h^{-1}	给水量 /mL · min^{-1}	冲水量 /mL · min^{-1}	冲程 /mm	冲次 /次 · min^{-1}	倾斜角 /（°）
1						
2						

表 4-12 摇床选别结果记录表

试样序号____

产品名称	质量/g	产率 γ/%	品位 β/%	$\gamma\beta$	回收率 ε/%
原矿					
精矿					
中矿					
尾矿					

4.6 螺旋溜槽分选实验

4.6.1 螺旋溜槽简介与工作原理

螺旋溜槽适合于选别细粒浸染的铁矿石。其主要特点是：设备结构简单，造价低；空间利用率高，占地面积小；无运转部件，不需动力，能耗低；操作、维修方便；作业率和生产率高；处理粒度范围较宽（0.02~0.3mm）。在弱磁性铁矿选厂中已广泛应用。

4.6.1.1 构造

螺旋溜槽主要由分矿器、给矿槽、螺旋槽、截矿槽、接矿斗和槽支架等6个部分组成。规格有 ϕ1200、ϕ900、ϕ600、ϕ400 等数种，工业生产用 ϕ1200mm 四头玻璃钢螺旋溜槽的结构如图4-9所示。

（1）分矿器。分矿器是螺旋溜槽的矿浆分配装置，位于螺旋槽的最上部。分矿器有自转式和固定式两种。前者是借助给矿管排出矿浆流的反作用力，推动分矿筒旋转，把矿浆均匀地分配到四流导槽中；后者为固定式网管分配器，借助筒内矿浆的正压力，从周边4个排出管均匀分配矿浆至给矿槽中。

（2）给矿槽。给矿槽位于分矿器和螺旋槽之间，其作用是将分矿槽来的矿浆经缓冲、稳定后，均匀而缓慢地沿着凸舌式给矿堰板给入螺旋槽内。

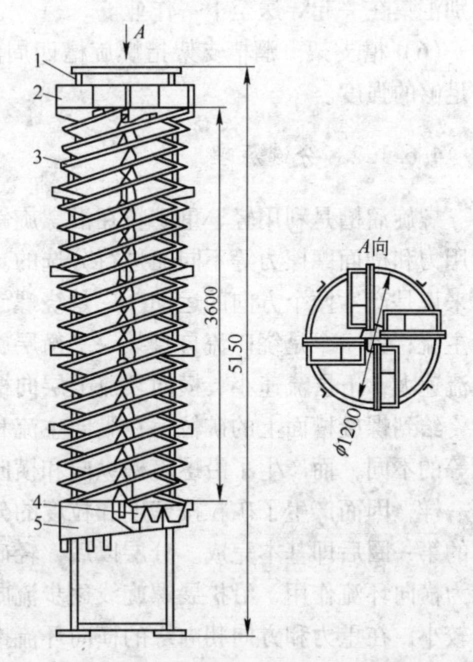

图4-9 ϕ1200mm 四头玻璃钢螺旋溜槽的结构

1—槽钢机架；2—给矿槽；3—螺旋溜槽；4—产物截取器；5—接矿槽

（3）螺旋槽。螺旋槽是螺旋溜槽的主体部件，矿物的分选过程是在螺旋槽内完成的。螺旋槽的断面轮廓线为一立方抛物线，方程式为 $X=aY^3$，坐标图形如图4-10a所示；横断面轮廓如图4-10b所示。螺旋槽不是一个整体结构，而是由许多螺旋片用螺栓互相连接起来的。螺旋片是由玻璃纤维增强塑料即称的玻璃钢制成。通常为了提高螺旋槽的使用性能和寿命，在其内表面涂以耐磨的聚氨酯耐磨胶或掺有金刚砂的环氧树脂，有的在加工螺旋片的同时，在表面层采用含辉绿岩粉的耐磨层。

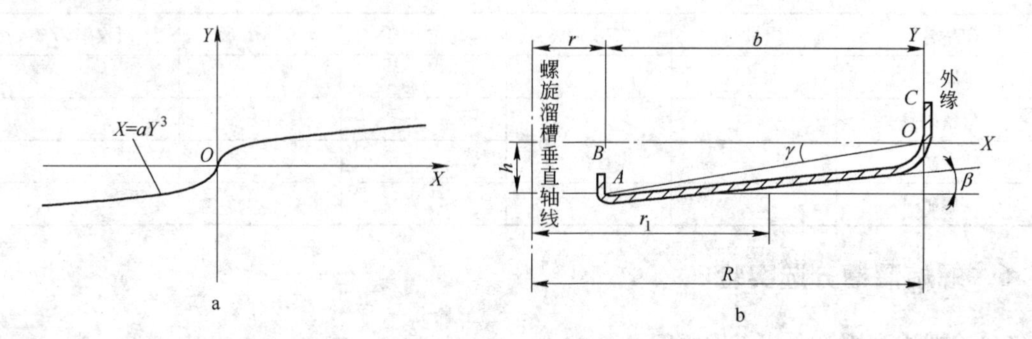

图4－10 螺旋溜槽的横断面形状

a—坐标图；b—横断面形状

（4）截矿槽。截矿槽接在螺旋槽下部的排矿端。经螺旋槽分选后的矿浆，在排矿端形成品位高低不同的矿带，通过截矿槽时被截取为不同品位的产品。

（5）接矿斗。接矿斗是一个同心环形筒，可以将4个截矿槽截取的不同品位流，按类别汇集在一起导送至下一作业。

（6）槽支架。溜槽支架指螺旋槽四周的支柱和上部的十字型架，支柱用槽钢以保证有足够的强度。

4.6.1.2 分选原理

螺旋溜槽是利用轻、重矿粒在沿螺旋斜面向下水流中所受的重力、惯性离心力、水流作用力和槽面摩擦力等不同而进行分选的。矿浆流在螺旋槽面上的运动是比较复杂的，总的来说是产生两个方向的运动。一是绕螺旋槽垂直轴线旋转的、沿槽面向下的纵向流，称为主流；另一个是绕矿流自身某一平衡层旋转的横向流，称为横向环流或副流。纵向流上层流速大，下层流速小；横向环流上层向槽外缘，下层向槽内缘。

给到螺旋槽面上的矿粒，在纵向主流和横向环流的综合作用下，由于密度、粒度、形状等的不同，而产生了沿螺旋槽纵向和横向运动速度的差异，向槽底沉降的早晚、快慢也不一样，因而产生了矿粒按密度和粒度的分层现象。分层是分选过程的第一阶段，在螺旋槽的第一圈后即基本完成。分层以后，轻矿粒在上层，受速度较大的纵向主流和方向向外缘为横向环流作用，沿扩展螺旋线逐步流向槽外缘；而处于下层的重矿粒受纵向主流的作用较小，在重力和方向朝内缘的横向环流推动下，逐渐沿着收敛的螺旋线移向内缘。这样就使已分层的矿粒又产生了分带。分带是分选过程的第二个阶段，一般需经过3~5圈才能完成。经过以上两个阶段后，截矿槽和接矿斗把不同品位的分选产物排出溜槽，选别过程即行结束。

4.6.1.3 影响分选的因素

影响螺旋溜槽分选过程的因素很多，如入选矿石的性质，操作过程的工艺参数以及螺旋溜槽本身的结构参数和性能等，对选别效果有不同程度的影响。

主要影响因素包括：（1）溜槽结构参数：螺旋槽直径、纵向倾角、横向倾角、螺旋槽的圈数、溜槽内表面等；（2）工艺参数的影响：给矿体积、给矿浓度等；（3）矿石性质的影响：给矿粒度、颗粒形状、矿物密度等。

4.6.2 实验部分

4.6.2.1 仪器、器具及矿样

（1）ϕ600mm 单头螺旋溜槽设备一台。

（2）30L 搅拌桶一台（给料用）。

（3）25mm 立式砂泵 2 台。

（4）塑料桶若干个。

（5）天平一台。

（6）10kg 鲕状赤铁矿（粒度为 -2mm）。

4.6.2.2 实验步骤

（1）连接实验设备。将搅拌桶、螺旋溜槽、立式砂泵连接好。

（2）向搅拌桶中加入水，开动搅拌桶和泵。

（3）打开搅拌槽阀门，将水慢慢给入螺旋溜槽，仔细观察水量的变化，水流在槽体中的形状和尺寸，水流应在溜槽表面形成薄膜形状。

（4）系统稳定后，将物料给入搅拌桶，观察给矿浓度对分选的效果。

（5）待分选系统稳定后，根据物料的分带情况调整截取器的位置，将螺旋溜槽排料分成精矿、中矿和尾矿。

（6）同时用接料筒接取精矿、中矿和尾矿。

（7）分别测量精矿、中矿和尾矿的流量。

（8）待分选完毕后，称量精矿、中矿和尾矿的湿重，烘干后称干重。

（9）用清水清理搅拌槽和螺旋溜槽，并清扫现场。

（10）关闭搅拌槽和泵。

（11）实验数据处理列入表 4-13 中。

表 4-13 螺旋溜槽实验结果记录表

送样单位： 采样地点： 矿石名称：

矿样编号： 实验编号： 测定日期：

产物名称	流量/$m^3 \cdot h^{-1}$	浓度/%	处理量/$kg \cdot h^{-1}$	干矿重/g	产率/%	品位/%	回收率/%
精矿							
中矿 1							
中矿 2							
尾矿							
-0.074mm							
原矿							

4.6.2.3 螺旋溜槽实验分析

实验中采用中试连续磨矿机与螺旋分级机形成闭路磨矿－分级系统。磨矿产物采用筛孔直径为 200 目（0.074mm）筛子分为粗、细粒级两种产物。筛分后 +0.074mm 产物利用螺旋溜槽进行重选，重选流程图如图 4－11 所示，经该流程可得到品位较高、粒度较粗的精矿、中矿 1、中矿 2 和尾矿。

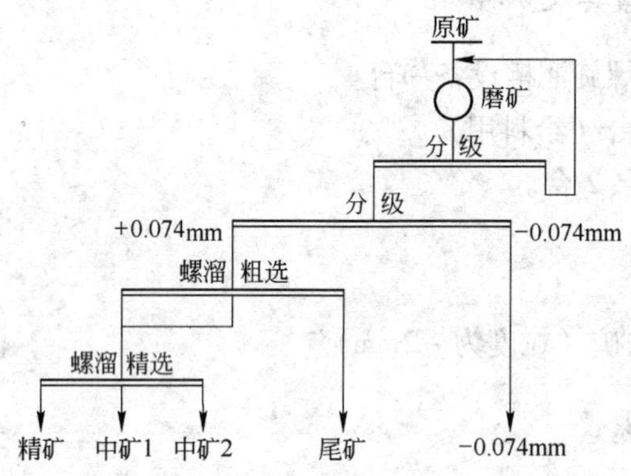

图 4－11 连续闭路磨矿－重选实验流程

闭路磨矿－重选实验结果见表4－14。由表 4－14 可以看出螺旋溜槽精矿品位可达 53.78%，回收率 23.94%，中矿 1 品位 49.78%，回收率 10.81%。

表 4－14 螺旋溜槽实验结果

送样单位： 采样地点： 矿石名称：鲕状赤铁矿

矿样编号： 实验编号： 测定日期：

产物名称	流量 /$m^3 \cdot h^{-1}$	浓度 /%	处理量 /$kg \cdot h^{-1}$	干矿重 /g	产率 /%	品位 /%	回收率/%
精矿	3.79×10^{-3}	62.5	6.40	1920	19.20	53.78	23.94
中矿 1	2.30×10^{-3}	48.2	3.12	937	9.37	49.78	10.81
中矿 2	2.21×10^{-3}	45.3	2.89	868	8.68	36.25	7.30
尾矿	3.71×10^{-3}	40.6	4.57	1372	13.72	30.11	9.58
-0.074mm	—	—	—	4903	49.03	42.55	48.37
原矿	—	—	—	10000	100.00	43.13	100.00

5 泡沫浮选实验

泡沫浮选是根据矿物颗粒表面物理化学性质的不同，按矿物可浮性的差异进行分选的方法。利用矿物表面的物理化学性质差异选别矿物颗粒的过程，旧称浮游选矿，是应用最广泛的选矿方法。几乎所有的矿石都可用浮选分选，如金矿、银矿、方铅矿、闪锌矿、黄铜矿、辉铜矿、辉钼矿、镍黄铁矿等硫化矿物，孔雀石、白铅矿、菱锌矿、异极矿和赤铁矿、锡石、黑钨矿、钛铁矿、绿柱石、锂辉石以及稀土金属矿物、铀矿等氧化矿物的选别，石墨、硫黄、金刚石、石英、云母、长石等非金属矿物和硅酸盐矿物及萤石、磷灰石、重晶石等非金属盐类矿物和钾盐、岩盐等可溶性盐类矿物的选别。浮选的生产指标和设备效率均较高，选别硫化矿石回收率在90%以上，精矿品位可接近纯矿物的理论品位。用浮选处理多金属共生矿物，如从铜、铅、锌等多金属矿矿石中可分离出铜、铅、锌和硫铁矿等多种精矿，且能得到很高的选别指标。

5.1 纯矿物浮选实验

5.1.1 实验原理

纯矿物试样制备一般采用以下两种形式：一种是用抛光大块矿物标本表面作试样，如作电极或做接触角测量用；另一种是用破碎、磨好并分成特定粒级的矿粒作试样，纯矿物实验一般用在药剂用量实验、新合成药剂验证、电化学浮选实验等方面。

制备大块纯矿物标本的方法，与制备岩矿鉴定标本的方法相同，但选矿用标本在抛光时切忌油的污染，并应避免磨料和其他杂质的污染。因此，抛光后，要用酸和蒸馏水清洗，以便获得纯净的表面。

纯矿物一般是指采矿现场经人工挑选的富矿块，经破碎、拣选、磨碎、筛分、选别等工序获得纯有用矿石。挑选方法随矿物特性而异。一般先用手选，再选用对矿物表面性质几乎没有影响的方法，如摇床、磁选和电选等进一步选出杂质。例如黄铜矿一般可经过挑选富矿块、破碎、拣选、磨碎、筛分、摇床等工序获得纯黄铜矿。

选出高纯度的试样后，将其置于研钵或瓷球磨机内磨碎，再用淘析法或湿式筛分脱泥，放在滤纸上晾干，再进行筛分分级。若试样准备较多，通常只用一个粒级进行实验。若用两种矿物组成人工混合矿进行分离实验，则可让两种矿物具有不同粒度，以便在浮选分离实验中精矿和尾矿可用筛分法求出品位和回收率。干燥的试样储存在带盖的塑料瓶中。

制备好的纯矿物可用 XRD、分析化验等手段来测定纯度。

单矿物浮选实验回收率为

$$R = \frac{m_1}{m_1 + m_2} \times 100\% \tag{5-1}$$

式中　R——回收率，%；

m_1——泡沫产品的质量，g；

m_2——槽内产品的质量，g。

5.1.2　实验部分

5.1.2.1　仪器、器具及矿样

（1）XFG5－35型挂槽浮选机（图5－1）一台。

（2）烘箱、研钵、秒表、毛刷。

（3）药剂。盐酸、氢氧化钠、MA－1黄药、2号油。

（4）纯矿物（纯黄铜矿200g）。

5.1.2.2　实验步骤

（1）纯矿物的制备。将挑选的块状天然纯矿物经破碎、研碎至一定的细度（－0.074mm），备用。

（2）调整好浮选槽的位置，使叶轮不与槽底和槽壁接触，要调到充气良好。

（3）配置0.1%浓度的MA－1黄药，2% NaOH，2号油采用不同孔径的针管滴定，2号油10g/t。

（4）每次取不同粒级的纯黄铜矿矿样5g放入烧杯中，加水30mL，用超声波清洗器清洗表面15min，澄清10min，虹吸去除上清液，用蒸馏水132mL冲入挂槽式浮选机中。

（5）泡沫产品刮入小瓷盆，然后经过滤、干燥、称重后，将数据计算填入表5－1中，称量精矿和尾矿质量。因纯黄铜矿的给矿品位较低，不能用式（5－1）直接计算铜矿物浮选回收率，而应用

$$\varepsilon = \frac{\beta_{精矿}\gamma_{精矿}}{27.43 \times 5} \times 100\%$$

（6）浮选实验流程如图5－2所示。

图5－1　XFG5－35型挂槽浮选机

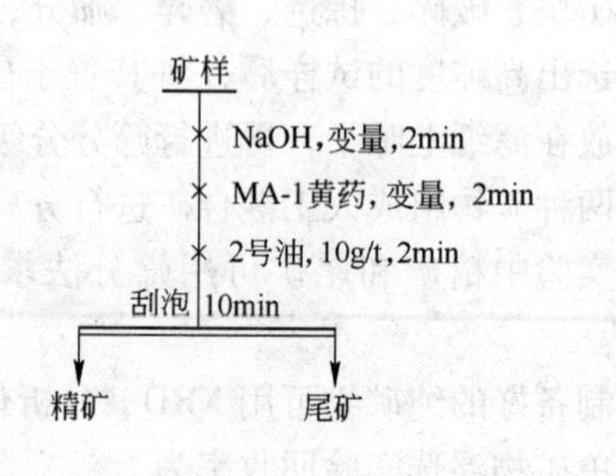

图5－2　浮选实验流程

（7）实验数据处理。将所得实验数据列入表5－1。

表5－1 实验数据记录表

送样单位： 采样地点： 矿石名称：
矿样编号： 实验编号： 测定日期：

序　号	粒级/mm	精矿质量/g	回收率/%
1			
2			
3			

5.1.2.3 铜矿物浮选实例

实际矿石矿样取自江西省某铜矿采场。经破碎、拣选、瓷球磨制、干式筛分，各粒级产品试样存放于干燥器中备用，化验黄铜矿品位为27.43%。

加入到矿浆中的MA－1黄药浓度为28.60mg/L时不同粒级铜矿物浮选试验结果见表5－2。

表5－2 不同粒级铜矿物浮选试验结果

序　号	粒级/mm	精矿质量/g	回收率/%
1	+0.25	0.00	0.00
2	−0.25 +0.20	0.56	4.80
3	−0.20 +0.15	1.02	20.40
4	−0.15 +0.125	2.56	51.20
5	−0.125 +0.105	3.89	77.80
6	−0.105 +0.074	4.26	85.20
7	−0.074 +0.053	4.81	96.20
8	−0.053 +0.045	4.78	95.60
9	−0.045 +0.037	4.52	90.40
10	−0.037	4.12	82.40

5.2 起泡剂起泡性能实验

5.2.1 实验原理

虽然某些无机物（如钾盐、硼砂等）的饱和溶液或高浓度溶液能够起泡，但由于其离子对过程有害或者实用效果不佳，即使在可溶盐类浮选中也加起泡剂，一般矿石浮选真正有效的起泡剂是有机药剂。有机起泡剂都有异极性结构，其分子的一端为极性基，另一端为非极性基，如已醇（$C_6H_{13}OH$）、甲酚（$CH_3C_6H_4OH$）、萜烯醇（$C_{10}H_{17}OH$），其水油度HLB＝6～8。在浮选过程中，起泡剂有以下作用：

（1）稳定气泡，其类型和用量影响气泡的大小、黏性和脆性，影响浮选速度。

（2）与捕收剂共吸附于矿粒表面上，并起协同作用。

（3）与捕收剂共存于胶束中，影响捕收剂的临界胶束浓度。

（4）可以用起泡剂使捕收剂乳化或加速捕收剂的溶解。

（5）可以增加浮选过程的选择性。

实用的起泡剂通常应具备以下条件：（1）有机物质；（2）相对分子质量大小适当的异极性物质，一般脂肪醇和羧酸类起泡剂，碳数都在8~9个以下；（3）溶解度适当，以0.2~0.5g/L为好；（4）实质上不解离；（5）价格低，来源广。

常用的起泡剂有松油及松醇油、甲酚酸、重吡啶、醇类起泡剂、醚醇类起泡剂（丁醚油、多丙二醇烷基醚、甘苄油、多乙二醇苄基醚、苄醇）、脂油（苯乙酯油）、730系列起泡剂。

在浮选过程中，由于起泡剂分子的一端为极性基，另一端为非极性基，因此能够促进微小气泡的形成和分散，稳定气泡，影响气泡的大小、黏性、浮选速度。

大多数起泡剂极性基团都包含氧的基团，最常见的是羟基、醚基，其次是羧基、磺酸基等，在极性基固定的情况下，非极性基的长短影响起泡剂的溶解度和表面活性。

起泡剂性能是指起泡剂溶液在一定的充气条件（流量和压力）下，所形成的泡沫层高度和消泡时间（即停止充气至泡沫完全破灭的时间），消泡时间表征泡沫的稳定性。

5.2.2 实验部分

5.2.2.1 仪器、器具

（1）起泡剂起泡性能测试实验装置一套，如图5-3所示。

（2）秒表、烧杯、量筒、注射器、玻璃棒、洗瓶若干。

（3）起泡剂：松醇油、甲基异丁基甲醇、苯乙脂油。

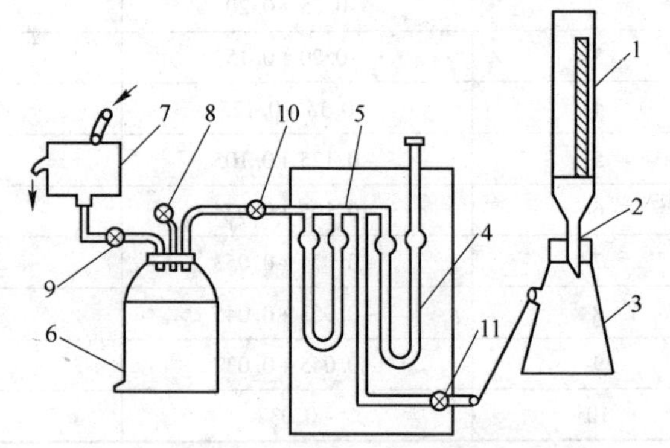

图5-3 起泡剂起泡性能测试装置

1—泡沫管；2—过滤漏斗；3—锥形瓶；4—压力计；5—流量计；6—压气瓶；7—恒压水箱；8~11—阀

5.2.2.2 实验步骤

（1）先清洗泡沫管1，使恒压水箱7装满水，放掉压气瓶6中的水，然后打开9、10、11等阀，使水流入压气瓶6排出的空气经过阀10和流量计5，通过阀11进入锥形瓶3，最后进入泡沫管。

（2）将配好的起泡剂溶液注入泡沫管（各种起泡剂溶液浓度均配成20mg/L的浓度，各500mL），在注入时可用玻璃棒搅动溶液，使起泡剂分散均匀。当泡沫达到稳定高度之后，记下泡沫层的高度（mm），记下流量计及压力计的读数和水流入压气瓶的流量（即排气量，mm/s）。

（3）测定消泡时间。关闭阀11、9，此时泡沫管中的泡沫开始破灭，用秒表记下关阀11至泡沫完全消灭的时间，这就是消泡时间或者泡沫寿命。

（4）每一种起泡剂重复测4次。

5.2.2.3 实验数据处理

将所得实验数据列入表5-3。

表5-3 实验数据记录表

药剂名称	溶液浓度/mg·L^{-1}	空气压力/Pa	泡沫柱高度/cm	泡沫寿命/s
松醇油	1			
	2			
	3			
	4			
	平均			
甲基异丁基甲醇	1			
	2			
	3			
	4			
	平均			
苯乙脂油	1			
	2			
	3			
	4			
	平均			

5.3 捕收剂浮选实验

5.3.1 实验原理

捕收剂是指在矿浆中能够吸附（物理吸附或化学吸附）在矿物表面，形成疏水薄膜，使矿物疏水性增大，从而增加矿物的浮游性的药剂，如黄药、黑药、油酸等。捕收剂的主要作用是使目的矿物表面疏水化，降低矿物表面的润湿性，增大矿粒在气泡上的黏附强度和缩短黏附所需要的时间，从而达到目的矿物与脉石矿物的分离。硫化矿浮选常用的捕收剂是硫代化合物，例如黄药、黑药和硫氮类等；氧化矿浮选常用烃基酸类；硅酸盐类矿物浮选常用胺类捕收剂；其他非硫化矿浮选常用羧酸（盐）类、磺酸（盐）类、硫酸酯类、胂酸、膦酸类和羟肟酸类等；非极性矿物浮选常用中性烃油，例如煤油、柴油。

硫化铜矿物属易浮矿物，容易被硫代化合物类捕收剂如黄药等所捕收，各种硫化铜矿物的可浮性顺序为：辉铜矿>铜蓝>斑铜矿>黄铜矿>砷黝铜矿。

5.3.2 实验部分

5.3.2.1 仪器、器具及矿样

(1) 磨机、XFD型单槽式浮选机（1L）、电热鼓风干燥箱、制样机。

(2) 电子秤、秒表、移液管、容量瓶、量筒、毛刷、滤纸。

(3) 乙黄药、丁基黄药、硫氮脂、2号油、石灰、硫化铜矿物。

5.3.2.2 实验步骤

(1) 将试样混匀，缩分取出5~7份，每份500g，在相同的磨机相同的磨矿条件（磨矿浓度一般为50%~70%）下进行磨矿。

(2) 调整好浮选槽的位置，使叶轮不与槽底和槽壁接触，保证充气良好，并且在各次实验中保持不变。将磨好后的矿浆放入浮选槽，并补加水至隔板的顶端，开动浮选机搅拌1min，使矿粒被水润湿，然后按图5-4所示实验流程图进行加药搅拌，充气，计时刮泡。

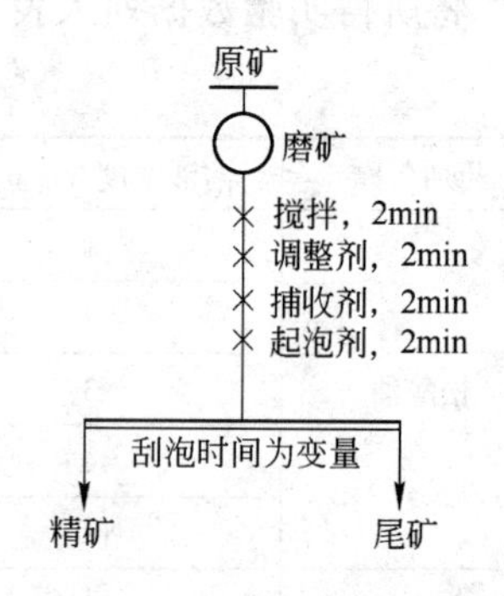

图5-4 捕收剂实验流程

(3) 泡沫产品经过滤、干燥、称重后、将数据计算填入表5-4内，计算回收率。

(4) 实验中要注意测定矿浆温度和pH值。

表5-4 实验数据记录表

捕收剂种类及用量	产品	质量/g	产率/%	品位/%	回收率/%	备注
乙黄药（100g/t）	精矿					
	尾矿					
	原矿					
硫氮脂（100g/t）	精矿					
	尾矿					
	原矿					
丁基黄药（100g/t）	精矿					
	尾矿					
	原矿					
丁基黄药（200g/t）	精矿					
	尾矿					
	原矿					
丁基黄药（300g/t）	精矿					
	尾矿					
	原矿					

5.3.2.3 实例分析

某铜矿石在磨矿细度-0.074mm占70%，调整剂硅酸钠用量为500g/t，石灰用量1000g/t的条件下，进行了捕收剂种类以及用量实验。捕收剂种类筛选实验结果见表5-5。

表5-5 捕收剂种类筛选实验结果

捕收剂种类及用量	产品名称	产率/%	Cu品位/%	Cu回收率/%
丁铵黑药(50g/t)	精矿	19.20	6.93	95.04
	尾矿	80.80	0.09	4.96
	原矿	100	1.40	100.00
丁黄药(30g/t)	精矿	20.0	6.12	86.93
	尾矿	80.0	0.23	13.07
	原矿	100.0	1.41	100.00
Z-200(30g/t)	精矿	16.63	8.47	94.0
	尾矿	83.37	0.10	6.0
	原矿	100.00	1.41	100.0

由表5-5可知，使用丁铵黑药铜精矿的回收率达95.04%，为此组对比实验的最优指标，故选择使用丁铵黑药作为捕收剂。

由表5-6可知，随着丁铵黑药用量的加大，铜的回收率呈上升的趋势，添加适量的丁铵黑药能有效改善浮选泡沫。综合考虑铜精矿的品位和回收率，选择丁铵黑药用量15g/t。

表5-6 丁铵黑药用量实验结果

丁铵黑药用量/$g \cdot t^{-1}$	产品名称	产率/%	Cu品位/%	Cu回收率/%
5	精矿	4.37	27.22	84.97
	尾矿	95.63	0.22	15.03
	原矿	100.00	1.40	100.00
10	精矿	5.27	23.79	87.44
	尾矿	94.73	0.19	12.57
	原矿	100.00	1.42	100.00
15	精矿	6.33	20.39	89.02
	尾矿	93.67	0.17	10.98
	原矿	100.00	1.45	100.00
20	精矿	7.87	15.58	89.26
	尾矿	92.13	0.16	10.74
	原矿	100.00	1.37	100.00
25	精矿	8.40	14.71	89.40
	尾矿	91.60	0.16	10.60
	原矿	100.00	1.38	100.00
30	精矿	10.67	11.85	91.00
	尾矿	89.33	0.14	9.00
	原矿	100.00	1.39	100.00

5.4 铜矿石浮选分离实验

5.4.1 实验原理

随着工业矿床向贫细杂的趋向转移，采用浮选法来处理工业矿床得到日益发展。当前，采用浮选法来处理复杂硫化矿，其最基本的原则流程有：优先浮选、混合浮选、部分混合浮选、等可浮性浮选。

而对复杂非硫化矿来说，特别是含钙矿物的矿石，其分选技术主要取决于采用有效的浮选剂。如果非硫化矿中有硫化矿共生。如含硫化矿的萤石矿，一般先用黄药类捕收剂将硫化矿浮出后再用脂肪酸浮萤石。为了保证非硫化矿精矿质量，处理该类矿石时，精选次数都较多（6～8次），否则，精矿质量得不到保证。

不论处理复杂硫化矿或含硫化矿的非硫化矿矿石，其加工工艺条件——磨矿细度、流程结构、药方等的选择，主要取决于矿石性质，如矿石中矿物的嵌镶关系，矿物的嵌布粒度、矿物的种类及含量等。

5.4.2 实验部分

5.4.2.1 仪器、器具及矿样

（1）磨机、XFD型单槽式浮选机（1L）、电热鼓风干燥箱、制样机。

（2）电子秤、秒表、移液管、容量瓶、量筒、毛刷、滤纸。

（3）丁基黄药、2号油、石灰、硫化铜矿物。

5.4.2.2 实验步骤

A 磨矿

磨矿是浮选前的准备作业，目的是使矿石中的矿物经磨细后得到充分单体解离。

（1）磨矿浓度的选择。通常采用的磨矿浓度有50%、67%和75%三种，此时的液固比分别为1∶1、1∶2、1∶3，因而加水量的计算较简单，如果采用其他浓度值，则可按计算得出。

（2）磨矿前，开动磨机空转数分钟，以刷洗磨筒内壁和钢球表面铁锈。空转数分钟后，用操纵杆将磨机向前倾斜15°～20°，打开左端排矿口塞子，把筒体内污水排出；再打开右端给矿口塞子并取下，用清水冲洗筒体壁和钢球，将铁锈冲净（排出的水清净）和排干筒内积水。

（3）把左端排矿口塞子拧紧，按先加水后加矿的顺序把磨矿水和矿石倒入磨筒内，拧紧右端给矿口塞子，搬平磨机。

（4）合上磨机电源，按秒表计时。待磨到规定时间后，切断电源，打开左端排矿口塞子排放矿浆，再打开右端给矿口塞子，用清水冲洗塞子端面和磨筒内部，边冲洗边间断通电转动磨机，直至把磨筒内矿浆排干净。注意，在冲洗磨筒内部矿浆时，一定要严格控制冲洗水量，以矿浆容积不超过浮选槽容积的80%～85%为宜，否则，矿浆过多，浮选槽容纳不下。当矿浆过多时，需将矿浆澄清，抽出部分清液留作浮选补加水用，而不能

废弃。

(5) 若需继续磨矿，重复步骤 (4)。

若不需继续磨矿，一定要用清水把磨筒内部充满，以减少磨筒内壁和钢球表面氧化。

B 药剂的配制与添加

浮选前，应把要添加的药剂数量准备好。水溶性药剂配成水溶液添加，水溶液的浓度，视药剂用量多少来定。非水溶性药剂，如油酸，松醇油、中性油等，采用注射器直接添加，但需预先测定注射器每滴药剂的实际质量。

C 浮选

(1) 将磨好的矿浆从容器中移入浮选槽后，把浮选槽固紧到机架上（注意：在固紧浮选槽时，槽内的回流孔一定要与轴套上的回流管对好）。

(2) 接通浮选机电源，搅拌矿浆。然后按药方——先调整剂，后捕收剂，最后起泡剂的顺序把药剂加入浮选槽内搅拌，计时（图 5－5）。药剂加完并搅拌到规定时间后，准备充气、刮泡。

(3) 从小到大逐渐打开充气调节阀门，待槽内形成一定厚度的矿化泡沫后，打开自动刮泡器把手，使刮板自动刮泡。在刮泡过程中，由于泡沫的刮出，浮选槽内液面会下降，这时需向浮选槽内补加一定水量，一是保持槽内液面稳定，二可用补加水冲洗轴套上和槽壁上黏附的矿化泡沫。

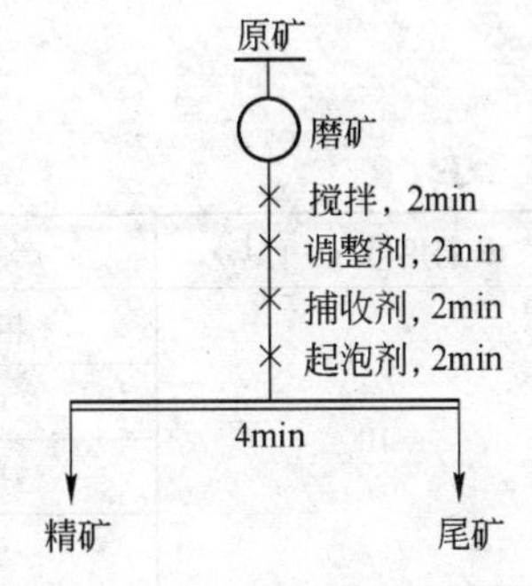

图 5－5 铜矿物浮选实验流程

(4) 浮选时间达到后，停止刮泡，断电。从机架上取下浮选槽，用水冲洗干净轴套、叶轮、矿浆循环孔等。

(5) 分别将泡沫产品和槽内产品过滤、烘干、称重，记入表 5－7 中。然后用四分法或网格法分别取泡沫产品和槽内产品化验样品做化验用。

表 5－7 实验数据记录表

产品名称	质量/g	产率 γ/%	品位 β/%	回收率 ε/%
精矿				
尾矿				
原矿				

注：各产品之质量和与原矿质量之差，不得超过原矿质量的 ±1%，若超过 ±1%，该实验需重做。

5.4.2.3 实例分析

某铜矿经过磨矿细度、pH 值、捕收剂种类和用量、起泡剂用量等粗选条件确定的情况下，进一步考查扫选过程中捕收剂的不同用量对铜中矿选铜回收率和铜中矿品位的影响（图 5－6），实现铜矿石的分离。磨矿细度为 －0.074mm68.38%；粗选石灰用量 600g/t（pH＝8）、捕收剂 AP 的用量为 80g/t、起泡剂 111 号油的用量分别为 75g/t；扫选丁基黄药的用量 10g/t、20g/t、30g/t 以及 40g/t，实验结果见表 5－8。

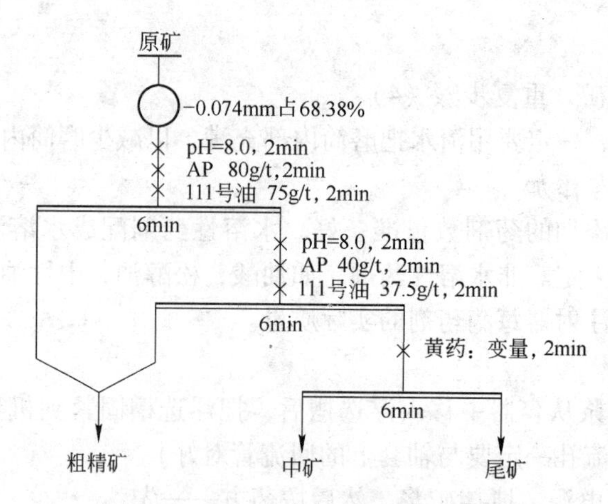

图5-6 混合浮选扫选条件实验流程

表5-8 不同黄药用量的实验结果

黄药用量/g·t^{-1}	产品名称	产率/%	Cu品位/%	Cu回收率/%
10	粗精矿	17.67	2.25	81.14
	中矿	2.73	0.557	3.10
	尾矿	79.60	0.097	15.76
	给矿	100.00	0.49	100.00
20	粗精矿	17.73	2.27	82.14
	中矿	3.64	0.439	3.26
	尾矿	78.63	0.091	14.60
	给矿	100.00	0.49	100.00
30	粗精矿	17.79	2.31	82.19
	中矿	5.25	0.392	4.11
	尾矿	76.96	0.089	13.70
	给矿	100.00	0.50	100.00
40	粗精矿	17.88	2.30	82.25
	中矿	5.98	0.351	4.20
	尾矿	76.14	0.089	13.55
	给矿	100.00	0.50	100.00

从表5-8分析可得，随着捕收剂黄药用量的增加，中矿铜精矿品位由高逐渐降低；而选铜回收率则随着捕收剂黄药用量的增加，逐渐提高。综合考虑，扫选作业选择捕收剂黄药的用量以30g/t为宜。

5.5 润湿接触角的测定实验

5.5.1 实验原理

液滴在各界面张力互相作用并达到平衡状态后，三相周边上某一点引气液界面的切线，则该切线与固液界面的夹角称为润湿接触角。

矿粒表面的润湿接触角的大小直接反映其可浮性的好坏，矿物的可浮性 $=1-\cos\theta$，θ 为润湿接触角，其测量方法很多，有观察测量法、斜板法等，本实验采用图 5-7 所示的润湿角测定仪进行测量。

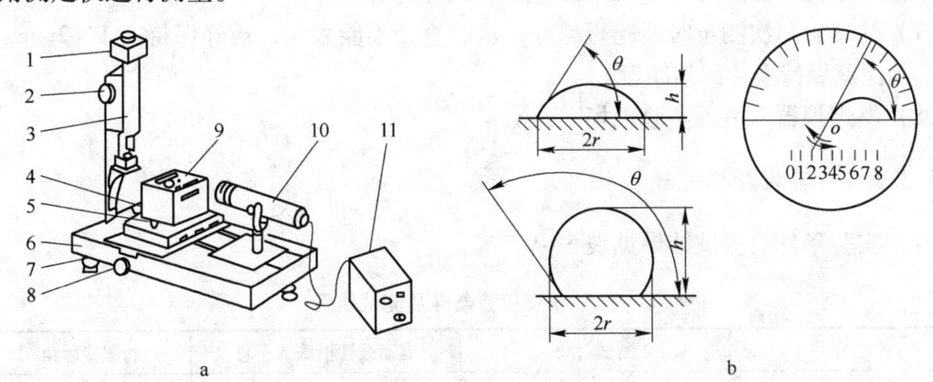

图 5-7 润湿角测定仪

a—润湿角测定仪外观；b—测定原理

1—测微鼓轮；2—调焦手轮；3—测量显微镜；4—升降手轮；5—固定手轮；6—底座；7—调平手轮；8—横向移动手轮；9—样品盒；10—照明光源；11—电源

测定方法是：分别在洁净的矿物磨光片表面和经过选矿剂处理的矿物磨光片表面上滴上一个水滴，在固-液-气三相界面上，由于表面张力的作用，形成接触角。然后用聚光灯通过显微镜在屏幕上放大成像，用量角器直接量得接触角的大小。

5.5.2 实验部分

5.5.2.1 仪器、器具及矿样

（1）JY-82 型接触角测定仪。

（2）烧杯、量筒、注射器。

（3）丁基黄药、油酸钠、氢氧化钠、水玻璃、矿油等表面改性药剂。

（4）方铅矿、黄铁矿、石英、萤石磨光片。

5.5.2.2 实验步骤

（1）了解所用仪器设备的操作说明书和操作规程。

（2）检查设备，使之处于待测状态。

（3）清洗矿样。将萤石、方铅矿（黄铜矿）等矿样的磨光片在 2000 号金相砂纸上擦干净（抛光、去氧化膜）放入 2%～5% 的 NaOH 溶液中煮沸 2～5min，然后用蒸馏水冲洗干净，置入存有蒸馏水的烧杯中待用。

（4）配药。取丁黄药和油酸钠分别配成浓度为 3g/L 水溶液备用。

（5）矿物在纯水中接触角的测定。将净化后的光片用滤纸吸干其表面水分，放在样品盒子上，接通电源，调整焦距，找出矿物表面成像图。用注射器将水滴滴在矿物光片表面上，再调整焦距，找出水滴的成像图，然后用测微鼓转调节，读出接触角值，但要注意，测量时间不能超过 1min。

（6）矿物经药剂作用后接触角的测定。将方铅矿和萤石矿光片，分别浸在已配好的丁黄药和油酸钠水溶液中，1min 后取出，用滤纸吸干矿片表面药剂溶液，再用注射器滴一水滴在光片表面上，按（5）方法测定其接触角。

（7）注意：每次测量时间越短越好，水滴直径不能太大，最好保持在 1 ~2mm。测试过程必须注意保持磨片的洁净度。

（8）整理仪器、清理实验现场。

5.5.2.3　实验数据处理

（1）实验条件及测试结果见表 5 - 9。

表 5 -9　实验条件及测试结果

序　号	测试对象	表面改性措施或条件	润湿接触角/（°）
1			
2			
3			
4			

（2）分析药剂作用前后接触角的变化及原因分析，结合界面化学和表面活性剂知识分析表面改性剂的作用机理与实际应用。

5.6　物料电动电位的测定

5.6.1　实验原理

矿物在溶液中，由于矿物表面离子在水中与极性水分子相互作用，发生溶解、解离或者吸附溶液中的某种离子，使表面带上电荷，带电的矿物表面又吸附溶液中的反离子，在固/液界面构成双电层。

在双电层中，决定矿物表面的离子称为定位离子，吸附的离子为配衡离子。矿物表面双电层由定位离子层（内层）和配衡离子层（外层）组成。配衡离子层又分为两层，Stern 层和 Guoy 层。Stern 层内有两个面，即 IHP（内赫姆荷兹面）和 OHP（外赫姆荷兹面）。在 IHP 以内的离子是部分或完全去水化的，吸附在表面很牢固，所以这一层又称为紧密层。在 IHP 和 OHP 两个面之间，离子是水化的，靠静电力吸附在矿物表面，在 OHP 面与溶液之间是所谓扩散层。当固体表面在溶液中相对移动时，Stern 层将随固体一起移动，并由此引起动电现象。OHP 面就是通常所指的滑动面，动电位是滑动面上的电位，也称之为 ζ 电位。

ζ 电位的测定方法很多，如电泳、电渗、流动电位、电位滴定等。在外加电场的作用下，若溶液对矿物发生相对移动，称为电渗。通过溶液流动方向可以确定被测矿物带电符号（正电或负电），并由液体流动速度来确定矿物；电位的大小，其计算公式如下；

$$\zeta = 300^2 \frac{4\pi\eta\lambda V}{DI} \qquad (5-2)$$

式中　ζ——矿物表面动电位，mV；

η——水的黏度，通常取 $\eta=0.001\text{Pa}$；

λ——被测矿物悬浮液电导率，mS/m；

V——电渗（液体移动）速度，格/s；

D——水的介电常数，$D=81$；

I——外加电场的电流强度，mA。

5.6.2 实验部分

5.6.2.1 仪器、器具及矿样

（1）电渗仪一台、直流电源一台、电导仪一台、酸度计一台、离心机一台、秒表一个。

（2）0.147～0.175mm 石英和萤石矿粉若干。

5.6.2.2 实验步骤

（1）电渗仪的结构及安装。首先将带刻度的毛细管6、U形样品管1、盐桥2和玻璃棒7用乳胶管按图5－8连接好，然后将盐桥2和电极5插入盛电介质溶液中，再把电极接到外加直流电源的接线柱上，仪器即安装完毕。

（2）装样。从仪器上取下U形样品管1，清洗干净。称取2g样品（石英或萤石粉）置于一烧杯中，加50mL蒸馏水润湿后并搅拌5min，静置后测定该矿浆体系的pH值及电导率。将测过pH值和电导率的矿浆上部清液倒入另一烧杯中待用，下部的样品用吸管慢慢装入U形样品管内，把装好样品的U形管放入离心机中，开动离心机10min，借以压紧U形样品管内的试样，装样完毕。

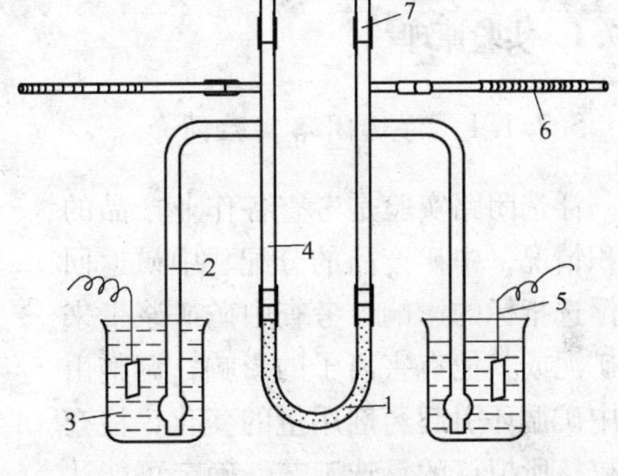

图5－8 电渗装置
1—U形样品管；2—盐桥；3—电介质溶液；4—测定溶液；5—电极；6—带刻度的毛细管；7—玻璃棒

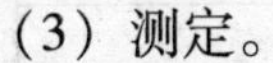

（3）测定。

1）把装好试样的U形样品管接到仪器上，用待用的清液充满仪器的管道，并保证仪器的管道中不存在气泡，如果管道中有气泡，将玻璃棒7从乳胶管中拔出，再把气泡赶出，确认管道内无气泡存在后，把玻璃棒插入乳胶管内。

2）打开直流电源开关，调节电压表指示为220V，同时读出毛细管中液体移动一定距离所需的时间。再利用直流电源上的换向开关改变电流方向，记下I值和液体移动同上距离所需的时间。如此反复测定4次正、反向的电流强度I值下的V值，将每次测定得到的液体移动距离、时间和电流强度1值记入表5－10中，每次测定时，要注意液体的移动方向。

5.6.2.3 实验数据处理

按计算公式计算出石英和萤石矿对水的ζ电位值，并确定其正、负号，将数据填入表5－10中。

表 5-10 测定数据记录表

物料名称	测量次数	pH 值	电位梯度/V·cm^{-1}	电泳速度/μm·s^{-1}	电泳迁移率/cm^{2}·(s·V)$^{-1}$	电动电位/V
	1					
	2					
	3					
	4					
	平均					
	1					
	2					
	3					
	4					
	平均					

5.7 浮选闭路实验

5.7.1 实验原理

5.7.1.1 浮选闭路实验简介

浮选闭路实验是考查各作业产品的累积情况，中矿产品的分配、中矿返回对浮选指标的影响，考查中矿矿浆带来的矿泥或其他有害离子的影响，调整由于中矿循环引起药剂用量的变化，检查和校核所拟订的浮选工艺，确定可能达到的技术指标，以便在工业生产时产生比较理想的应用效果。

实验的方法是按照开路实验确定的流程和条件，接连而重复地做几个实验，但每次所得的中间产品（精选尾矿、扫选精矿）仿照现场闭路连续生产过程，给到下一实验的相应作业中，直至实验达到平衡为止。图 5-9 所示为简单的一粗、一精、一扫闭路流程。

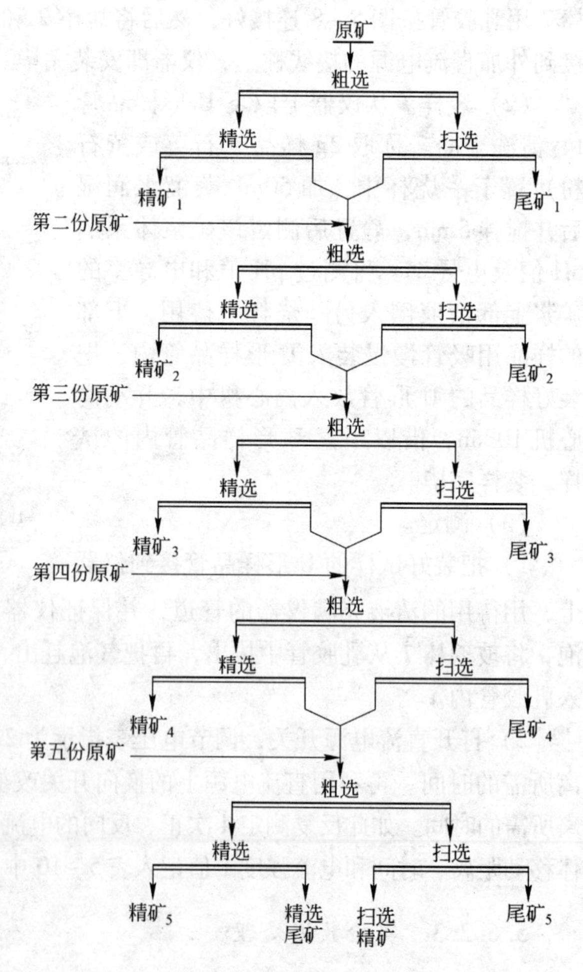

图 5-9 闭路实验流程示例

在一般情况下，闭路实验要连续做 5~7 个实验。最好在实验过程中将最终产品迅速烘干，以便判断是否已经达到平衡，如能进行产品的快速化验，那就更好了。

在实验过程中中矿的产率是否变化是判断闭路是否平衡的主要标准，如果某个中矿量一直增加，表明中矿还在累积，在浮选过程中没有得到分选，闭路没有平衡，工业生产时也只能机械地分配到精矿和尾矿中，从而使精矿质量降低，尾矿中金属损失增加；即使中矿量没有明显的不断增加的现象，若产品的化学分析结果是随着实验的依次往下进行，精矿品位不断下降，尾矿品位不断上升，一直稳定不下来，这说明中矿没有得到分选，只是机械地分配到精矿和尾矿中。

对于以上两种情况，都要查明中矿没有得到分选的原因。如果通过产品的考查，表明中矿主要由连生体组成，就要对中矿进行再磨，并将再磨产品单独进行浮选实验，判断中矿是否能返回原浮选循环，是否要单独处理。如果是其他方面的原因，也要对中矿单独进行研究后才能确定对它的处理方法。

5.7.1.2 闭路实验操作应当注意的问题

（1）随着中间产品的返回，某些药剂用量要相应地减少，这些药剂可能包括烃类非极性捕收剂，黑药和脂肪酸类等兼有起泡性质的捕收剂以及起泡剂。

（2）中间产品会带进大量的水，因而在实验过程中要特别注意节约冲洗水和补加水，以免发生浮选槽装不下的情况，最好的情况是在实验中掌握规律，控制每一环节补加水的适量，不得已时，把分离出水留下来作冲洗水或补加水用。

（3）闭路实验的复杂性和产品存放可能对实验结果造成影响，一般要求把时间耽搁降低到最低限度。应预先详细地做好实验计划，规定操作程序，严格遵照执行。必须预先制定出整个实验流程，标出每个产品的号码，以避免把标签或产品弄混所产生的差错。

（4）要将整个闭路实验连续做完，避免中间产品搁置太久。

5.7.1.3 浮选闭路实验结果的计算

根据闭路实验结果计算最终浮选指标的方法有三种：

（1）将所有精矿合并算作总精矿，所有尾矿合并作总尾矿，中矿再选一次，再选精矿并入总精矿中，再选尾矿并入总尾矿中。

（2）将达到平衡后的最后2~3个实验的精矿合并作总精矿，尾矿合并作总尾矿，然后根据“总原矿=总精矿+总尾矿”的原则反推总原矿的指标。中矿则认为进出相等，单独计算。这与选矿厂设计时计算闭路流程物料平衡的方法相似。

（3）取最后一个实验的指标作最终指标。

第二种方法是最常用的方法。这里以第二种方法为例，介绍一下计算过程。假设连续做五个实验，从第三个实验开始，实验闭路就已经平衡了，精矿和尾矿质量（化验之后金属量也基本稳定）基本稳定。可采用第三、四、五个实验的结果作为计算最终指标的原始数据。如果发现第三个实验还没有稳定，要有较多可靠的实验数据，可做第六个或第七个实验，直到能够获取最后三次已经平衡的实验结果。

图5-10表示已达到平衡的第三、四、五个实验的流程，表5-11列出了各产品的质量、符号。如果将三个实验看作一个总体，则进入这个总体的物料有：原矿$_3$+原矿$_4$+原矿$_5$+中矿$_2$。

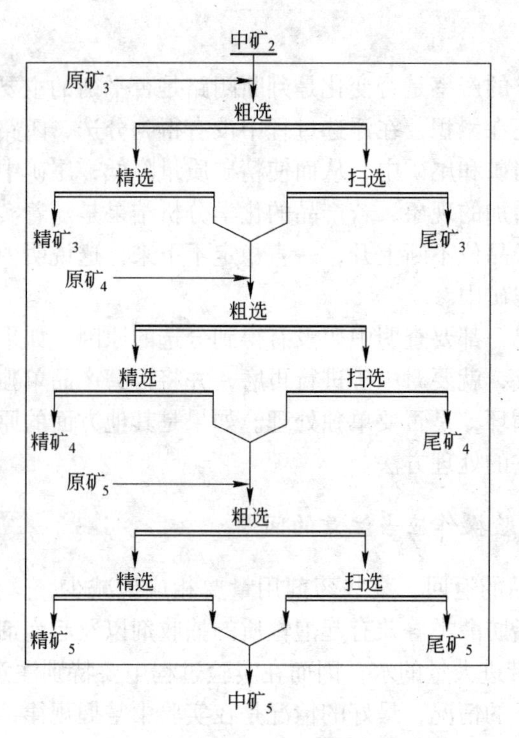

图 5-10 平衡后的闭路流程

表 5-11 闭路实验结果

实验序号	精矿		尾矿		中矿	
	质量/g	品位/%	质量/g	品位/%	质量/g	品位/%
3	M_{c3}	β_{c3}	M_{t3}	β_{t3}		
4	M_{c4}	β_{c4}	M_{t4}	β_{t4}		
5	M_{c5}	β_{c5}	M_{t5}	β_{t5}	M_{m5}	β_{m5}

从这个总体出来的物料有：（精矿$_3$ + 精矿$_4$ + 精矿$_5$）+ 中矿$_5$ +（尾矿$_3$ + 尾矿$_4$ + 尾矿$_5$）

由于实验已达到平衡，可认为：中矿$_2$ = 中矿$_5$

则：原矿$_3$ + 原矿$_4$ + 原矿$_5$ =（精矿$_3$ + 精矿$_4$ + 精矿$_5$）+（尾矿$_3$ + 尾矿$_4$ + 尾矿$_5$）

下面分别计算产品质量、产率、金属量、品位、回收率等指标。

(1) 质量和产率。

每一个单元实验的平均精矿质量为

$$M_c = \frac{M_{c3} + M_{c4} + M_{c5}}{3} \tag{5-3}$$

平均尾矿质量为

$$M_t = \frac{M_{t3} + M_{t4} + M_{t5}}{3} \tag{5-4}$$

平均原矿质量为

$$M_o = M_c + M_t \tag{5-5}$$

精矿和尾矿的产率为

$$\gamma_c = \frac{M_c}{M_o} \times 100\% \tag{5-6}$$

$$\gamma_t = \frac{M_t}{M_o} \times 100\% \tag{5-7}$$

(2) 金属量和品位的计算。品位是通过金属量来计算的。

三个精矿的总金属量为

$$P_c = P_{c3} + P_{c4} + P_{c5} = M_{c3}\beta_{c3} + M_{c4}\beta_{c4} + M_{c5}\beta_{c5} \tag{5-8}$$

精矿的平均品位为

$$\bar{\beta} = \frac{P_c}{3M_c} = \frac{M_{c3}\beta_{c3} + M_{c4}\beta_{c4} + M_{c5}\beta_{c5}}{M_{c3} + M_{c4} + M_{c5}} \tag{5-9}$$

同理，尾矿的平均品位为

$$\bar{\vartheta} = \frac{P_t}{3M_t} = \frac{M_{t3}\beta_{t3} + M_{t4}\beta_{t4} + M_{t5}\beta_{t5}}{M_{t3} + M_{t4} + M_{t5}} \tag{5-10}$$

原矿的平均品位为

$$\bar{\alpha} = \frac{(M_{c3}\beta_{c3} + M_{c4}\beta_{c4} + M_{c5}\beta_{c5}) + (M_{t3}\beta_{t3} + M_{t4}\beta_{t4} + M_{t5}\beta_{t5})}{(M_{c3} + M_{c4} + M_{c5}) + (M_{t3} + M_{t4} + M_{t5})} \tag{5-11}$$

(3) 回收率。精矿中金属回收率可按下列三式中任一公式计算，其结果均相等。即：

$$\varepsilon = \frac{\gamma_c \bar{\beta}}{\bar{\alpha}} \times 100\% \tag{5-12}$$

$$\varepsilon = \frac{M_c \bar{\beta}}{M_o \bar{\alpha}} \times 100\% \tag{5-13}$$

$$\varepsilon = \frac{M_{c3}\beta_{c3} + M_{c4}\beta_{c4} + M_{c5}\beta_{c5}}{(M_{c3}\beta_{c3} + M_{c4}\beta_{c4} + M_{c5}\beta_{c5}) + (M_{t3}\beta_{t3} + M_{t4}\beta_{t4} + M_{t5}\beta_{t5})} \tag{5-14}$$

(4) 中矿的产率和回收率。有了平均原矿的指标，可算出中矿的指标。

$$\gamma_{m5} = \frac{M_{m5}}{M_o} \times 100\% \tag{5-15}$$

$$\varepsilon_{m5} = \frac{\gamma_{m5}\beta_{m5}}{\bar{\alpha}} \times 100\% \tag{5-16}$$

计算中矿指标时，中矿5是最后一个实验的中矿，不是第三、四、五个实验的“总中矿”。

5.7.1.4 浮选闭路平衡的简易判断方法

浮选闭路实验是否达到平衡，其标志是最后几个实验的浮选产品的金属量和产率是否大致相等。

这里介绍一种通用实验室闭路平衡原则简易计算方法。假如铜矿闭路实验要进行5次，5次之后可通过计算闭路是否平衡。将实验过程得到的烘干称重，闭路平衡计算见表5-12。

表5-12　闭路平衡计算

实验序号	第一次		第二次		第三次		第四次		第五次	
	质量/g	品位/%	质量/g	品位/%	质量/g	品位/%	质量/g	品位/%	质量/g	品位/%
产品	精矿 M_{c1}		精矿 M_{c2}		精矿 M_{c3}		精矿 M_{c4}		精矿 M_{c5}	
	尾矿 M_{t1}		尾矿 M_{t2}		尾矿 M_{t3}		尾矿 M_{t4}		尾矿 M_{t5}	
合计	总$_1$		总$_2$		总$_3$		总$_4$		总$_5$	

闭路实验的第一次得到 M_{c1} 和 M_{t1}，第二次实验得到 M_{c2} 和 M_{t2}，依次如此，共得到5个精矿和5个尾矿，第五次闭路实验还得到一些中矿。

计算过程：

（1）计算每一次闭路的精矿和尾矿的总和。$总_1 = M_{c1} + M_{t1}$；$总_2 = M_{c2} + M_{t2}$；$总_3 = M_{c3} + M_{t3}$；$总_4 = M_{c4} + M_{t4}$；$总_5 = M_{c5} + M_{t5}$。

（2）计算原矿平均值。

$$\overline{M_{o平均值}} = \frac{总_1 + 总_2 + 总_3 + 总_4 + 总_5 + 所有中矿}{5} \tag{5-17}$$

（3）计算最后一次闭路实验的误差。

$$误差 = \frac{\left|总_5 - \overline{M_{o平均值}}\right|}{\overline{M_{o平均值}}} \tag{5-18}$$

（4）判断闭路是否平衡。

闭路平衡原则：对于有色金属的闭路实验误差不大于2%，则表示第5个闭路已经平衡，用式（5-18）同时可判断第3、4个闭路是否平衡。

5.7.2　实验部分

5.7.2.1　仪器、器具及矿样

（1）磨机、XFD型单槽式浮选机（3.0L、1.0L、0.75L、0.5L）、挂槽式浮选机、电热鼓风干燥箱、制样机。

（2）电子秤、秒表、移液管、容量瓶、量筒、毛刷、滤纸若干。

（3）浮选药剂、硫化铜矿物5kg。

5.7.2.2　实验步骤

A　磨矿

（1）装球。实验室常用的内壁尺寸为 ϕ160mm×180mm 和 ϕ200mm×200mm 的筒形球磨机，XMQ-67型 ϕ240mm×90mm 锥形球磨机，给矿粒度小于1~3mm的试样。还有 ϕ160mm×160mm 等较小尺寸的筒形球磨机和滚筒磨矿机，它们用于中矿和精矿产品的再磨。

磨矿介质习惯上多用钢球，球的直径为12.5~32mm。对于 ϕ160mm×180mm 磨矿机

选用25mm、20mm、15mm三种球径，XMQ－67型ϕ240mm×90mm锥形球磨机可配入部分更大的球（如28～32mm）。12.5mm的球则仅用于再磨作业。装球量对磨矿细度的影响很大，过大过小都不利。装球量过多，中间粒级的粒度较多，而极粗和极细粒级的含量较少。装球量不足，不仅平均粒度较粗，而且粒度分布偏粗，过大颗粒较多。原则上装球量以填满磨矿机容积40%～50%为宜，最优充填率为45%。但磨矿机直径较大时，充填率可以低些。

各种尺寸球的配比相对于充填率和磨矿浓度而言对磨矿粒度影响较小。配比没有一定规定。按照经验，若ϕ160球磨机采用25mm、20mm、10mm三种球，用$q_1 : q_2 : q_3 = d_1^n : d_2^n : d_3^n$表示三种球的配入质量与直径的关系，则一般可令$n$等于1～3，常用2。

（2）开动磨机空转数分钟，以刷洗磨筒内壁和钢球表面铁锈。用清水冲洗筒体壁和钢球，将铁锈冲净（排出的水清净）和排干筒内积水。

（3）选择合适的磨矿浓度，按先加水后加矿的顺序把磨矿水和矿石倒入磨筒内，开始磨矿。常见的磨矿浓度为50%、67%、75%。如果是其他磨矿浓度，应按式（5－19）计算加水量。

$$L = \frac{100 - c}{c} \cdot Q \tag{5-19}$$

式中 L——磨矿时所需添加的水量，mL；

c——要求的磨矿浓度，%；

Q——矿石质量，g。

（4）待磨到规定时间时，停机卸矿（控制冲洗水量），备用。

（5）继续磨矿，视工艺流程结构而定，合理对待中矿（若中矿返回再磨，则必须等中矿出来返回才能进行磨矿工作；为了减少氧化作用，要合理安排磨矿作业和浮选作业的衔接性）。若不需继续磨矿，一定要用清水把磨筒内部充满，以减少磨筒内壁和钢球表面氧化。

B 浮选

（1）浮选前，做好要添加的药剂准备工作、所需规格浮选机的清洗、检查工作以及人员需求分工工作。

（2）将磨好的矿按所需浮选浓度添加到浮选槽中，按流程图所示添加药剂，充气刮泡，进行第一组实验，最终产品过滤、称重、烘干。

（3）进行第二组实验，将第一组实验的中矿产品按要求返回或再磨返回至工段，按流程图所示实验，各个中矿按工艺流程收集备用。最终产品过滤、称重、烘干。

（4）按（3）方式依次进行第三组、第四组……，直至浮选闭路（最终产品精矿或尾矿质量不再增加为止）达到平衡。

（5）最后一组按开路进行实验，对各个产品（包括中矿）分别进行称量湿重、过滤、烘干、称量干重，记入表中。然后用四分法或网格法分别取泡沫产品和槽内产品化验样品做化验用。

C 闭路实验操作中应当注意的问题

（1）中矿带有大量的水，返回前，应事先浓缩，即澄清后抽出部分水，这部分水作为相继实验的补加水和洗涤水。

(2) 随着中矿的返回，带入大量的药剂，因此相继实验的药剂用量应酌情减少。

(3) 要特别注意避免差错。必须事先制定实验流程，并标出每个步骤中各产品的标号，以避免把标签或产品弄错。整个闭路实验必须连续做完，避免中间停歇。

5.7.2.3 实验数据处理

浮选闭路实验的结果填入表5－13中。

表5－13 浮选闭路实验结果

实验序号	精矿				尾矿				中矿			
	湿重	干重	品位	金属量	湿重	干重	品位	金属量	湿重	干重	品位	金属量
第一次												
第二次												
第三次										—		
第四次												
第五次												
合计												

5.7.2.4 实例分析

硫化铜矿石的疏水性能很好，其选矿方法主要是浮选工艺法。浮选硫化矿最常用的捕收剂是黄药类、黑药类、硫氮类等药剂，起泡剂一般为松油类，浮选一般在石灰造成的碱性矿浆中进行。某铜矿属于含铜、硫、钼、金、银等多元素的矿石，矿石嵌布和共生关系较为密切、复杂。通过探索实验研究和条件实验研究，确定了该矿石浮选的药剂制度以及工艺条件，开展闭路实验。

A 原矿化学多元素与铜物相分析

(1) 原矿化学多元素分析结果见表5－14。从表5－14可知该矿石是高硫矿石，有伴生矿物金、银可同时回收。

表5－14 原矿化学多元素分析

组分	Cu	S	Pb	Zn	Au	Ag
含量/%	0.725	16.24	0.184	0.020	0.825g/t	15.52g/t

(2) 原矿铜物相分析。原矿铜物相分析结果见表5－15。

表5－15 原矿铜物相分析

相 别	原生硫化铜之铜	次生硫化铜之铜	结合氧化铜之铜	自由氧化铜之铜	可溶铜之铜	总铜
含量/%	0.445	0.207	0.038	0.022	0.013	0.725
占有率/%	61.38	28.55	5.24	3.03	1.79	100.00

从表5－15可知，原矿原生铜比例只占61.38%，说明矿石是难选矿石，加入抑制剂石灰在球磨机中磨矿，粗选一段采用脂类药剂优先浮出易浮铜，直接走向精选段，粗选二段和扫选段加入黄药选出难选硫化铜，黄药用量较大。针对高硫难选铜矿石脂类药剂和黄

药混合用药是行之有效的。

B 磨矿细度

原矿一段磨矿细度为 -0.074mm 62%，中矿再磨细度为 -0.074mm 98%、-0.043mm 90%。

C 闭路工艺流程

闭路工艺流程如图 5-11 所示。

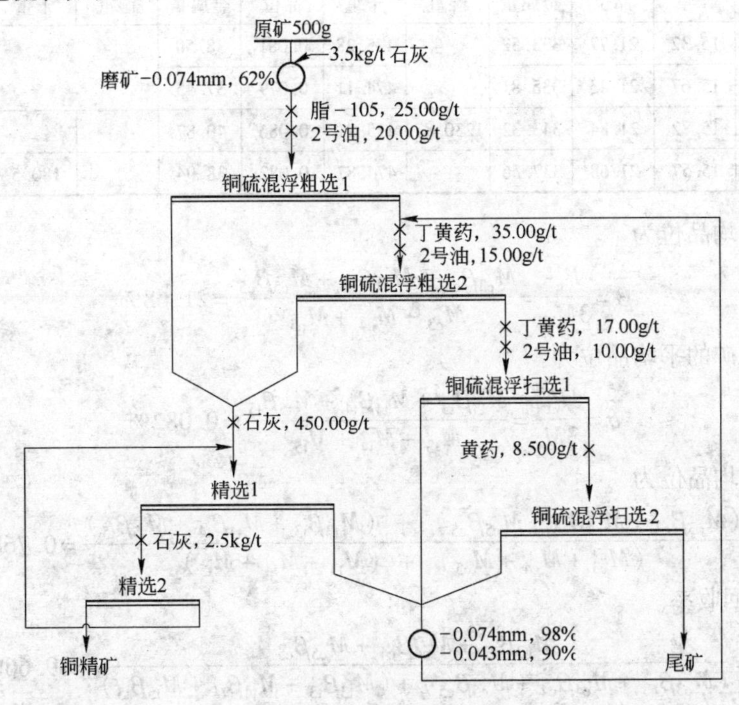

图 5-11 闭路工艺流程

D 闭路浮选结果

(1) 判断实验是否平衡。

1) 计算每次闭路的精矿和尾矿的总和填入表 5-16 中。

表 5-16 每次闭路的精矿和尾矿的总和

实验序号		第一次	第二次	第三次	第四次	第五次	第六次	中矿
产品	精矿质量/g	7.26	12.43	14.62	15.32	15.67	15.72	
	尾矿质量/g	395.45	434.52	472.34	475.28	474.11	475.21	
合 计		402.71	446.95	486.96	490.6	489.78	490.93	180.50

2) 计算原矿平均值。

$$\overline{M_{o平均值}} = \frac{总_1 + 总_2 + 总_3 + 总_4 + 总_5 + 总_6 + 所有中矿}{6} = 498.07$$

3) 计算最后一次闭路实验的误差。

$$误差 = \frac{\left| 总_6 - \overline{M_{o平均值}} \right|}{\overline{M_{o平均值}}} = 1.43$$

4）判断闭路是否平衡。误差不大于2%，则表示第6个闭路已经平衡。同理第5和第4个闭路已经平衡，第3个闭路没有平衡。

（2）列表计算各项指标（表5－17）。

表5－17 实验结果计算表

实验序号	精矿				尾矿				中矿			
	湿重	干重	品位	金属量	湿重	干重	品位	金属量	湿重	干重	品位	金属量
第四次	/	15.32	21.77	333.52	/	475.28	0.081	38.50	/			
第五次		15.67	21.43	335.81		474.11	0.079	37.45				
第六次	75.64	15.72	21.84	343.32	1230.87	475.21	0.086	40.87				
平均		15.57	21.68	337.56		474.87	0.082	38.94		180.5		

精矿的平均品位为

$$\bar{\beta}=\frac{P_{\mathrm{c}}}{3M_{\mathrm{c}}}=\frac{M_{\mathrm{c3}}\beta_{\mathrm{c3}}+M_{\mathrm{c4}}\beta_{\mathrm{c4}}+M_{\mathrm{c5}}\beta_{\mathrm{c5}}}{M_{\mathrm{c3}}+M_{\mathrm{c4}}+M_{\mathrm{c5}}}=21.68\%$$

同理，尾矿的平均品位为

$$\bar{\vartheta}=\frac{P_{\mathrm{t}}}{3M_{\mathrm{t}}}=\frac{M_{\mathrm{t3}}\beta_{\mathrm{t3}}+M_{\mathrm{t4}}\beta_{\mathrm{t4}}+M_{\mathrm{t5}}\beta_{\mathrm{t5}}}{M_{\mathrm{t3}}+M_{\mathrm{t4}}+M_{\mathrm{t5}}}=0.082\%$$

原矿的平均品位为

$$\bar{\alpha}=\frac{(M_{\mathrm{c3}}\beta_{\mathrm{c3}}+M_{\mathrm{c4}}\beta_{\mathrm{c4}}+M_{\mathrm{c5}}\beta_{\mathrm{c5}})+(M_{\mathrm{t3}}\beta_{\mathrm{t3}}+M_{\mathrm{t4}}\beta_{\mathrm{t4}}+M_{\mathrm{t5}}\beta_{\mathrm{t5}})}{(M_{\mathrm{c3}}+M_{\mathrm{c4}}+M_{\mathrm{c5}})+(M_{\mathrm{t3}}+M_{\mathrm{t4}}+M_{\mathrm{t5}})}=0.768\%$$

(3)精矿回收率。

$$\varepsilon=\frac{M_{\mathrm{c3}}\beta_{\mathrm{c3}}+M_{\mathrm{c4}}\beta_{\mathrm{c4}}+M_{\mathrm{c5}}\beta_{\mathrm{c5}}}{(M_{\mathrm{c3}}\beta_{\mathrm{c3}}+M_{\mathrm{c4}}\beta_{\mathrm{c4}}+M_{\mathrm{c5}}\beta_{\mathrm{c5}})+(M_{\mathrm{t3}}\beta_{\mathrm{t3}}+M_{\mathrm{t4}}\beta_{\mathrm{t4}}+M_{\mathrm{t5}}\beta_{\mathrm{t5}})}=89.66\%$$

（4）精尾矿的浓度。

$$c_{\text{精}}=\frac{\text{精矿干重}}{\text{精矿湿重}}\times100\%=20.78\%$$

$$c_{\text{尾}}=\frac{\text{尾矿干重}}{\text{尾矿湿重}}\times100\%=38.61\%$$

6 工业生产实用操作技术与方法

6.1 矿浆浓度、细度的测量

浮选过程矿浆浓度、细度的及时掌握非常重要，本节介绍工业现场测定矿浆浓度和细度计算过程与方法。矿浆浓度是指矿浆中固体矿粒含量，矿浆浓度有两种表示方法：固体含量的百分数和液固比。固体含量的百分数（%）表示矿浆中固体质量（或体积）所占的百分数，以符号 R 表示，有时又称为百分浓度。浮选厂常见的矿浆浓度见表 6-1。

表 6-1 浮选厂常见的矿浆浓度

矿石类型	浮选精矿	矿浆浓度/%			
		粗选		精选	
		范围	均值	范围	均值
硫化铜矿	铜及硫铁矿	22~60	41	10~30	20
硫化铅锌矿	铅	30~48	39	10~30	20
	锌	20~30	25	10~25	18
硫化钼矿	辉钼矿	40~48	44	16~20	18
铁矿	赤铁矿	22~38	30	10~22	16

矿浆浓度测定的方法分为手工测量和自动控制两种。目前国内多数选矿厂在研究和推广浓度自动控制方面取得了宝贵经验，为今后生产中稳定使用奠定了基础。而存在的问题是灵敏度不够，调节控制数值不稳定等。无论已安装自动控制设备的选矿厂，还是没有自动控制的选矿厂，手工测量浓度在目前仍是不可缺少的。

手工测量矿浆浓度、细度的常用的方法是浓度壶法。浓度壶法测定矿浆浓度、细度示意图如图 6-1 所示。

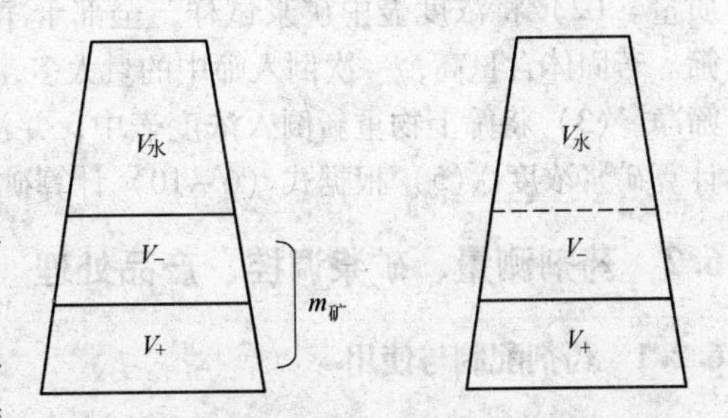

图 6-1 浓度壶法测定矿浆浓度、细度示意图

$V_水$—水的体积；V_-—小于某个筛孔粒径的颗粒体积；V_+—大于某个筛孔粒径的颗粒体积；$m_矿$—矿的质量

公式的推导如下：

根据质量和体积关系可列出三个公式

$$\rho_水 V_水 + \rho_矿 V_- + \rho_矿 V_+ = G_1 - G_壶 \tag{6-1}$$

$$\rho_水 V_水 + \rho_水 V_- + \rho_矿 V_+ = G_2 - G_壶 \tag{6-2}$$

$$V_水 + V_- + V_+ = V_壶 \tag{6-3}$$

$$V_- + V_+ = V_矿 \tag{6-4}$$

式（6－4）代入式（6－1）和式（6－3），得

$$\rho_{水}V_{水}+\rho_{矿}V_{矿}=G_1-G_{壶} \tag{6-5}$$

$$V_{水}+V_{矿}=V_{壶} \tag{6-6}$$

式（6－6）两边同乘$\rho_{水}$得

$$\rho_{水}V_{水}+\rho_{水}V_{矿}=\rho_{水}V_{壶} \tag{6-7}$$

式（6－5）~式(6－7）得

$$(\rho_{矿}-\rho_{水})\ V_{矿}=G_1-G_{壶}-\rho_{水}V_{壶} \tag{6-8}$$

所以

$$V_{矿}=\frac{G_1-G_{壶}-\rho_{水}V_{壶}}{\rho_{矿}-\rho_{水}}$$

所以矿的质量

$$m_{矿}=\rho_{矿}V_{矿}=\rho_{矿}\frac{G_1-G_{壶}-\rho_{水}V_{壶}}{\rho_{矿}-\rho_{水}}$$

矿浆浓度为

$$R_{浓度}=\frac{m_{矿}}{m_{矿浆}}=\frac{m_{矿}}{G_1-G_{壶}}=\frac{\rho_{矿}(G_1-G_{壶}-\rho_{水}V_{壶})}{(\rho_{矿}-\rho_{水})-(G_1-G_{壶})} \tag{6-9}$$

由式（6－1）、式（6－2）得

$$(\rho_{矿}-\rho_{水})V_{-}=G_1-G_2$$

所以

$$V_{-}=\frac{G_1-G_2}{\rho_{矿}-\rho_{水}}$$

$$P_{细度}=\frac{\rho_{矿}V_{-}}{m_{矿}}=\frac{G_1-G_2}{G_1-G_{壶}-\rho_{水}V_{壶}} \tag{6-10}$$

式中 G_1——第1次称量质量（矿浆＋壶重）；

G_2——第2次称量质量（筛上产物矿浆＋壶重）。

浓度壶测量步骤：

（1）按取样要求采分级溢流样品，盛满容积一定的浓度壶，称重，记录“壶＋矿浆”质量。（2）将浓度壶中矿浆试样，全部干净地倒在筛孔为0.074mm的标准筛中进行湿筛。若固体含量高，一次倒入筛中的量太多，可分几次倒入，直到小于筛孔的筛下粒级已筛净。（3）将筛上物重新倒入浓度壶中，并注满清水，再次称量。（4）根据式（6－9）计算矿浆浓度。（5）根据式（6－10）计算矿浆细度。

6.2 药剂测量、矿浆调控、产品处理

6.2.1 药剂配制与使用

为实现各类矿物的浮选，需在矿浆中加入浮选药剂来改变矿物的可浮性，目前最有效的方法是通过加入浮选药剂，调节矿物的可浮性和改善气泡的性质，从而达到矿物上浮的目的。药剂制度是指生产过程中对所需添加药剂种类、药剂用量、配制、添加位置和方式等的总称，俗称“药方”。它是浮选工艺中的一个关键因素，对浮选指标有重大影响。

6.2.1.1 药剂配制方法

实际生产条件下，浮选药剂常常是配制成一定浓度的溶液加入到矿浆中，其配置方法包括：把固态的药剂溶解于溶剂中和将不同的浓度的溶液加以混合。配制方法的选择主要

根据药剂的性质、加药位置、添加方式和功能，常用以下方法：

（1）液态药剂直接应用。这类药剂不需要配制，而在生产中可直接用原药添加，如2号油、煤油等。

（2）配制成1%~10%的水溶液。这类药剂大多可溶于水，如黄药、硫酸铜、硫酸、水玻璃等。

（3）溶剂配制法。对于一些不易溶于水的药剂，在不改变药剂捕收性质的前提下，可将它溶于特殊的溶剂中。如白药不溶于水，但溶于10%~20%的苯溶液，配制成苯胺混合溶液之后使用。

（4）皂化。皂化是脂肪酸类捕收剂最常用的方法。如我国赤铁矿，用氧化石蜡皂和塔尔油配合作捕收剂。为了使塔尔油皂化，配制药剂时，添加10%左右的碳酸钠，并加温制成热的皂液使用。配置油酸时，先配好氢氧化钠溶液，然后再加油酸，搅拌皂化后使用。

（5）乳化。乳化的方法有机械强烈搅拌或超声波乳化等，脂肪酯类、柴油经过乳化以后，可以增加它们在矿浆中的弥散，提高效用。加乳化剂就更为有效，如塔尔油常与柴油在水中加乳化剂——烷基芳基磺酸盐。许多表面活性物质，都可以作为乳化剂。

（6）酸化。在使用阳离子捕收剂时，由于它的水溶性很差，因此必须用盐酸或醋酸进行质子化处理，然后才溶于水，供浮选使用。

$$RNH_2 + HCl \longrightarrow RNH_3Cl \quad (6-11)$$

$$RNH_3Cl \rightleftharpoons RNH_3^+ + Cl^- \quad (6-12)$$

（7）气溶胶法。气溶胶法是强化药剂作用的药剂配制新方法，其实质是使用一种喷雾装置，将药剂在空气介质中雾化以后，直接加到浮选槽内，故也称为“气胶浮选法”。某选矿厂的实验证明，将捕收剂，起泡剂等，与空气混合制成气溶胶，直接加入浮选矿浆内，这不但改善了铜、铅矿物的浮选，而且药耗显著下降。捕收剂仅为通常用量1/4~1/3，起泡剂（甲基戊醇）为通常量的1/5。我国实验用气溶胶法加药也证明，药剂用量可降低30%~50%。

（8）药剂的电化学处理。药剂的电化学处理是在溶液中通以直流电对浮选药剂进行电化学作用。该法可改变药剂的本身状态、溶液的pH值以及氧化还原电位值，从而提高药剂最有活化作用组分的浓度，提高形成胶粒的临界浓度，提高难溶药剂在水中的分散程度等。

6.2.1.2 加药的位置及方式

一般情况下，浮选药剂的确定都是在小型实验的基础上，通过对实验结果的分析而确定的。其加药点的选择及方式，都充分考虑矿石的特性及其工艺的具体条件、药剂的用途、溶解度。通常矿浆调整剂加入磨矿机中，可消除原矿中或破碎中起活化或抑制作用的“难免”离子对浮选过程的有害影响。抑制剂加在捕收剂前，也可加到磨矿机中，活化剂常加入搅拌槽，在槽中与矿浆作用一定的时间。捕收剂和起泡剂或同时具有捕收、起泡作用的药剂加到搅拌槽和浮选机中，而难溶的捕收剂（如甲酚黑药、白药、煤油等），为促使其溶解和分散，延长与矿物的作用时间，也常加入磨矿机中。

常见的加药顺序有：

（1）浮选原矿时：调整剂—抑制剂—捕收剂—起泡剂。

（2）浮选被抑制的矿物时：活化剂—捕收剂—起泡剂。

加药可采用一次添加、分批添加两种方式。一次添加是将某种药剂在浮选前一次加入矿浆中，从而在某作业点的药剂浓度较高，作用强度大，添加方便。一般对于易溶于水的、不致被泡沫机械地带走，并且在矿浆中不易起反应而失效的药剂（如苏打、石灰等），常采用一次加药。分批加药是将某种药剂在浮选过程中分批加入。一般在浮选前加入总量的60%～80%，其余30%～40%分几批加入适当作业点，这样可以维持浮选作业线的药剂浓度，有利于改善精矿质量，与一次添加相比，可获得较高的回收率和降低药剂成本。对于以下情况，则应采用分批添加：

（1）难溶于水的，易被泡沫带走的药剂，如油酸、脂肪胺类捕收剂等。

（2）在矿浆中易起反应的药剂，如二氧化碳、二氧化硫等。

（3）用量要求严格控制的药剂，如硫化钠，局部浓度过大，就会失去选择作用。

6.2.1.3 药剂合理添加

浮选过程中药剂制度的最佳化和准确控制药剂用量，对浮选过程的稳定，最大限度降低药耗，获得最佳的经济技术指标有着重要的影响，也就是说浮选药剂用量必须准确，才能获得较高的指标。当药剂用量不足，浮游矿物疏水性不好，回收率低；药剂用量过多时，部分被抑制的矿物浮游，同时被抑制的矿粒会造成气泡表面的竞争附着，而减少浮游矿物上浮的几率，也就影响回收率的提高和精矿的质量。

如何准确地控制药剂用量，主要通过实验室实验和工业实验，了解矿浆中药剂和矿物之间、各种药剂浓度的互相关系，对浮选指标产生的影响因素等。在浮选厂中，如果已知所使用的药剂和单位消耗量、配制药剂的浓度为计算输往作业中所必需的药剂溶液数量，可按式（6－13）计算。

$$x=\frac{bQ}{m\times 60}\times 10^{3} \tag{6-13}$$

式中 x——消耗药剂溶液的数量，mL/min；

b——吨矿药剂的消耗量，g/t；

Q——小时处理矿石量，t/h；

m——药剂浓度，g/L。

当计算在实验室实验所需药剂消耗时，可利用式（6－14）计算。

$$x=\frac{bQ}{m}\times 10^{3} \tag{6-14}$$

式中 x——消耗药剂溶液的数量，mL；

b——吨矿药剂的消耗量，g/t；

Q——矿石质量，g；

m——溶液浓度，g/L。

以原状溶液药液形式添加到浮选过程中，体积（如松油等）按式（6－15）进行计算。

$$x=\frac{bQ}{60\Delta}\times 10^{3} \tag{6-15}$$

式中 x——消耗药剂溶液的数量，mL/min；

b——吨矿药剂的消耗量，g/t；

Q——小时处理矿石量，t/h；

Δ——药剂密度，g/L。

在实验室的实际工作中，当添加液体药剂时，按滴数来计算药剂用量的多少使用起来也很方便。为此，必须计算一定质量的该药剂的滴数。

实验室中2号油常采用此法加入，如2号油100滴总质量为300mg，则一滴油的质量为3mg。如需加入1/2滴时，需先将2号油滴到滤纸上，等待油完全铺平成圆形，再用剪刀剪下一半，加入到槽内。1/4、1/3类似此做法。

实验前，准备的药剂数量要满足整个实验用，并密封储存于干燥器中。药剂使用前，必须了解和检查所用的药剂成分、纯度、杂质含量和来源，查明是否变质。

水溶性药剂配成水溶液添加。为便于换算和添加，当每份原矿试样质量为500g时，对每吨原矿添加几十至一二百克用量较小的药剂，可配成0.5%的浓度，用量较大的药剂可配成5%的浓度。当原矿量为1kg时，根据药剂用量大小可分别配成1%和10%两种浓度。所谓10%的浓度是指100g溶液中含药剂量10g，配置时用容量瓶先量取约50mL的水，称量10g药剂加入到水中，不断的水平方向摇动（防止溅出），待水溶后，放置容量瓶与水平台上，用洗耳球或洗瓶加入水至100mL刻度处。

$$V=\frac{qQ}{10c} \tag{6-16}$$

式中 V——添加药剂溶液体积，mL；

q——单位药剂用量，g/t；

Q——实验的矿石质量，kg；

c——所配药剂浓度，%。

添加水溶性药剂的量具可用移液管、量筒、量杯等。选择量具时，必须根据每种药剂的用量而选用适当大小的量具。

非水溶性药剂，如油酸、松醇油、黑药等，采用注射器直接添加，但需预先测定每滴药剂的实际质量，可用滴出10滴或更多滴数的药剂在分析天平上称量的方法测定。必要时亦可用有机溶剂如乙醇溶解，但必须确定溶剂对浮选的影响。另一个办法是在药剂中混入适宜的表面活性化合物，进行激烈搅拌，使之在水中乳化，例如油酸中加入少量油酸钠。

难溶于水的药剂，可以加入磨矿机中，如石灰可以以固体形式添加在磨矿机中。

由于分解、氧化等原因变质较快的药剂，配制好的溶液不能搁置时间太长，如黄药、硫化钠之类的药剂，必须当天配当天用。

6.2.2 矿浆调控

实验室浮选机的主体部分是充气搅拌装置和槽体。型号与规格主要由这两部分的差别决定。国产的浮选机型号有XFG和XFGC挂槽式、XFD单槽式和XFD-12多槽浮选机，用于选煤的有XFDM型浮选机。

挂槽浮选机的搅拌装置为装在实心轴上的简单搅拌叶片，空气完全靠矿浆搅拌时形成的旋涡吸入，吸入的空气量随搅拌叶片与槽底距离而变，实验前要特别注意调整其距离。

位置调好后，整个实验就应固定在此位置上。槽体较大的挂槽浮选机的充气最常感不足。给矿量大于500g以上时，特别是对于硫化矿的浮选，多用单槽浮选机。挂槽浮选机的槽体是悬挂的有机玻璃槽，规格从最小的5~35g到最大的1000g。

单槽浮选机的充气搅拌装置是模拟现有生产设备制成，它由水轮、盖板、十字格板、竖轴，充气管等部件组成，并设有专门的进气阀门调节和控制充气量，带有自动刮泡装置。其规格有0.5L、0.75L、1L、1.5L、3L及8L六种，除了8L的槽体是固定的金属槽外，其余小规格的浮选机都是悬挂的有机玻璃槽。

为了提高实验结果的重复性，减少实验误差，便于操作，国内外设计并制造了一些自动化程度较高的实验室浮选机。如国产XFDC型和RC型立式、台式实验室精密浮选机，具有无级调速、液位调整装置、充气量调整装置、酸度和转速数字显示装置等，国外已设计出能稳定硫化矿浮选时氧化-还原电位、pH值和带自动加药装置等浮选机。

6.2.2.1 搅拌调浆

搅拌的目的是使矿物颗粒悬浮，提高药剂作用效果，并使气泡与矿粒达到有效的接触。调浆搅拌是在把药剂加入浮选机之后和给入空气之前进行，目的是使药剂均匀分散，并与矿物作用达到平衡，作用时间可以从几秒至半小时或更长。在调浆过程，一般浮选机应尽量避免充气。若使用具有充气阀的单槽浮选机，则应将气阀关闭；若使用挂槽浮选机，则应将挡板提起；若使用倒向开关启动浮选机，亦可使搅拌叶轮反转。有时需不加药剂预先充气调浆，以扩大矿物可浮性差异，如某些硫化矿的分离。一般调浆加药顺序是：pH调整剂、抑制剂或活化剂、捕收剂和起泡剂。

6.2.2.2 泡沫控制

产生气泡的方法包括浮选机搅拌充气、压入空气、抽真空从溶液中析出微泡和电解起泡（将水电解，产生氧和氢气泡）等。

根据浮选过程观察泡沫大小、颜色、虚实（矿化程度）、韧脆等外观现象，通过调整起泡剂用量、充气量、矿浆液面高低和严格操作，可控制泡沫的质量和刮出量。泡沫的体积的控制通常是靠分批添加起泡剂达到。充气量是靠控制进气阀门开启大小（挂槽浮选机是靠调节叶轮与槽底的距离）和浮选机转速进行调节。实验中阀门开启大小（或叶轮与槽底距离）和转速一经确定，就应固定不变，以免引入新的变量，影响实验的可比性。控制矿浆液面高低，实质是保持最适宜的泡沫层厚度。实验室浮选机泡沫层一般控制在5~20mm，使矿浆不致溢入泡沫盛器。由于泡沫的不断刮出，矿浆液面下降，为保证泡沫的连续刮出，应不断补加水。如矿浆pH值对浮选影响不大，可补加自来水。反之，应事先配成与矿浆pH值相等的补加水。人工刮泡时，要严格控制刮泡速度（频率）和深度，如果操作不稳定，实验结果就很难重复。黏附在浮选槽壁上的泡沫，必须经常把它冲洗入槽。开始和结束刮泡之时，必须测定和记录矿浆pH值和温度。浮选结束后，放出尾矿，将浮选机清洗干净。

6.2.3 产品处理

浮选实验的粗粒产品可直接过滤。若产品很细或含泥多，可将矿浆先倒入另一容器中，将粗砂先倒入，若过滤仍然困难，此时可直接放在加热板上或烘干箱中去蒸发；也可以添加凝聚剂，如加入少量酸或碱、明矾等加速沉淀，抽出澄清液并烘干产品。在烘干过程中，温度应控制在110℃以下，温度过高，试样氧化导致结果报废，例如硫化矿物在高温下，S氧化成SO_2挥发掉，导致样品品位变化。浮选产品烘干称重后，必须缩分和磨细供化学分析，供化学分析的试样粒度应小于0.10mm或更细。

6.3 矿样取样、缩分方法

6.3.1 采样一般要求

试样是选矿实验的物质基础，是实验中研究的主要对象。试样采集的准确性和代表性关系实验结果的可靠性和结果，例如品位是一个质量指标，其真值是无法知晓的，需要通过采样、试样加工、分析才能获得近似真值的数据；回收率是一个数量指标，它的大小好坏更是无法知晓，而是通过原、精、尾品位计算出来的，原、精、尾的品位稍有偏差，回收率计算的结果就可能变化很大。因此，采样的准确性和代表性对表征选矿实验结果很重要。

6.3.1.1 *矿床采样要求*

矿床采样是根据该矿区的采样量以及该矿区能够采样的矿体暴露面大小而定的，矿床采样工作主要包括采样设计、采样方法、采样施工等，这里主要介绍试样的代表性和采样设计。

A 试样的代表性

试样的代表性主要表现在以下三个方面：

(1) 试样的性质应与所研究矿体基本一致，具体包括：1）试样中主要化学组分的平均含量（品位）和含量变化特征与所研究矿体基本一致；2）试样中主要组分的赋存状态，如物相组成、矿石结构、嵌布粒度等与所研究矿体基本一致；3）试样的理化性质与所研究矿体基本一致。

(2) 采样方法要符合矿山生产的实际情况，具体包括：1）所选采样地段与矿山的开采顺序相同；2）选矿实验要用的矿样与矿山生产时的产品方案一致；3）试样配入的围岩和夹石的性质和比例与生产实际情况一致。

(3) 要注意到不同性质的试验对试样的不同要求。例如，在矿床勘探初期，通常需对不同工业品级（如贫矿、富矿、表外矿）和自然类型（如硫化矿、氧化矿、混合矿）的矿石分别采样进行可选性试验，作为地质部门正式划分矿石类型和圈定工业矿体的依据，并对这些不同品级和类型的矿石是否可能采用统一的选矿原则流程作出初步估计。矿床勘探后期，则通常需在对不同类型样分别研究的基础上，采取（或利用原有试样配成）组合试样进行试验，以便最后确定不同类型样应采用同一原则流程还是必须采用不同的原则流程，并据此确定矿山产品方案和选厂设计方案。另外还应注意实验室试验、中间试验和工业试验对试样的不同要求。

B 采样设计

采样设计的任务是选择和设置采样点，进行配样计算，并据此分配各个采样点的采样量。在地质勘探工作中，为了查明矿石的化学组分的品位，并据此计算有用组分的储量，常需系统地采取化学分析试样。为了反映矿石的品位变化，要将所取试样划分为许多小的区段，每一个小的区段组成一个化学分析单样，或简称为“样品”，每一个样品的化验结果代表该区段矿石各组分的品位，因而每一个样品所代表的区段即可看作一个采样点。如刻槽采样时，根据矿石类型和组分分布的均匀程度，可将每0.5~3m（常用1~2m）长的刻槽样作为一个样品，分别化验；钻探采样时，也可将每1~1.5m的岩芯作为一个样品。

选矿实验样品的采取，是在已有地质资料的基础上进行的，因而没有必要像地质化验样那样沿整个勘探工程系统地采取，而只是从中选取一部分有代表性的地点，作为“采样点”，但采样方法和每点的采样长度不一定与地质采样时完全相同，一个采样点可不止包含一个地质化验单样。在有关地质采样方面的规程和报告中，谈到采样点数目时，有时是按地质化验单样计，有时则是按采样地点计，应注意区别。

6.3.1.2 采样点的布置

采样点的布置，应在对矿床地质综合研究的基础上，主要根据对试样代表性的要求确定。

（1）应选择能充分代表所研究的那部分矿石的特征而原有勘探工程质量又较好的地点作为采样点，但也要照顾到施工运输条件。

（2）应充分利用已有勘探工程（坑道或钻孔岩芯）采样，尽量避免开凿专门的采样工程。

（3）应选择矿石工业品级和自然类型最多、最完全的勘探工程作为采样工程，这样就可以在较少的采样工程内布置较多数量的采样点，减少采样工程量。

（4）采样点应大致均匀地分布在矿体的各部位，不能过于集中。沿矿体走向在两端和中部都应有采样点，沿倾斜方向在地表、浅部和深部也都应有采样点。但矿体很大时，应考虑分期采样，即采样点应主要布置在前期开采地段。

（5）采样点的数目，应尽可能多一些，但也要照顾到施工条件。一个工业品级或自然类型的试样，采样点不能少于3~5个。

6.3.1.3 配样计算

将各类型样配成组合样时，组合试样中各工业品级和自然类型矿石的比例应与矿山生产时的出矿比例基本一致，矿山开拓方案未定时，则可先按储量比例配矿。采样设计时，就应根据所要求的配样比例计算和分配各个类型样的采样数量。

由于每个类型样均包括几个采样点，因而算出各个类型样的采样数量后还要计算和分配各个采样点的采样量。各点样品的配入质量原则上应与该点所代表的矿量成比例。在实践中往往是直接根据矿体中矿石的品位变化特征，按地质样品中各个品位区间的试样长度占全部样品总长度的百分比分配采样量。

例如，某矿体在地质勘探中是用穿脉坑道揭露，刻槽总长为100m，每2m作为一个化学分析单样，故共有50个样品。化验结果表明，有用组分品位变化特征如下：品位为0.2%~0.4%的样品6个，样槽共长2×6=12m；0.4%~0.6%的14个，样槽共长28m；0.6%~0.8%的20个，样槽共长40m；大于0.8%的样品10个，样槽共长20m。由此算出各个品位区间样槽长度百分比分别为12%、28%、40%、20%，这就是采样时对各品位区间试样量的配比要求。矿产普查勘探早期对不同自然类型、不同品级的矿样进行选矿实验研究，一般是由地质部组织进行的。它是进一步为划分矿石自然类型和工业类型提供基本资料，是确定矿床是否具有工业利用价值和能否进入详勘的重要依据。实验研究结果作为矿床工业评价和制定工业指标、计算矿床储量的根据，也可作为矿石组成简单、易选的小型选厂的设计资料或矿石性质复杂、难选的中、小型选的初步可行性研究，并为实验室工艺流程实验采样提供基础资料。对可行性研究实验矿样，要求能反映出主矿体、主要矿石自然类型、品级、主要组分含量、矿物物相、矿石结构、构造、嵌布特征以及泥化、氧化、可溶性盐类的含量等。

6.3.1.4 矿石可选性实验矿样的采样要求

矿石可选性实验首先应进行工艺矿物学研究，着重研究矿石的主要物质组分、结构构造、元素赋存状态等，以指导可选性实验。实验所采用的物理分选方法和化学分选方法，应在一般认为具有工业实践意义和在常规的流程条件下能获得最终的分选产品而所确定的分选方案和技术指标，应按国家部颁标准，做出经济预留和估算并进行论证矿石可选性实验。

对采样的一般要求如下：

（1）应对矿床内不同自然类型或品级的矿石采取类型样它应代表该类型或该品级矿石的储量。详细研究矿石可选性实验可按各类型的储量比例，采取混合样。

（2）采取的矿样应能代表全矿床地质平均品位及其化学成分。伴生的有益和有害组分的含量应与该类型矿石相近。

（3）矿样应反映矿石的组成矿物、结构构造、物理化学性质等全部特征。

（4）围岩、夹石及其比例应与该矿床相近。

（5）当边界品位尚未确定时，应单独采取低品位矿样。

（6）矿床中原生矿与氧化矿尚未划清时，应在不同地段和区间采样。

（7）深部矿石和浅部矿石性质差异较大时，应分别采样。

（8）其他特殊要求，如铁矿石中含有大量的硅酸铁时，则必须按照不同品级采样。

6.3.2 矿床采样方法

根据矿产资源开发利用整体规划的任务，确定矿床采样的原则和制订矿床采样方案。特别是为建厂设计提供依据的实验室工艺流程实验矿样，应在地质勘探结束和矿山开拓方案初步确定的前提下进行采样。正确的采样方法是保证矿样代表性的必要条件。由于采样对象、用途和地点不同，采样方法也不完全相同，矿床采样是根据该矿区的采样量以及该矿区能够采样的矿体暴露面大小而定。矿床采样方法主要有刻槽法、剥层法、爆破法、方格法、岩芯劈取法等几种。

6.3.2.1 刻槽法

刻槽法是在矿体上开凿一定规格的槽子，槽中凿下的全部矿石作为样品。当槽断面的规格较小时，完全用人工凿取。规格大时，可先采用浅孔爆破崩矿，再用人工修整，以达到设计要求的规格形状。如在矿体呈脉状、层状等暴露面积较小的情况下，采样点的数目很多，常采用刻槽法。

刻槽应当布置在矿物组成变化最大的地方，亦即是在垂直矿物走向的地方，所以刻槽的方向应垂直于矿体的走向，在沿矿体的厚度方向上布置，且尽可能使样槽通过矿体的全部厚度；各样槽间的距离要相等，各槽的断面积要一致。

根据矿床性质不同常改变刻槽的方式，刻槽形状则随巷道的性质而定，一般为长方形、圆形、环形、螺旋形等。当矿化比较均匀、矿体比较规则时，多采用长方形直线横向刻槽和纵向刻槽。在水平巷道或垂直巷道里，当矿物组成沿长度的分布很不均匀时，则可采用螺旋形刻槽，矿物组成越不均匀，螺距应越小。若巷道太长，最好不用螺旋状或环状刻槽采样法，而采用环形或螺旋状布点采样法。点距和各采样点的容积必须保持相等。

在地表探槽中采样时，样槽既可布置在槽底，也可布置在壁上。在穿脉坑道中采样时，在坑道的一壁布置样槽，若矿体品位和特征变化很大，则需在两壁同时刻槽，合并两壁的样品成一个样品。在沿脉坑道中采样时，在坑道的两壁和顶板布置样槽，每隔一定距离布置拱形样槽，或沿螺旋线连续刻槽，一般均不取底板，若矿体较薄，且主要暴露在顶板，矿样也只能从顶板上采取。在浅井中采样时，样槽布置在浅井的一壁或两对壁。

样槽断面尺寸主要取决于保证采样的准确性和所需矿样的质量和粒度，槽间距离取决于矿化程度。对于常见的金属矿床如铁、铜、铅、锌、钨、锡等矿床。一般当矿样质量不少于100kg时，其矿块粒度应小于25mm，所以，对于粗粒均匀浸染矿石，其刻槽深度最好为50~100mm，不能小于25mm。对于细粒浸染矿石，刻槽深度应为1~25mm。刻槽宽度应大于深度，一般为100mm。

6.3.2.2 剥层法

剥层法适用于矿层薄、矿脉细以及矿石品位分布不均匀矿床的采样。假如在一个巷道内要取的矿样质量很大，而采样面积又很小，用刻槽法所取的样品量过少，不能满足需要时，应采用剥层法。剥层采样法就是在工作面底盘上铺上帆布或薄铁板，然后对逐个暴露的矿体全部剥下一层，收集在帆布或铁板土，作为试样。

剥层的深度取决于欲采矿样的质量和研究所需矿样的粒度。一般情况下，25mm左右的矿块即可满足实验要求，所以，剥层深度一般为10~20cm为宜。

6.3.2.3 爆破法

爆破法是在坑道内穿脉的两壁、顶板（通常不用底板）上，按照预定的规格钻孔爆破，然后将爆破下的矿石全部或从中缩分出一部分作为试样。爆破采样法适用于要求矿样量很大、矿石品位分布非常不均匀的情况。采样规格视具体情况而定，通常长和宽为1m左右，深度多为0.5~1.0m。

6.3.2.4 方格法

方格采样法应用于采样面积较大而采样量又不多的情况下。其方法是在采样的面上划上格网，从格网交点采样。格网可以是菱形、正方形、长方形。采样点个数视矿化的均匀程度及采样面积的大小而定。若矿化均匀，采样点可以少些，其交点距离可大于2m。若矿化不均匀或矿石成分复杂，则采样点就要多，其间的距离也要小些。圈定格网范围时，应当包括现有的采矿方法条件下可能采下来的、不符合工业品级要求的脉石部分。

6.3.2.5 岩芯劈取法

在以钻探为主要勘探手段，客观上又不允许进行坑道采样时，实验样品可从钻探岩芯中劈取。在劈取岩芯时，必须沿岩芯中心线垂直劈取1/2或1/4作为样品，所取岩芯长度均应穿过矿体的厚度，并包括必须采取的围岩和夹石。

6.3.3 分选过程采样

任何一个分选过程与取样总是分不开的，因为仅仅只有采用相应的测试才能确定原矿和分选产品的质量、计算工艺指标。所以，在选厂的生产和选矿实验中，为检查、控制和分析、研究分选工艺过程，为设计和生产提供原始技术数据，要对一系列产品及辅助物料进行采样。不同的取样对象需要采取不同的取样方法，下面分别加以讨论。

6.3.3.1 静置松散块状物料的采样

A 矿堆采样

矿石堆或废石堆是在生产过程中逐渐堆积形成的，物料的性质在料堆的长、宽、深三个方向上都是变化的，再加上物料的粒度大，因而采样工作比较麻烦。常采用的方法有舀取法和探井法。

(1) 舀取法（也称攫取法）。一般用点线法，即在待采样矿堆的整个表面上，划出一系列平行于锥底的相间0.5m的横线（最底下一条线与矿堆底相隔0.25m)，然后在线上相隔0.5~2m处布设一个采样点。采样的方法是用铁铲垂直于矿堆表面，挖出深为0.5m的小坑，在坑底采样。各点采取的样品质量应正比于各点坑至堆底的垂距，将所有各点采集的样品混合拌匀，即为该矿堆的样品舀取法实质上是在料堆表面定地点挖坑采样，所以，又称作挖取法。

影响舀取法采样精度的主要因素：1) 矿块粒度矿块中有用成分的分布均匀性及其按粒度和密度的析离作用、物料组成沿料堆厚度方向分布的均匀程度；2) 采样网的密度和采样点的个数；3) 各点的采样量。

(2) 探井法。随着矿石的堆积，从矿堆的堆顶到堆底，矿石的物质组成和粒度组成均有很大的变化。若只局限于从矿堆表面采样，其结果很难正确，因为矿堆底部的矿块和粉矿的比率与表面不同，其金属含量也不相同，所以，在矿石的理化性质变化较大的矿堆上采样，应从矿堆上开凿采样井采样，这种采样井必须从矿堆表面垂直挖到堆底。探井数目及其排列应视矿石中金属含量的变化程度、采样目的等不同，按具体情况确定在挖井时，每进一层（1~2m)，必须将所挖出的矿石分别堆成几个小堆，再对每堆以舀取法采样。若矿块和粉矿中金属含量很不均匀，在舀取之前应事先筛出粉矿，求出其质量分数，然后再分别从块矿和粉矿中用舀取法采样。再将它们按一定的比例合并为一个样品。

如果矿堆是磨细物料，如先前堆存的老尾矿，则可利用探针进行采样。探针法与探井法无本质差异，只是不挖探井，而以探针或探管垂直插入矿堆中采出试样。在尾矿堆中采样时，还必须注意尾矿的堆积过程是由水冲进沉淀池或尾矿场沉积而成，其最重的颗粒均聚积于尾矿溜槽口附近处。采样时，必须按放射状直线排列采样点，而且应从倾注尾矿的溜槽口开始采样。距溜槽口越远，采样点间的距离可越大。

探井法的主要优点是可沿着料堆的厚度方向采样。但由于工程量大，采样点的数目不可能很多，因而在沿长度方向和宽度方向的代表性不及舀取法。

B 在矿车中采样

从矿车或铁路运输的车厢中采样应注意的问题：（1）物料中含有较多的矿粉时，由于装车产生偏析，块矿滚落到矿车边缘，而中间多为细粉，通常块矿和粉矿性质不同，因此应多设采样点；（2）由于车厢在运行途中发生摇动和振动，使重矿物逐渐下沉，如果运输距离很远，物料中矿物间的密度差又很大时，就容易使细粒矿粉通过大块间隙漏至车底，产生隙溜、分层现象，对此应采用分层采样法；（3）车厢大小。车厢大时，采样点应多些；（4）车厢数目，如果整个待采样的矿石所占车厢数目多，则每车厢的采样点可相应少些。

（1）简单的表面攫取法（目测法）。目测法采取试样是最简单的人工采样方法。这个方法就是从被采样料堆上（任意点或按一定的间隔）用铲子或卷边铁铲采取少量的物料。在矿车的矿石表面布设若干采样点，将表面划成矩形或正方形（图 6－2），25t 的车厢设 12 个点，50t 的车厢设 15 个点。当矿石是大块时，采样点可借绳制的网格来做记号。网的结点间距 0.5m，从每车厢约 32 个结点下面采样，或者采样者从车厢一边或者一端的点开始，以一定的间隔测出采样点。在采样点上可用人工攫取，或者用铁铲掏出 0.25 ~ 0.5m 深的小坑作为点样，各个点样混合后即为该矿石样品。

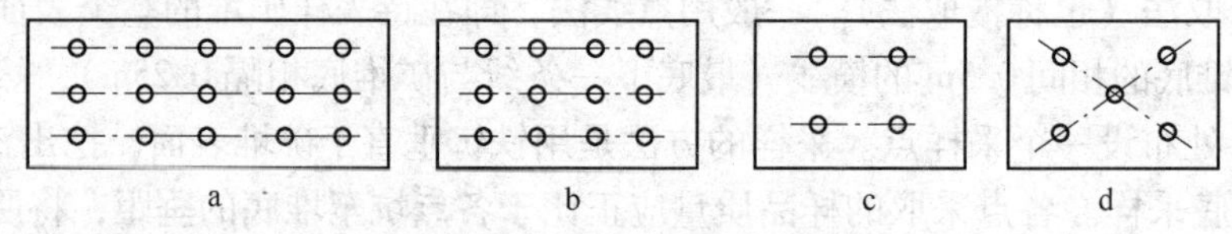

图 6－2 矿车采样点布置图

a—载重 50t 的火车车厢采样点布置；b—载重 25t 的火车车厢采样点布置；
c，d—载重 5 ~ 10t 的小矿车或汽车的采样点布置

（2）分层采样法。对于矿车中分布极不均匀的矿石，可用分层采样法采样。该法一般多在装车或卸车时进行，先将车厢 1/6 高度的表面层去掉，然后用表面攫取法采样，接着将车厢 1/2 高度的上部矿层去掉，同样用表面攫取法采样。一般分两层，将两层各点所采的点样混合，即为该矿车的样品。

（3）择取法。在矿石混匀，或在矿石装载、卸载，或用铲子将矿石由一处移往另一处转载时可采用择取法采样。采样的方法根据所需的或希望得到的试样的质量，择取第 n（如每一个第二、第三、第四、第五或第十）份（铲、勺、挖掘器、小车等）取入试料。一般实践中在从车厢卸料时采取第五或第十铲，为了获取最终试料，则采取第二铲。对大批矿石来讲，用铲子择取比用古老的标准采样方法——环锥法和四分法要好一些。当采取第二铲时，部分择取法较精确，且较可靠，花费少，速度快，所需的地方小，多次地择取单独的物料份数，能保证采样的精确性。

6.3.3.2 静置松散粉状物料的采样

此种物料一般采用探管法采样，先将矿堆或矿车中的细粉物料划出若干个采样点，然后在采样点上将探管由上而下地插入底部，矿样即进入探管内，拔出探管后将样品倒出。

A 精矿采样

精矿采样包括对精矿仓中堆存的精矿和装车待运的出厂销售精矿的采样。精矿是经过磨碎的物料，粒度细、均匀、级差小，因此，可以不考虑粒度引起的析离作用。通常用探管采样，采样点均匀布置在精矿所占的面积内。

在汽车或火车车厢内采样时采样点的布置如图 6-3 所示。采样布点的数目对矿样的精确性有直接的关系，布点数目越多，精确性越高。但采样点过多势必造成矿样数量增大，增加加工工作量，耗费过多的人力、物力，所以采样点的数目要根据具体情况来定，但至少不得少于四个点。

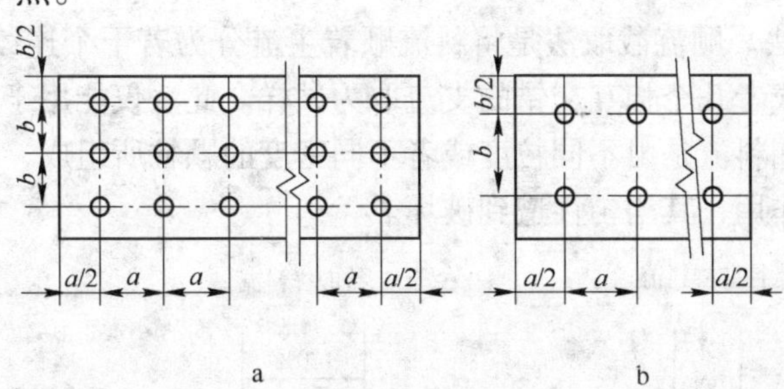

图 6-3 从车厢内采样时采样点的布置

a—布点较稠密；b—布点较稀疏

探管在垂直插入矿堆采样时，应具有足够的长度，以便能达到所需的深度。探管采样时，采样点分布要均匀，每点采样的数量基本相等，表层、底层都要能采到。

B 尾矿采样

尾矿采样通常是在尾矿池（库）中进行常用的办法是钻孔采样，可以是机械钻，也可以是手钻，或者是用普通的钢管人工钻孔采样。采样的精度主要决定于采样网的密度，采样点之间的距离为 500 ~ 1000mm。一般沿整个尾矿池（库）的表面均匀布点，然后全深钻孔采样。由于尾矿池（库）的面积较大，采样点多，采出矿样的数量大，因此，需要根据不同的用途，混匀缩分，得出合适的所需质量作为成样。

6.3.3.3 移动物料的采样

移动物料是指运输过程中的物料，包括电机车运输的原矿、皮带运输机及其他运输设备上的矿石、给矿机和溜槽中的料流、流动中的矿浆等。选厂常用的移动物料的采样方法是横向断流截取法。其要点是每间隔一定时间，垂直料流运动方向，截取少量物料作为试样，然后将一段时间内截取的各个分样累积起来作为总样，混匀、缩分出一定量的样品，供分析和分选实验用。

A 重点法

重点法可用于任何物料的采样，其精确度大于攫取法而接近四分法。采样操作是每隔一定时间，采出一定数量的物料作为小样，经一定时间将所采的各个小样综合为该时间内的样品。

在运输块状物料过程中，采用抽车采样的方法。抽车采样的代表性取决于抽车频率、从矿山运来的矿石对所研究的矿床和矿体是否具有代表性。抽车采样主要是为半工业或工业实验提供实验矿样，同时也可从中测定矿山采出矿石的原始粒度、含水量和含泥量等有关基本数据。抽车采样的方法是：将由坑内或露天采场用矿车运来选矿厂的矿石中每第五矿车、第十矿车或第二十矿车抽出作为试样，其间隔多少主要取决于采样期间来矿的总车数和所需试样的总质量。不论所需试样多少，抽取的总车数不得过少，否则，就不能保证试样的代表性。

B 截取法

截取法是最准确的一种采样方法。它是连续地或周期地从运动着的料流中截取一部分作为试样。按照截取的方式不同，截取法又可分为顺流截取法、断流截取法及顺流-断流联合截取法三种。

（1）顺流截取法。顺流截取法是将料流顺着主流分为若干个连续的支流（图6-4），然后将其中的一个或者几个相互交错的支流取为试样。此法仅能用于均匀物料，尤其是沿横断面要均匀。假如料流是由不同粒度或者不同密度的颗粒所组成，则沿着料流的厚度和宽度，因受到析离作用，其均匀性遭到破坏。

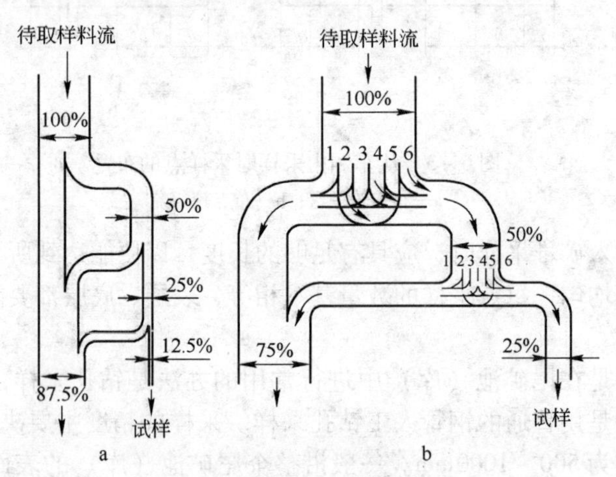

图6-4 顺流截取法

a—循序顺流截取；b—平行顺流截取

（2）断流截取法。断流截取法是经过一定的、相等的间隔时间，从料流中周期地截取相等数量的物料作为试样。图6-5所示为出料流横截面的各种形状。采用断流截取法

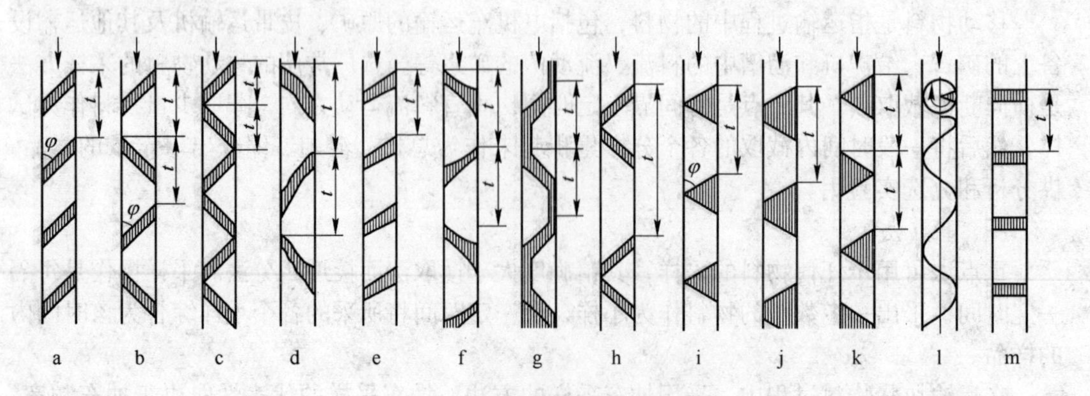

图6-5 出料流横截面的各种形状

a，b，c，h，k，l，m—正确的截面；d，e，f，g，i，j—不正确的截面

φ—料流截面角；t—采样间隔时间

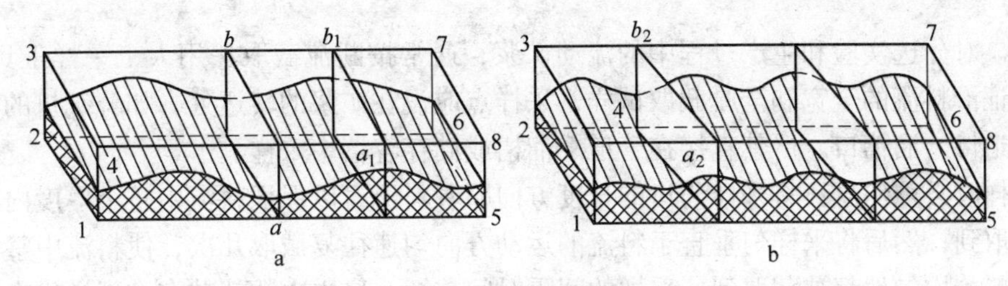

图6－6 断流截取法

a—金属含量不大；b—金属含量剧烈变化

1～8—料流

时，有用组分沿料流分布的不均匀性影响采样的精确度。为了尽可能地使有用组分沿料流的含量变化能全部地反映在试样中，应选择采样频率与有用组分含量的变化相适应，如图6－6所示。

在分选厂中载于皮带运输机上的固体松散物料，多为原矿石，常采用断流截取法采样。采样地点一般设在磨矿机的给矿皮带上，假如磨矿之前还有选别作业，就在选别前最后一段破碎产品的运输皮带上采样。中间产品采样，就在相应的皮带运输机的输送皮带上进行采样。总的原则是在不违背实验要求的前提下，应待矿石破碎到较小粒度时再采样，这时，采样的代表性较好。加工制样的工作量亦小些。

操作方法一般是用人工采样。即利用一定长度的刮板，每隔一定时间，垂直料流的运动方向沿料层的全宽和全厚均匀地刮取一份物料作为试样。采样间隔时间一般为15～30min，视采样的用途和质量而定。当一次截取的矿石量多、质量大、有时移动采样器械和工具比较困难或者皮带运行速度快、难以采准时，也可停车在皮带上刮取。

（3）顺流－断流联合截取法。顺流－断流联合截取法用于被采样料流太大，需要预先进行缩分（图6－7），或者用断流截取法采出的试样量太大（图6－8）的情况。选矿厂采样的研究和经验表明，断流截取法能保证移动物料采样的最大精确度。平行顺流截取法最适用于采出样品的缩分。

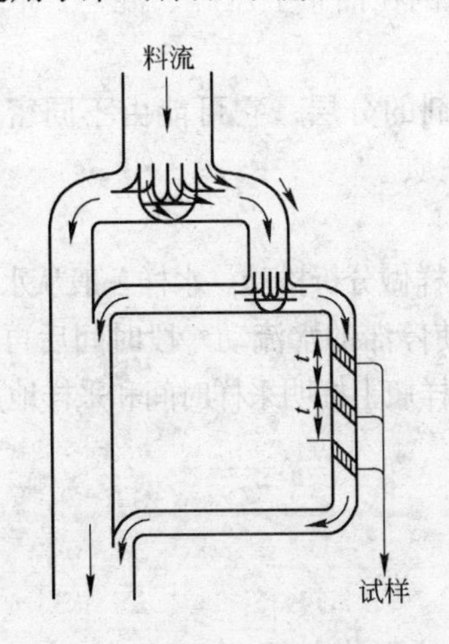

图6－7 顺流－断流截取法

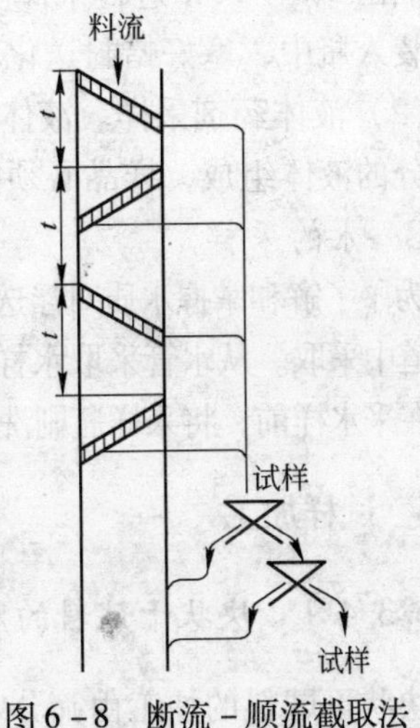

图6－8 断流－顺流截取法

6.3.3.4 流动矿浆的采样

从采样的观点来看应该在矿浆呈流动状态下进行采样。这样，可避免产生粗、细粒分层现象。对分选实验和生产过程中的流动矿浆，通常按断流截取法用人工采样工具采取。为了保证沿料流的全宽和全厚截取试样，采样点应设在矿浆的转运处，如分级机的溢流堰口、管道口、溜槽口。严禁直接在管道、溜槽或储存容器中采样。

采样时必须注意：将采样勺口的长度方向顺着料流，以保证料流中整个厚度内的物料都能截取到；然后将采样勺垂直于料流的运动方向匀速往复截取几次，使料流中整个宽度内的物料，均匀地都被截取到。采样的间隔时间越短，采样次数就越多，试样代表性相应就越强。人工采样一般为间隔 15 ~ 30min 取一次，机械采样 2 ~ 10min 一次。每次采样的时间间隔要相等，采样量基本上保持一致。

6.3.3.5 辅助物料的采样

A 磁化焙烧气体的采样

为了掌握焙烧过程中气体成分的变化，一般按一定时间采取入炉煤气和排出废气样品，还不定时地采取一些还原带和燃烧室内的气体样品做气体成分分析。对排出废气和入炉煤气可在排、送气管道中采样，其方法是用球胆与橡胶二连球接连一起，在二连球的另一端用橡胶管直接与气体管道的样管接合，即可开始采样。在采样之前，要先把球胆和二连球中的气体排净，而后抽取气体，抽后再次排净，第二次再抽的气体作为样品，将球胆结牢后送气体分析。对还原带和燃烧室内进行气体采样时，要在二连球的另一端连接一根不锈钢管，将其插入炉内抽取样品。

B 药剂的采样

在浮选实验中，需要对药剂进行采样作成分分析。一般采用分批采样、检查、储存和使用。药剂采样方法有：

（1）松散药剂采样。松散药剂一般散装，或者用袋或桶盛装。散装药剂的采样方法和静置松散粉状物料采样法相同。对用袋或桶盛装的药剂，应根据该批药剂的种类、数量从中抽出 2% ~20% 进行采样。上述方法采出的样品，倒在油布上压碎、混匀，取出一定质量装入瓶中，塞好蜡封送化验分析。

（2）液体药剂采样。液体药剂采样时，应注意药剂的分层，它可能由不同密度、不同成分的液体组成，样品必须能代表全部液体药剂的性质。

C 水的采样

为了了解和掌握水质对浮选过程的影响，需要采集水样做分析检验。水样一般从水源和供水管道中采取。从水管采取水样时先将水管龙头打开，使停滞的水流动一段时间后再采取样品。在采水样前，将采样瓶刷洗干净，水样采完后，在水样瓶上标明采样时间和采样地点。

6.3.4 试样加工

6.3.4.1 块状干试料的加工

块状干试料的加工由筛分、破碎、混匀和缩分四个主要作业组成。

A 筛分

试样破碎前的准备作业，以便细粒部分通过筛孔，不需破碎，仅需破碎粗粒部分。为此，要准备一套不同筛孔尺寸的筛子。随着加工缩分的进行，逐步进行筛分。筛上物送往破碎至全部通过筛孔。

B 破碎

一般在实验室小型颚式碎矿机、对辊机、盘磨机中进行。在每个样品破碎前，要清扫设备的各个部位，以免别的样品残留混入，影响矿样的代表性。不同品位矿样必须分别破碎，且先破碎低品位矿石样。

C 混匀

混匀是矿样缩分前必不可少的重要作业，为了获得均匀的样品，缩分前需要仔细混匀，混得越均匀，缩分后矿样的代表性才越强。通常用的混匀方法有：

（1）堆锥法。堆锥法用于大量物料的混匀，主要用于粒度不大于50～100mm、100～500kg试样的混匀。堆锥法就是用铁铲将矿样在钢板或扫净的水泥地上堆成锥状的矿堆。具体操作过程是：先将矿样以某一点为中心，分别把待混的矿样往中心点徐徐倒下，形成第一次圆锥形矿堆，进行混矿的两人，彼此互成180°角度站在圆锥两旁。从圆锥直径的两端用铲子由锥底将矿样依次铲取，放在距锥形堆一定距离的另一个中心点，两人以相同速度同一方向进行，将矿样又堆成新的圆锥形矿堆，如此反复5～7次（取单数），即可将矿样混匀。

（2）环－锥法（图6－9）。将第一次混后的圆锥形矿堆从中心往外推移，形成一个大圆环，然后自环外部将矿样再铲往环中心点徐徐倒下，堆成新的圆锥形矿堆，如此反复5～7次，也可将矿样混匀。

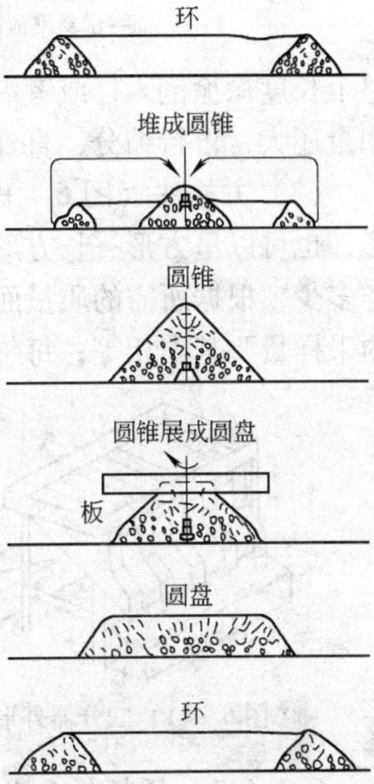

环
堆成圆锥
圆锥
圆锥展成圆盘
板
圆盘
环

图6－9 环－锥法混匀

（3）滚移法。对于分选产品、细粒及量少的试样采用此法。其操作过程是将试样放在漆布、油布或胶布中间，然后提漆布一角，让试样在漆布上滚到对角线后，再提起相对的另一角，依次四角轮流提过，则谓滚移一周。如此重复多次，直到试料混均匀为止，一般一个试料要滚移15～20周以上。

（4）槽型分样器法。槽型分样器法又称为间槽二分器法，少量细粒（5mm以下）或砂矿试样以通过槽型分样器反复进行二等分，也可达到混匀目的。

D 缩分

混匀的矿样通过缩分，才能达到要求的样品质量。常用的缩分方法有堆锥四分法、二分器法、方格法等。

（1）堆锥四分法。在采用环－锥法混匀矿样以后，采用堆锥四分法进行缩分，如图6－10所示。即将混匀的矿样堆成锥形，然后用薄板切入矿堆一定深度后，旋转薄板将矿锥展成平截头圆锥，继而压成圆盘状，再用十字板（或分样板）通过中心点，分隔为4份，取其对角部分合并为需要的矿样。如果缩分出的试样还多，依法再进行缩分，直至符合所需要的质量为止。

（2）二分器法（槽型分样器法）。二分器法适用于细粒物料缩分。二分器是用薄铁板制成，其形状如图6－11所示。为使试料能顺利通过小槽，小槽宽度应大于试料中最大颗粒尺寸的3～4倍。使用时，先将两个容器置于二分器的下部，再将矿样沿二分器上端的

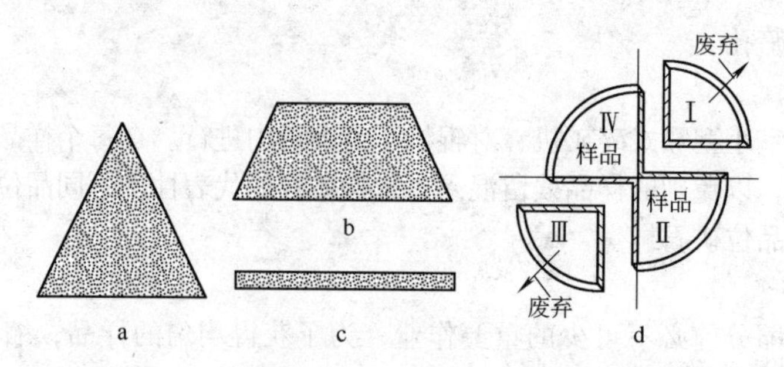

图6－10 堆锥四分法

a—试料堆成圆锥；b—压成平截头圆锥；c—压成圆盘；d—圆盘的平面图

整个长度徐徐倒入，或者沿长度往返徐徐倒入，使试料分成两份，取其一份为需要矿样。如量还大，再行缩分，直到满足要求为止。

（3）方格法（图6－12）。将混匀的试料薄薄地平铺在油布或胶布上，可以铺成圆形，也可以呈方形、长方形，然后划分成小方格，用小勺或平底小铲逐格采样。每小格采样多少，根据所需的质量而定。为了保证采样的准确性，必须注意方格要划均匀；各小格的采样量要基本相等；每勺或每铲都要挖（铲）到底。

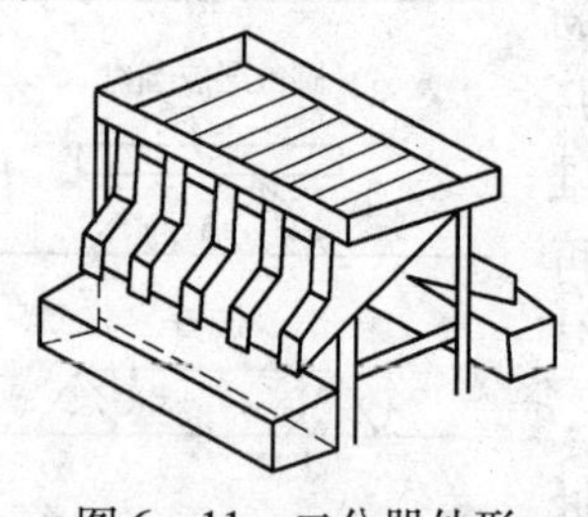

图6－11 二分器外形

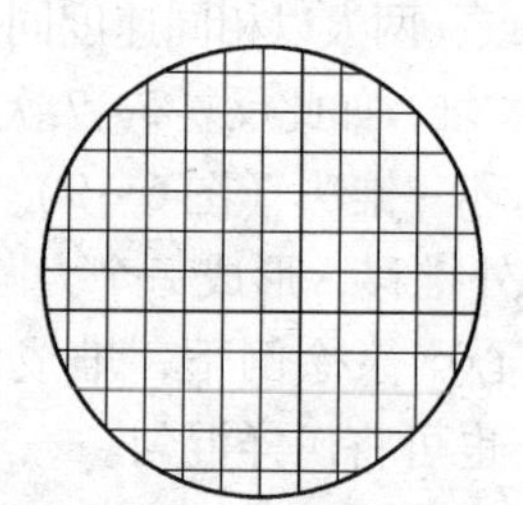

图6－12 方格法缩分试料

6.3.4.2 筛析样和水析样的加工

为了检查磨矿细度，评价磨矿、分级设备的工作效率，通常选厂要对磨矿机排矿、分级机或旋流器溢流进行采样，进行粒度测定。因为是粒度样，因此在试样加工过程中必须保证原物料的粒度特性不变。其具体加工程序是：

（1）缩分。通常可在矿浆缩分器或者二分器中进行，矿样和冲洗水要均匀地倒入缩分器中，使缩分后各个份样的质量相差不大。

（2）过滤。过滤前先将滤纸称重，记录在滤纸的一角，并夹好样品标签。详细检查滤盘盘面的滤孔有否堵塞等现象，以免局部真空抽力太大而将滤纸吸破，引起被过滤物随滤液透过滤纸。敷设滤纸时，关闭真空泵或抽气阀门，滤纸铺好后，用细水流均匀润湿滤纸，滤纸四周边缘与滤盘壁用手指轻轻按压，使滤纸与滤盘壁之间接触严密，防止漏气。真空泵开启后（或打开真空阀门），将一份缩分后的试样均匀、缓慢地倒入过滤盘内。过滤完后，关闭真空泵或真空阀门，取出滤纸，进行矿样烘干。

（3）烘干。一般在专用的烘箱中进行样品烘干。烘箱温度不宜过高，一般保持在105℃±2℃之间，以免将样品烤煳、滤纸烧焦。检查样品是否烘干，可将样品（过滤纸）取出，放在干燥的胶板、钢板或混凝土平台上，然后拿起样品，看在板上或平台上有无留有湿印迹，如没有，则说明样品已烘干；另一检查物料是否烘干的办法是每隔一定时间，从烘箱内取样称重，若相邻两次质量不变（即恒重），说明物料已烘干。

（4）称重。从烘箱内取出的物料冷却至室温时进行称重。

（5）水筛。将矿浆缩分器中分出的一份试料进行湿筛，或者烘干的物料浸泡在水中（此时不允许用碾磨的方式将烘干物料碾碎），进行湿式筛分。筛分时要分批投入试料（每批应少于100g），防止样品泼洒。检查筛分终点可采用一个盛有1/2～1/3水的脸盆，在其中进行湿筛，然后将筛子取出，检查盆中是否有筛下物料，若无，说明筛分已终了。湿筛在水中进行，一些细粒本应过筛，但因为水的浮力缘故，没有过筛。因此，湿筛后的筛上物还需烘干，进行干筛检查。根据多数选厂实际数据统计，湿筛后对筛上物不再烘干、干筛，其细度（指-0.074mm）一般偏低（3%～5%）。

（6）筛上物过滤烘干操作方法同上。

（7）干筛。筛上物烘干后，用白铁皮分样板等轻轻将结团压碎分开，进行研磨。待物料冷至室温后再放入筛中进行干筛。用胶布、油布或白纸，在其上边进行检查筛分，如果1min内通过筛孔的物料少于筛上残留物料的0.1%（在个别要求快速或精确度不太高的情况下，规定不超过1%），认为已到筛分终点。

（8）称重。对各粒级的干样称重。

（9）物料细度计算。

$$\text{物料细度}=\left(1-\frac{\text{筛上物料重}}{\text{物料总重}}\right)\times 100\% \qquad (6-17)$$

6.3.4.3 原矿、精矿、尾矿或其他选别中间产品样的加工

选厂原矿及分选试样加工是最经常的，亦是每班必做的。具体试样加工的过程：缩分—过滤—烘干—混匀—过筛—研磨—过筛—混匀—缩分—装袋（分正样和副样）—送化验分析。如果原矿粒度过粗，在过滤前还要增加磨矿作业。

6.3.4.4 最终精矿样的加工

最终出厂精矿样品要进行水分和品位的测定分析。每车精矿都要按照规定的采样点数目，采样质量等进行采样。若车辆载重吨位不一，每车所采样品搅拌混匀之后，按装车吨位，称取一定的质量装入带盖的桶内。每班根据出厂精矿的车数来决定样品加工的次数。但每班至少要加工一次。一般水分样和品位样作为一个样品进行加工。先称量湿精矿的质量（湿重），并记录，然后放入烘箱内烘干，再称量干精矿的质量（干重）并记录。按式（6-18）计算精矿水分含量 W

$$W=\frac{\text{试样湿重}-\text{试样干重}}{\text{试样湿重}}\times 100\%=1-\frac{\text{试样干重}}{\text{试样湿重}}\times 100\% \qquad (6-18)$$

6.4 紫外分光光度法测量捕收剂浓度

6.4.1 波长的选择

将丁基黄原酸标准溶液在200～400nm波长内进行扫描，8.00mg/L、3.00mg/L的扫描曲线分别见图6-13曲线 a 和 b，在301nm处都有最大吸收峰，并与丁基黄原酸浓度呈线性相关性。

6.4.2　MA－1黄药不同浓度的吸光度

实验使用的MA－1黄药为工业品，生产厂家为石首市荆江选矿药剂有限责任公司，通过扫描确定在301nm波长处吸光度最大，用蒸馏水配制不同浓度，在紫外光波长为301nm处，测定吸光度，标定MA－1黄药吸光度测定曲线如图6－14所示。

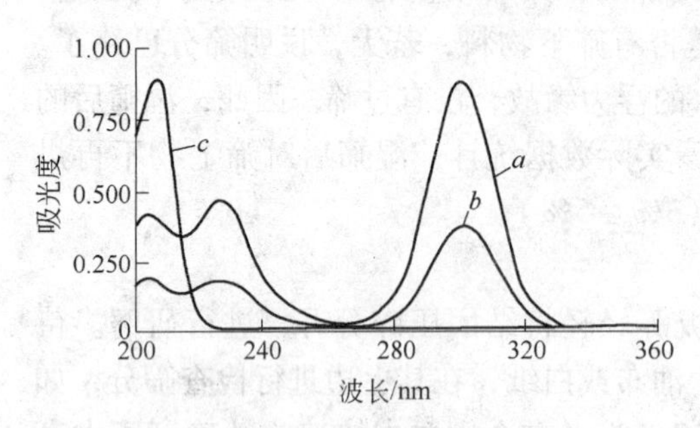

图6－13　波长吸收扫描曲线

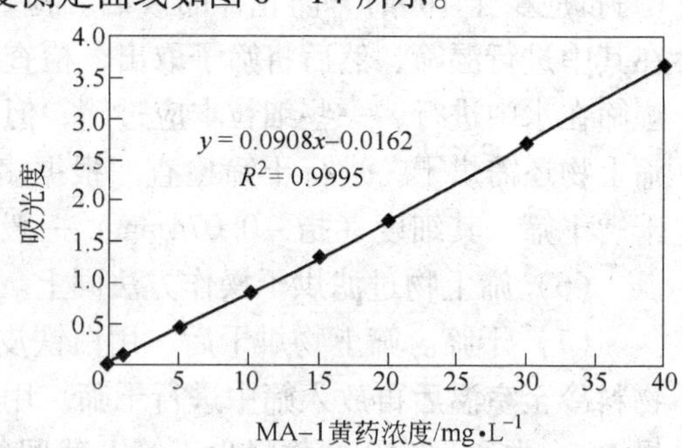

图6－14　标定MA－1黄药吸光度测定曲线

6.4.3　矿物表面吸附量测定方法

浮选过程中，定时取少量浮选矿浆，移入试管，将试管放置试管架澄清，用移液管取上清液测定MA－1黄药吸光度，根据图6－14查取质量浓度，再根据公式（6－19）计算黄药在矿物表面的吸附量。

铜矿物对MA－1黄药吸附量计算公式为

$$\tau=\frac{(c_0-c)V}{M}\qquad(6-19)$$

式中　τ——吸附量，mg/g；

c_0——浮选初始药剂浓度，mg/L；

c——浮选结束药剂浓度，mg/L；

V——浮选槽体积，L；

M——矿物质量，g。

6.4.4　矿物表面吸附量测定

实际矿石矿样取自某铜矿采场。经破碎、拣选、瓷球磨制、干式筛分，各粒级产品试样存放于干燥器中备用，化验黄铜矿品位为27.43%。

纯矿物浮选流程如图5－2所示。实验药剂配置和操作见5.1.2节。

每次取不同粒级的纯黄铜矿矿样5g放入烧杯中，加水30mL，用超声波清洗器清洗表面15min，澄清10min，虹吸去除上清液，用蒸馏水132mL冲入挂槽式浮选机中。经测定挂槽浮选机的浮选槽体积容量为140mL。浮选时加入MA－1的量使得矿浆捕收剂浓度为11.10mg/L。搅拌5min后，取4～5mL矿浆，放入试管静置2min，取上清液测定MA－1浓度。最后按式（6－19）计算。

以＋0.25mm的颗粒吸附量的测定为例，其计算如下

$$\tau=\frac{(c_0-c)V}{M}=\frac{(11.10-10.718)\times0.14}{5}=0.011$$

其他粒径的颗粒实验与计算类似。

MA－1为11.10mg/L时不同粒级铜矿物浮选实验结果见表6－2。

表6－2 MA－1为11.10mg/L时不同粒级铜矿物浮选实验结果

序 号	粒级/mm	精矿质量/g	回收率/%	矿浆黄药浓度 /mg · L^{-1}	吸附量/mg · g^{-1}
1	+0.25	0.00	0.00	10.718	0.011
2	-0.25 +0.20	0.00	0.00	9.859	0.035
3	-0.20 +0.15	0.61	12.26	8.604	0.070
4	-0.15 +0.125	2.13	42.58	8.262	0.079
5	-0.125 +0.105	3.32	66.34	7.524	0.100
6	-0.105 +0.074	4.08	81.53	5.311	0.162
7	-0.074 +0.053	4.52	90.34	4.165	0.194
8	-0.053 +0.045	4.58	91.52	1.687	0.264
9	-0.045 +0.037	4.27	85.34	1.291	0.275
10	-0.037	3.82	76.43	0.872	0.286

6.5 选矿产品的考察

6.5.1 磨矿产品的考察

磨矿产品考察的目的是考察磨矿产品中各种有用矿物的单体解离情况、磨矿产品的粒度特性以及各个化学组分和矿物组分在各粒级中的分布情况。

对某铜矿进行磨矿对比实验，开路磨矿（球磨机排矿，磨矿细度为64.65%）与闭路磨矿（分级溢流产品，磨矿细度64.83%）的中主要矿物的嵌布粒级见表6－3、表6－4，球磨机排矿主要矿物的矿物分析见表6－5。

表6－3 黄铁矿（Py）嵌布粒级测量计算记录（点测法）

产 品	粒级	粒度范围		颗粒数/个	含量分布/%	累计含量/%
		mm	目			
开路磨矿（细度为64.65%）	Ⅰ	+0.30	>50	0	0	0
	Ⅱ	-0.30 +0.17	50～80	2	3.64	3.64
	Ⅲ	-0.17 +0.14	80～100	2	3.64	7.27
	Ⅳ	-0.14 +0.105	100～150	3	5.45	12.73
	Ⅴ	-0.105 +0.074	150～200	13	23.64	36.36
	Ⅵ	-0.074	<200	35	63.64	100.00
	合 计			55	100.00	
闭路磨矿（细度为64.83%）	Ⅰ	+0.30	>50	0	0	0
	Ⅱ	-0.30 +0.17	50～80	0	0	0
	Ⅲ	-0.17 +0.14	80～100	0	0	0
	Ⅳ	-0.14 +0.105	100～150	11	15.71	15.71
	Ⅴ	-0.105 +0.074	150～200	16	22.86	38.57
	Ⅵ	-0.074	<200	43	61.43	100.00
	合 计			70	100.00	

表 6-4 黄铜矿（Cp）嵌布粒级测量计算记录（点测法）

产 品	粒级	粒度范围		颗粒数/个	含量分布/%	累计含量/%
		mm	目			
开路磨矿（细度为64.65%）	Ⅰ	+0.30	>50	0	0	0
	Ⅱ	-0.30+0.17	50~80	3	4.55	4.55
	Ⅲ	-0.17+0.14	80~100	5	7.58	12.12
	Ⅳ	-0.14+0.105	100~150	2	3.03	15.15
	Ⅴ	-0.105+0.074	150~200	9	13.64	28.79
	Ⅵ	-0.074	<200	47	71.21	100.00
	合 计			66	100.00	
闭路磨矿（细度为64.83%）	Ⅰ	+0.30	>50	0	0	0
	Ⅱ	-0.30+0.17	50~80	0	0	0
	Ⅲ	-0.17+0.14	80~100	0	0	0
	Ⅳ	-0.14+0.105	100~150	13	16.88	16.88
	Ⅴ	-0.105+0.074	150~200	12	15.58	32.47
	Ⅵ	-0.074	<200	52	67.53	100.00
	合 计			77	100.00	100.00

表 6-5 球磨机排矿主要矿物的矿物分析

产 品		单体	连晶体				
			20:80	40:60	50:50	60:40	80:20
开路磨矿（细度为64.65%）	黄铁矿	26					
	黄铁矿-黄铜矿				1	2	3
	黄铁矿-脉石矿物		8	4	5	3	4
	黄铜矿	46					
	黄铜矿-黄铁矿		3	2	1		
	黄铜矿-磁铁矿			2	1		
	黄铜矿-赤铁矿			2			
	黄铜矿-脉石矿物		11	10	2	4	4
闭路磨矿（细度为59.65%）	黄铁矿	27					
	黄铁矿-黄铜矿				2	3	4
	黄铁矿-脉石矿物		8	5	4	3	3
	黄铜矿	46					
	黄铜矿-黄铁矿		4	3	2		
	黄铜矿-磁铁矿			2	2		
	黄铜矿-赤铁矿			1			
	黄铜矿-脉石矿物		10	9	1	5	4

续表 6-5

产品		单体	连晶体				
			20:80	40:60	50:50	60:40	80:20
闭路磨矿（细度为64.83%）	黄铁矿	28					
	黄铁矿-黄铜矿				2	3	3
	黄铁矿-脉石矿物		7	2	4	2	3
	黄铜矿	50					
	黄铜矿-黄铁矿		3	2	2		
	黄铜矿-磁铁矿			3	1		
	黄铜矿-赤铁矿			2			
	黄铜矿-脉石矿物		4	8	1	4	3

开路磨矿的排矿产品，磨矿细度为64.65%，黄铁矿的解离度为63.73%，黄铜矿的解离度为73.25%；闭路磨矿溢流产品，磨矿产品细度为59.65%，黄铁矿的解离度为63.08%，黄铜矿的解离度为72.44%，与开路磨矿产品解离度相差不大；闭路磨矿溢流产品细度为64.83%时，黄铁矿的解离度为68.29%，黄铜矿的解离度为77.40%，与开路磨矿产品相比黄铁矿解离度提高4.56个百分点，黄铜矿解离度提高4.15个百分点。表明相同细度下，闭路磨矿排矿产品解离度更大。

6.5.2 精矿产品的考察

精矿产品考察的目的是：

(1) 研究精矿中杂质的存在形态、查明精矿质量不高的原因。考察多金属的粗精矿，可为下一步精选提供依据。例如某黑钨精矿含钙超过一级一类产品要求值0.68%～0.77%，查明主要是白钨含钙所引起，通过浮选白钨后，黑钨含钙可降至标准以内。

(2) 查明稀贵和分散金属富集在何种精矿内（对多金属矿而言），为化学处理提供依据。如某多金属矿石中含有镉和银，通过考察，查明镉主要富集在锌精矿内，银主要富集在铜精矿中，据此可采用适当的化学处理方法加以回收。

6.5.3 中矿产品的考察

中矿产品考察的目的是：

(1) 研究中矿矿物组成和共生关系，确定中矿处理的方法。

(2) 检查中矿单体解离情况。如大部分解离即可返回再选，反之，则应再磨再选。

对某铜矿选矿厂扫选精矿进行镜下分析，发现样本呈灰色砂样，其中有细粒的黄铁矿、黄铜矿等金属矿物分布。主要金属矿物有黄铁矿、黄铜矿、磁铁矿、赤铁矿、黝铜矿等。

黄铁矿（Py）：含量约占24%左右，粒状居多，可见针状，部分呈单晶体独立分布，多与黄铜矿及脉石矿物连晶，可见规则状或不规则状毗连。

黄铜矿（Cp）：含量约占8%左右，粒状，部分为单晶体独立分布，常与黄铁矿、磁铁矿、黝铜矿及脉石矿物连晶，可见与黝铜矿呈不规则状毗连，与黄铁矿、磁铁矿可呈包裹状或不规则状毗连，与脉石矿物呈不规则状毗连居多，可见呈脉状、包裹状毗连。

磁铁矿（Mt）：含量约占3%左右，粒状，可见单晶体独立分布，大多与赤铁矿、黄铜矿连晶，或分布在脉石矿物中，可见被赤铁矿包裹交代，呈包裹状毗连。

赤铁矿（Hm）：含量5%左右，粒状、片状，分布有单晶体，可与磁铁矿连晶或分布在脉石矿物中。

黝铜矿（Tet）：微量，粒状，与黄铜矿连晶，颗粒一般在0.02～0.05mm之间。

脉石矿物约占60%。

扫选精矿中主要矿物的嵌布粒级见表6－6、表6－7。扫选精矿主要矿物的矿物分析见表6－8。

表6－6 黄铁矿（Py）嵌布粒级测量计算记录（点测法）

粒 级	粒度范围		颗粒数/个	含量分布/%	累计含量/%
	mm	目			
Ⅰ	+0.30	>50	0	0	0
Ⅱ	－0.30＋0.17	50～80	0	0	0
Ⅲ	－0.17＋0.14	80～100	0	0	0
Ⅳ	－0.14＋0.105	100～150	3	3.23	3.23
Ⅴ	－0.105＋0.074	150～200	9	9.68	12.91
Ⅵ	－0.074	＜200	81	87.09	100.00
合 计			93	100.00	

表6－7 黄铜矿（Cp）嵌布粒级测量计算记录（点测法）

粒 级	粒度范围		颗粒数/个	含量分布/%	累计含量/%
	mm	目			
Ⅰ	+0.30	>50	0	0	0
Ⅱ	－0.30＋0.17	50～80	0	0	0
Ⅲ	－0.17＋0.14	80～100	0	0	0
Ⅳ	－0.14＋0.105	100～150	1	1.92	1.92
Ⅴ	－0.105＋0.074	150～200	5	9.62	11.54
Ⅵ	－0.074	＜200	46	88.46	100.00
合 计			52	100.00	

表6－8 扫选精矿主要矿物的矿物分析

连生体类型	单体	连 晶 体				
		20:80	40:60	50:50	60:40	80:20
黄铁矿	96					
黄铁矿－黄铜矿		3	1	1	2	5
黄铁矿－脉石矿物		7	5	2	12	10
黄铜矿	56					
黄铜矿－黄铁矿		5	2	1	1	3
黄铜矿－黝铜矿				1	1	
黄铜矿－磁铁矿			1	2		
黄铜矿－脉石矿物		17	11	6	3	12

续表6－8

连生体类型	单体	连晶体				
		20:80	40:60	50:50	60:40	80:20
磁铁矿	8					
磁铁矿－黄铜矿				2	1	
磁铁矿－赤铁矿		6	4	4	1	1
磁铁矿－脉石矿物		5	2	1		
赤铁矿	20					
赤铁矿－磁铁矿		1	1	4	4	6
赤铁矿－脉石矿物		5	7	5	2	3

黄铁矿的解离度为78.50%，黄铜矿的解离度为65.12%，磁铁矿的解离度为44.20%，赤铁矿的解离度为50.38%。其中黝铜矿未见单晶体，因此其解离度为0。从以上分析发现黄铜矿的解离度为65.12%，解离度较低，应再磨返回。

6.5.4 尾矿产品的考察

尾矿产品考察的目的是考察尾矿中有用成分存在形态和粒度分布，了解有用成分损失的原因。

表6－9为某铜矿选矿厂的尾矿水析各级别化学分析和物相分析结果。由表6－9中数据可以看出，铜品位最高的粒级是－10μm，但该粒级产率并不大，因而铜在其中的分布率亦不大；铜品位占第二位的为＋53μm级别，该粒级产率较大，因而算得的金属分布率达30.57%，是造成铜损失于尾矿的主要粒级之一。至于－30＋10μm级别，虽然铜分布率达34.79%，但这是由于产率大所引起，铜品位却是最低的，不能把该粒级看作是造成损失的主要原因。再从物相分析结果看，细级别中次生硫化铜和氧化铜矿物比较多，粗级别中则主要是原生硫化铜矿物，说明氧化铜和次生硫化铜矿物较软，有过粉碎现象；而原生硫化铜矿物却可能还没有充分单体解离，故铜主要损失于粗级别中。这在选矿工艺上是常见的所谓“两头难”的情况。从铜的分布率来看，主要矛盾可能还在粗级别，适当细磨后回收率可能会有所提高。

表6－9 某铜矿选矿厂的尾矿水析各级别化学分析和物相分析结果

粒级/mm	产率/%	筛上累计/%	品位/%	金属分布率/%	铜物相分析			
					原生硫化铜	次生硫化铜	氧化铜	共计
+0.053	26.93	26.93	0.24	30.57	68.75	25.00	6.25	100.00
-0.053 +0.040	8.30	35.23	0.222	8.72	74.31	22.54	3.15	100.00
-0.040 +0.030	15.97	51.20	0.197	14.88	72.08	22.84	5.08	100.00
-0.030 +0.010	42.03	93.23	0.175	34.79	47.43	40.00	12.57	100.00
-0.010	6.77	100.00	0.345	11.05	31.30	53.64	15.06	100.00
合　计	100.00		0.211	100.00				

从水析和物相分析结果可知，铜主要呈粗粒的原生硫化铜矿物损失于尾矿中。为了进一步考察粗粒级的原生硫化铜矿物损失的原因，须对尾矿试样再做显微镜考察，其结果见

表6－10。考察结果基本上证实了原来的推断，且原因更加清楚，粗级别中铜矿物主要是连生体，表明再细磨有好处。细级别中则尚有大量单体未浮起。粗级别中铜矿物在细磨的同时必须强化药方，改善细粒的浮选条件。除此以外还需注意的是，连生体中铜矿物所占的比率均再细磨后能否增加很多单体，还需通过实践证明。

表6－10　某铜选矿尾矿显微镜考察结果

粒级/mm		+0.075	−0.075 +0.053	−0.053 +0.030	−0.030 +0.010	−0.010
单体黄铜矿/%		9.1	15.4	27.5	65.6	大部分
连生体	黄铜矿与黄铁矿毗连/%	51.0	30.4	27.0	8.5	个别
	黄铜矿在黄铁矿中呈包裹体/%	32.8	34.5	28.0	9.0	个别
	铜蓝与黄铁矿连生/%	0.5	9.5	3.5	1.0	个别
其他/%		6.6	9.2	14.0	15.9	—
铜矿物在连生体中的粒度和分布/%	−0.010mm	52.3	43.1	85.0	89.3	—
	−0.020 +0.010mm	47.7	56.9	15.0	10.7	—

尾矿中所含连生体里，黄铜矿和黄铁矿毗连形式有利于再磨使其单体分离，而被黄铁矿包裹形式的连生体再磨时单体解离较难，这将对浮选指标有很大影响。

由上可知，选矿产品考察的方法为：将产品筛析和水析，根据需要，分别测定各粒级的化学组成和矿物组成，测定各种矿物颗粒的单体解离度，并考察其中连生体的连生特性。

6.6　浮选工艺流程控制

6.6.1　浮选工艺过程调节

在浮选工艺过程中，影响浮选过程的工艺因素很多，较为重要的有：矿石入选粒度组成、矿浆浓度、药剂制度、气泡和泡沫的调节、矿浆温度、工艺流程、水质等。

生产实践经验表明，浮选工艺因素必须根据矿石性质的特点，通过实验研究来正确地选择工艺因素，在生产实践中，由于矿石性质的变化，也需要操作人员及时地对工艺因素加以调节，才能获得最佳的技术经济指标。

6.6.1.1　粗粒浮选的工艺措施

在矿粒单体解离的前提下，粗磨浮选可以节省磨矿费用，降低选矿成本。在处理不均匀嵌布矿石和大型斑岩铜矿的浮选厂普遍在保证粗选回收率前提下，有粗磨矿进行浮选的趋势。但是由于较粗的矿粒比较重，在浮选机中不易悬浮，与气泡碰撞的几率减小，附着气泡不稳定，易于脱落。因此，粗粒矿粒在一般工艺条件下浮选效果较差。为了改善粗粒的浮选，可采用以下工艺条件：

（1）浮选机的选择和调节。实践证明，机械搅拌式浮选机内矿浆的强烈湍流运动，是促使矿粒从气泡上脱落的主要原因。因此，降低矿浆运动的湍流强度是保证粗粒浮选的根本措施。可根据具体情况采取如下措施：

1）选择适宜于粗粒浮选的专用浮选机，如环射式浮选机（中国）、斯凯纳尔（SKI-

NAIR）型浮选机（芬兰）等。

2）改进和调节常规浮选机的结构和操作。如适当降低槽深（采用浅槽型），缩短矿化气泡的浮升路程，避免矿粒脱落；叶轮盖板上方加格筛，减弱矿浆湍流强度，保持泡沫区平稳；增大充气量，形成较多的大气泡，有利于形成气泡和矿粒组成的浮团，将粗粒“拱抬”上浮；刮泡时迅速而平稳等。

（2）适当地增大矿浆浓度，在较高浓度下浮选。

（3）改进药剂制度，选用捕收力强的捕收剂和合理增加捕收剂浓度，目的在于增强矿物与气泡的附着强度，加快浮选速度。此外补加非极性油，如柴油、煤油等，可以“巩固”三相接触周边，增强矿物与气泡的黏附密度。

6.6.1.2 细粒浮选的工艺措施

细粒通常是指 -0.018mm 或 -0.010mm 的矿泥，矿泥的来源有：一是“原生矿泥”，主要是矿种的各种泥质矿物，如高岭土、绢云母、褐铁矿、绿泥石、炭质页岩等；二是“次生矿泥”，它们是破碎、磨矿、运输、搅拌等过程形成的。无论是黑色、有色或稀有金属矿，富矿资源日趋枯竭，贫、杂、细粒浸染矿石逐年增多，且都日渐趋向于难选，故细磨矿必然成为改善选矿指标必须采取的具有共同性的措施。同时细磨矿必然导致矿泥量增加，从经济观点看，这些矿泥必须进行回收处理。

A 细粒（矿泥）浮选困难的原因

由于细粒级（矿泥）具有质量小、比表面积大等特点，由此引起微粒在介质中（浮选环境中）的一系列特殊行为。

（1）从微粒与微粒的作用看，由于微粒表面能显著增加，在一定条件下，不同矿物微粒之间容易发生互凝而形成非选择性凝结。细微粒易于黏着在粗粒矿物表面形成矿泥覆盖。

（2）从微粒与介质的作用看，微粒具有大的比表面积和表面能，具有较强的药剂吸附能力，吸附选择性差；表面溶解度大，使矿浆“难免离子”增加；质量小易被机械夹带。

（3）从微粒与气泡的作用看，由于接触效率及黏着效率降低，使气泡对矿粒的捕获率下降，同时产生气泡的矿泥“装甲”现象，影响气泡的运载量。

上述行为均是导致细粒浮选速度变慢、选择性变坏、回收率降低、浮选指标明显下降的原因。

B 细粒浮选工艺措施

（1）消除和防止矿泥对浮选影响的主要措施如下：

1）脱泥是根除矿泥影响的一种方法。分级脱泥是最常用的方法。如用水力旋流器，在浮选前脱出某一粒级的矿泥并将其废弃，或者细粒和粗砂分别处理，即进行所谓“泥砂分选”；对于一些易选的矿泥，可在浮选前加少量药剂浮除。

2）添加矿泥分散剂。将矿泥分散，可以消除部分矿泥罩盖与其他矿物表面或微粒间发生无选择互凝的有害作用。常用的矿泥分散剂有水玻璃、碳酸钠、氢氧化钠、六偏磷酸钠等。

3）分段、分批加药。保持矿浆中药剂的有效浓度，并可提高选择性。

4）采用较稀的矿浆。矿浆较稀，一方面可以避免矿泥污染精矿泡沫；另一方面可降低矿浆黏度。

（2）选用对微粒矿物具有化学吸附或螯合作用的捕收剂，以利于提高浮选过程的选择性。

（3）应用物理的或化学的方法，增大微粒矿物的外观粒径，提高待分选矿物的浮选速率和选择性。目前根据这一原则发展起来的新工艺主要有：

1）选择絮凝浮选。采用絮凝剂选择性絮凝目的矿物微粒或脉石细泥，然后用浮选法分离。此法已用于细粒赤铁矿的选别，如美国蒂尔登选厂。

2）载体浮选。利用一般浮选粒级的矿粒作载体，使目的矿物细粒罩盖在载体上浮。载体可用同类矿物作载体，也可用异类矿物作载体。如用硫黄作细粒磷灰石浮选的载体；用黄铁矿作载体来浮选细粒的金；用方解石作载体，浮除高岭土中的锐钛矿杂质等。

3）团聚浮选，又称乳化浮选。细粒矿物经捕收剂处理后，在中性油的作用下，形成带矿的油状泡沫。此法已用于选别锰矿、钛铁矿、磷灰石等。其操作工艺条件分为两类：①捕收剂与中性油先配成乳化液加入；②在高浓度（达70%固体）矿浆中，分别先后次序加入中性油及捕收剂，强烈搅拌，控制时间，然后刮出上层泡沫。

（4）减小气泡粒径，实现微泡浮选。在一定条件下，减小气泡粒径，不仅可以增加气液界面，同时有增加微粒的碰撞几率和黏附几率，有利于微粒矿物的浮选。当前主要的工艺有：

1）真空浮选。采用降压装置，从溶液中析出微泡的真空浮选法，气泡粒径一般为0.1~0.5mm。研究证明，从水中析出微泡浮选细粒的重晶石、萤石、石英等是有效的。其他条件相同时，用常规浮选，重晶石精矿品位为54.4%，回收率30.6%；而用真空浮选，品位可提高到53.6%~69.6%，相应的回收率52.9%~45.2%。

2）电解浮选。利用电解水的方法获得微泡，一般气泡粒径为0.02~0.06mm，用来浮选细粒锡石时，单用电解氧气泡浮选，粗选回收率比常规浮选显著提高，由35.5%提高到79.5%，同时，品位还提高0.8%。此外，近年来开展了其他新工艺的研究，如控制分散浮选，用于铁矿、黑钨细泥浮选均取得了明显的效果。

6.6.1.3 矿浆浓度对浮选的影响

矿浆浓度作为浮选过程的重要工艺因素之一，它影响以下各项技术经济指标：

（1）回收率。在各种矿物的浮选中，矿浆浓度和回收率存在明显的规律性。当矿浆很稀时，回收率较低，随着矿浆浓度的逐渐增加，回收率也逐渐增加，并达到最大值。但超过最佳矿浆浓度后，回收率又降低。因为矿浆浓度过高或过低都会使浮选机充气条件变坏。

（2）精矿质量。一般规律是在较稀的矿浆中浮选时，精矿质量较高，而在较浓的矿浆中浮选时，精矿质量就下降。

（3）药剂用量。在浮选时矿浆中必须均衡地保持一定的药剂浓度，才能获得良好的浮选指标。当矿浆浓度较高时，液相中药剂增加，处理每吨矿石的用药量可减少，反之，当矿浆浓度较低时，处理每吨矿石的用药量就增加。

（4）浮选机的生产能力。随着矿浆浓度的增高，浮选机按处理量生产的生产能力也增大。

（5）浮选时间。在矿浆浓度较高时，浮选时间会增加，有利于提高回收率，增加了浮选机的生产率。

（6）水电消耗。矿浆浓度越高，处理每吨矿石的水电消耗将越少。

在实际生产过程中，浮选时除保持最适宜的矿浆浓度外，还须考虑矿石性质和具体的浮选条件。一般原则是：浮选密度大、粒度粗的矿物，往往用较高的矿浆浓度；当浮选密度较小、粒度细或矿泥时，则用较低的矿浆浓度；粗选作业采用较高的矿浆浓度，可以保证获得高的回收率和节省药剂，精选用较低的浓度，则有利于提高精矿品位。扫选作业的浓度受粗选作业影响，一般不另行控制。

6.6.1.4 矿浆酸碱度

矿浆的酸碱度是由pH值来量度，它的范围是1～14。矿浆pH值的变化直接或间接影响其浮选过程中矿物的可浮性，其浮选矿物的回收率与一定范围内的pH值有密切的关系。

pH值调整剂对浮选体系的影响：

（1）改变溶液的pH值，从而改变矿物表面的可溶性，也改变溶于水介质中化合物（特别是弱酸，也包括离子型捕收剂）的离子比和分子比。

（2）形成难溶化合物。其中多数是低溶度积的多价金属氢氧化物和碳酸盐。由于形成难溶化合物，出现了晶核。这些晶核可长大到胶体分散颗粒和微细分散颗粒的大小。在这些分散产物中，很多都对浮选有显著影响。

（3）改变介质pH值，对离子型捕收剂在固体表面上的吸附量影响很大，从而强烈地影响各种矿物的浮选。

（4）由于OH^-离子的存在，形成多价金属氢氧化物，对捕收剂阴离子产生竞争反应，从而降低阴离子捕收剂的吸附量。当pH值超过临界pH值时，很多硫化矿的浮选将受到强烈抑制。

（5）酸能洗去矿粒表面上妨碍捕收剂吸附的薄膜，有时，接着洗矿后，可使捕收剂再吸附。

（6）改变双电层的组成、活性、结构，从而改变矿物表面的水化作用。

（7）改变浮选悬浮液的聚集稳定性。常常发现，在碱性介质中，矿石悬浮液较稳定，能使形成的集合体分散，并可将妨碍选择性浮选的黏附在矿物表面上的矿泥洗去。用石灰时，有时出现凝聚现象。

（8）当胶体分散颗粒（矿浆中的反应产物）在气泡表面上附着，形成稀疏的薄膜时，矿物被活化，能使固体颗粒对气泡的吸引力增大。相反，厚实的胶体薄膜将阻碍矿粒在气泡上的附着，矿物被抑制。

6.6.1.5 矿浆温度

矿浆温度在浮选过程中常常起重要的作用，也是影响浮选的一个重要因素。调节矿浆温度条件主要来自两个方面的要求，一是药剂的性质，有些药剂要在一定的温度下才能发挥其有效作用；二是有些特殊的工艺，要求提高矿浆的温度，以达到分选矿物的目的。

A　非硫化矿的加温浮选

在非硫化矿浮选实践中，使用某些难溶的、且溶解度随温度而变化的捕收剂（如脂肪和脂肪胺类）时，提高矿浆温度可以使其溶解度和捕收力增加，能大幅度降低药耗和提高回收率。用脂肪酸类捕收剂浮选萤石时，浮选技术指标与矿浆温度密切相关实验表明，在矿浆温度5～33℃范围内，矿浆温度对萤石浮选将产生影响，油酸用量与矿浆温度有如下关系

$$y = 1110 - 27x \tag{6-20}$$

式中　y——油酸用量，g/t；

　　x——矿浆温度，℃。

式（6－20）表明，温度越高，油酸用量越低。实验也表明，要获得相同的选矿指标，当矿浆温度为5℃时，油酸用量为1000g/t，在温度为35℃时，只需250g/t。用胺类捕收剂时，为加速捕收剂的溶解，一般要在配制过程中加温，在应用硫化钠－胺法浮选氧化锌矿石时，矿浆温度的调节尤为重要。白钨粗精矿精选的“彼德罗夫法”就是在高温的矿浆中，利用水玻璃的选择解吸作用，来使白钨与方解石、萤石等脉石矿物分离的浮选工艺。

B　硫化矿加温浮选

用黄药类捕收剂浮选多金属硫化矿时，将混合精矿加温至一定的温度，可以促使矿物表面捕收剂的解吸，强化抑制作用，解决多金属矿混合精矿在常温下难以分离的问题，节约抑制剂的用量或不用氰化物一类剧毒性的抑制剂。大量实验证明，温度在80～100℃时，黄药的分解、黄药从硫化矿表面解吸甚为有效。加温浮选实质是利用各种硫化矿表面氧化速度的差异来扩大矿物可浮选性差别，以改善其浮选的选择性，目前采用的硫化矿加温浮选有如下方法：

（1）铜铅混合精矿的加温浮选分离，包括矿浆直接加温法、SO_2－矿浆加温法、亚硫酸－蒸汽加温法、硫酸－矿浆加温法。上述各方法，矿浆加温的作用，是选择性解吸方铅矿表面的捕收剂，并使其表面氧化亲水，在有抑制剂（SO_2、H_2SO_3、H_2SO_4等）存在下，能强化对方铅矿的抑制作用，故能改善铜铅浮选分离效果。

（2）铜钼混合精矿的加温浮选分离，包括硫化钠－蒸汽加温法、石灰－蒸汽加温法、氰化物加温法、组合用药（采用NaHS、Na_2SO_4、NaCN）矿浆加温法。上述各方法，矿浆加温的作用主要加强选择性解吸铜矿物表面的捕收剂，并促进抑制剂对铜矿物的抑制作用。因此，能有效地提高铜－钼分离浮选的效果。

（3）铜－锌混合精矿的加温浮选分离，包括自然氧化－热水浮选法、石灰－蒸汽加温法。上述工艺适用于抑制铜浮锌。矿浆加温有利于铜矿物表面捕收剂解吸及表面氧化，而锌矿物表面受铜离子活化，不易受抑制，因而加温有利于铜－锌分离。加温浮选工艺虽然有很多优点，但尚存在一些技术问题，在实践中应加以注意并予以解决。

1）要防止中矿的恶性循环。石灰－蒸汽加温法或用其他抑制剂的加温，对矿物的抑制作用较强，但不加药剂的加温，主要是靠选择解吸，因而对矿物的抑制较弱，故常常造成大量中矿循环。为了减少中矿循环，应严格控制温度，如精选、扫选的温度应略高于粗选温度。

2）注意改善劳动条件。矿浆加温会使作业现场和厂房内温度升高，水蒸气和药物分

解产物如 CS_2 等增多，使作业过程的劳动条件变差。

3）要注意机械的润滑和防腐。加温会使浮选机受热，轴承润滑油易熔化流入浮选槽，破坏浮选过程的稳定和造成浮选机缺油损坏，应采用耐高温润滑油，并注意定期对浮选机运转部位检查。

6.6.2 浮选操作技术

6.6.2.1 浮选操作的要求

浮选操作是浮选岗位工人对浮选生产的控制程度，并根据生产过程的变化，及时加以调整，最终获得好的生产技术指标。浮选操作中最常遇到的是维持设备的正常运转，通过浮选过程表现出的各种现象，判断浮选泡沫产品的质量，并根据出现不同情况，及时调整浮选药剂、矿浆的浓度和粒度、确定泡沫的刮出量。在长期的浮选操作中，掌握必要的操作可以使浮选过程得到有效控制，即应该做好的“三会”、“四准”、“四好”、“两及时”、“一不动”。

“三会”是指会观察泡沫，会测浓度、粒度，会调整。

“四准”是指药剂配制和添加准，品位变化看得准，发生变化原因找得准，泡沫刮出量掌握准。

“四好”是指浮选与处理量控制好，浮选与磨矿分级联系好，浮选与药台联系好，浮选各作业联系好。

“两及时”是指出现问题发现及时，解决处理问题及时。

“一不动”是指生产正常不乱动。

6.6.2.2 矿化泡沫的观察

浮选泡沫的外观包括泡沫的虚实、大小、颜色、光泽、轮廓、厚薄强度、流动性、声响等物理性质。泡沫的外观随浮选作业点而异，但在特定的作业常有特定的现象，通常为保证精矿质量和回收率，观察泡沫常在最终精矿产出点、粗选作业、浮选过程的补药点和扫选。

（1）泡沫的虚实是反映气泡表面附着矿粒的多少。气泡表面附着的矿粒多而密称为“结实”，相反气泡表面附着的矿粒少而稀称为“空虚”。一般粗选区和精选区的泡沫比较“结实”，扫选的泡沫比较“空”。当捕收剂、活化剂用量大，抑制剂用量小，会发生所谓的泡沫“结板”现象。

（2）泡沫的大小，常随矿石性质、药剂制度和浮选区域而变。一般在硫化矿浮选中，直径 8 ~ 10cm 以上的泡，可看作大泡；3 ~ 5cm 视为中泡；3cm 以下的可视为小泡。因为气泡的大小与气泡的矿化程度有关。气泡矿化时，气泡中等，故粗选和精选常见的多为中泡。气泡矿化过度时，阻碍矿化气泡的兼并，常形成不正常的小泡。气泡矿化极差时，小泡虽不断兼并变大，但经不起振动，容易破裂。

（3）泡沫的颜色是由泡沫表面黏附矿物的颜色决定。如浮选黄铜矿时，精矿泡沫呈黄绿色；浮选黄铁矿时，泡沫呈草黄色，浮选方铅矿时，泡沫呈铅灰色。精选时浮游矿物泡沫越清晰，精矿品位越高；而扫选浮游矿物颜色明显，则浮选的目的矿物损失大。

(4) 泡沫的光泽由附着矿物的光泽和水膜决定。硫化矿物常呈金属光泽，金属光泽强泡沫矿化好，金属光泽弱泡沫带矿少。

(5) 泡沫层的厚、薄与入选的原矿品位、起泡剂用量、矿浆浓度和矿石性质有关。一般粗选、扫选作业要求较薄的泡沫层，精矿作业应保持较厚的泡沫层。

(6) 泡沫的脆、黏与药剂用量、浮选粒度等有关。当捕收剂、起泡剂和调整剂的用量配合准确、粒度适当，此时泡沫层有气泡闪烁破裂，泡沫显得性脆；反之，泡沫会显得性黏。如在黄铜矿浮选时，如果石灰过量，泡沫发黏、韧性大、难破裂，在泡沫槽易发生跑槽。

(7) 轮廓是浮选气泡矿化、受矿液流动、气泡相互干扰和泡壁上的矿粒受重力作用等的影响。如在铜、铅硫化矿浮选中，气泡多近于圆形。泡沫在矿浆面上形成时水分充足，气泡的轮廓明显；反之，上浮的矿物多而杂时，泡沫轮廓模糊。

(8) 声响是泡沫被刮板刮入泡沫槽时，矿化的泡沫附着矿物的不同，落入槽内而产生的声响。如在铜矿的浮选时，泡沫落入泡沫槽产生"刷刷"的声音，则泡沫中带有较多的黄铁矿等，其精矿品位低。

上述泡沫在浮选表现出的性质，都是互相联系的综合体现。在正常的情况下，浮选各作业点的泡沫矿化程度、颜色、光泽等，层次应分明，区别显著。反之，层次不分，现象紊乱，操作人员都必须进行查明，并及时调整。

6.6.2.3 泡沫刮出量的控制

一般在浮选过程中，泡沫的刮出量与矿石性质有着较为密切的关系，并与浮选工艺的技术要求相关。总体而言，从粗选到扫选，泡沫的刮出量应从多到少；精选作业则需要有较厚的泡沫层，不能出现带浆刮泡，有利于提高精矿质量。

6.6.2.4 浮选过程操作的注意事项

浮选操作全过程大致分为粗选、扫选和精选三个既独立又紧密联系的选别区。粗选区的泡沫产品一般送精选区进行一次或多次富集选别，选出的泡沫为浮选最终精矿产品。处理好扫选区刮出的中矿量和精选区的尾矿产品，就成了整个浮选过程不可忽视的关键问题，中矿量控制多少为适宜是整个浮选操作的重点。

中矿循环量的控制，一看整个浮选过程的矿浆量的走向是否较畅通；泡沫槽是否满槽，泡沫流动性是否较差不顺畅；浮选槽内的矿浆液位是否较高。二要凭经验判断，是否由上下作业的因素和工艺条件变化引起的。一般控制中矿返回量为40%～80%。

浮选操作过程中要勤观察泡沫颜色，泡沫厚度和刮出的泡沫声音的变化，也是判断矿石可选性好与差和其他工艺条件是否控制适宜的一种检查方法。如果粗选槽内的泡沫层薄，泡沫数量少又大，泡沫颜色光泽变化不明显，浮选机槽内翻浆，液面刮出的泡沫又带矿浆落到泡沫槽内成啪啦声，浮选指标肯定较差。对于铜矿石的选别过程，一般也要注意观察泡沫层的颜色、厚度和刮出泡沫的声音的变化。通常通过泡沫声音的变化可以知道铜精矿中铁的含量，一般声音比较低沉时，铁的含量比较低；声音比较清脆时，铁的含量比较高。因为铜矿石中所含黄铁矿的硬度大于黄铜矿的硬度。另外，一般以黄铜矿为主的铜精矿中黄铁矿的含量过高时的黄颜色比较浅；而铜含量高时，泡沫的颜色比较深。泡沫层的厚度一般与矿石性质、加入药剂的多少、矿浆的浓度、浮选机的搅拌强度和充气效果有关。当然浮选机中矿浆液面的高低也是影响泡沫层厚度的客观因素。

对扫选区和精选区的泡沫颜色观察，主要判断尾矿品位和精矿品位，是否低与高。最后一排的泡沫颜色一般表面金属光泽较浅最好，说明矿物分选层次分明；浮选槽内的死角一带有光泽性的泡沫，说明浮选药剂和其他工艺条件调整恰当，有利于尾矿的降低。对浮选的精矿品位用淘洗法难以判断，只能控制精选槽内泡沫层的200~300mm以上为好。严禁粗选作业刮出矿浆进入精矿产品中，这样有利于得到高品位的精矿产品。浮选机充气量与闸门调节矿浆液面，控制槽内的泡沫厚度，在目前浮选工操作存在较多的问题。在实际操作中，有的浮选工善于把充气量和浮选闸门结合起来，调节矿浆液面而形成较厚的泡沫层，一般单独用充气量调节矿浆液面刮泡，难以充分发挥浮选机和浮选过程的效果；浮选机的充气闸门和矿浆液面控制闸门，用充气闸门调整要灵活好使，否则也会给浮选操作带来困难。如何使用好充气闸门和矿浆液面控制闸门，用充气闸门调整浮选槽内泡沫层平衡不翻花，同时注意调整浮选机搅拌作用，浮选机电机皮带是否松紧；矿浆液面放矿闸门调整泡沫刮出时不带矿浆，使浮选机内有较厚的泡沫层。如果浮选机的效率不高时，应及时进行检查或维修，保持整排浮选机效率较高，为浮选操作和提高浮选指标创造较好的条件。

浮选过程中对矿浆pH值的调节也在很大程度上影响浮选的效果。在某些氧化矿的浮选中，捕收剂与矿物是作用时静电力，必须使捕收剂离子在双电层的密集层中充当异号离子，对内层离子的电性起抗衡作用才能奏效。pH值低于等电点时，矿物表面显正电，应当使用阴离子捕收剂；pH值高于等电点时，矿物表面显负电，应当使用阳离子捕收剂。黄药作为一般硫化矿的捕收剂，常常使用在碱性环境中。当然矿浆的pH值过高时，会影响矿浆的黏度。对于阳离子捕收剂在对于氧化矿的浮选中，pH值一般要求酸性。但是在溶解阳离子捕收剂，如脂肪胺时，一般加碱乳化。

在浮选金属硫化矿时，矿浆中氧气的含量也对浮选的效果有很大的影响。黄药作为金属硫化矿浮选的主要捕收剂，只能在有氧的条件下，黄药才能发挥作用。一般矿浆的氧化程度与矿浆温度、矿浆浓度、矿浆pH值、矿浆中的含氧量、浮选机的搅拌强度和充气强度等因素有关，所以在浮选作业中，必须注意矿浆的充气量。

矿浆的浓度对浮选的影响。当矿浆的浓度增大时，矿浆的黏度也随之增加，不利于泡沫在矿浆中的形成，也对有用矿物的二次富集造成影响；当矿浆的浓度过小时，矿浆中会形成大泡，不利有用矿物在泡沫上的富集，同时影响泡沫的黏度和泡层的厚度。

药剂制度对浮选的影响。浮选过程矿浆中所加的药剂有多种，一般有捕收剂、起泡剂和调整剂等。对于不同矿物的选别要加入不同的药剂，特别是在多金属的分离过程中。一般要加入多种调节剂，这就要求必须注意加药的地点和次序。药剂用量的多少也至关重要，特别是起泡剂和调整剂。合理的药剂制度是一个选矿厂最起码的要求。药剂的配制也在一定程度上影响浮选的指标，一般的药剂都有相应的有效时间。

矿泥对浮选有很大的影响。当矿泥的含量过高时，会影响矿浆的黏度、增加药剂的用量、矿浆的表面电性等。所以在浮选的操作过程中必须注意矿泥对浮选的影响。如果浮选矿浆中含有较多的矿泥，会给浮选带来一系列的不良影响。主要影响有以下几点：（1）易夹杂于泡沫产品中，使精矿品位下降；（2）易罩盖于粗粒表面，影响粗粒的浮选；（3）吸附大量药剂，增加药剂消耗；(4) 使矿浆发黏，充气条件变坏。

解决这一问题的工艺措施是：(1) 采用较稀的矿浆，降低矿浆的黏性，可以减少矿泥在泡沫产品中的夹杂；(2) 添加分散剂，将矿泥分散，消除矿泥罩盖于其他矿物表面的有害作用；(3) 分段分批加药，这样可以减少矿泥对药剂的消耗；(4) 对浮选物料预先脱泥后再浮选，常用的脱泥方法是旋流器分级脱泥。

6.6.3 浮选流程结构

浮选流程，一般定义为矿石浮选时，矿浆流经各作业的总称。不同类型的矿石，应用不同的流程，同时，流程也反映了被处理矿石的工艺特性，常称为浮选工艺流程。

6.6.3.1 浮选原则流程

浮选原则流程，又称骨干流程，是指处理矿石的原则方案，其中包括段数、循环（又称为回路）和矿物的浮选顺序。

(1) 段数。段数是指磨矿与浮选结合的数目，一般磨一次浮选一次称为一段。矿石中常常不止一种矿物，一次磨矿以后，要分选出几种矿物，这种情况还是称为一段，只是有几个循环而已。矿物嵌布粒度较细，进行两次以上磨矿才能进行浮选，而两次磨矿之间没有浮选作业，这也称一段。一段流程只适用于嵌布粒度较均匀、相对较粗且不易泥化的矿石。多段流程，是指两段以上的流程。多段流程的种类较多，其主要由矿物嵌布粒度特性和泥化趋势决定。现以两段流程为例。两段流程可能的方案有精矿再磨、尾矿再磨和中矿再磨三种（图6-15）。

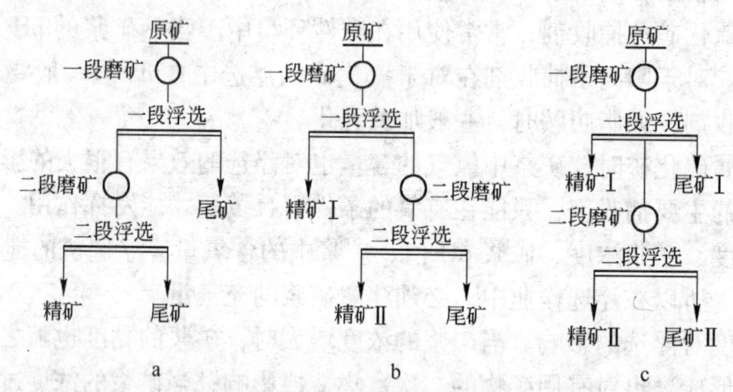

图6-15 两段浮选流程

a—精矿再磨；b—尾矿再磨；c—中矿再磨

上述流程的应用，都是针对不同矿石中有用矿物的嵌布特性，从中选择较适合的工艺流程。如精矿再磨流程是在较粗磨的条件下，矿物集合体就能与脉石分离，并得到混合精矿和丢弃尾矿。尾矿再磨流程是有用矿物嵌布很不均匀的矿石，或容易氧化和泥化矿石，在较粗磨的条件下，分离出部分合格精矿，将含有细粒矿物的尾矿再磨再选。但对于中矿中有大量连生体，则采用中矿再磨有利于分选。

(2) 循环。循环也称回路。通常以所选矿物中的金属（或矿物）来命名。

(3) 矿物的浮选顺序。矿物石中矿物的可浮性、矿物之间的共生关系等因素与浮选顺序有关。多金属矿石如含铜、铅、锌等的硫化矿石浮选流程主要可分为以下四种：

1）优先浮选流程。依次分别浮选出各种有用矿物的浮选流程，称为优先浮选流程（图6-16）。这种流程具有较高的灵活性，对原矿品位较高的原生硫化矿比较适合。

2）混合浮选流程。先将矿石中全部有用矿物一起浮出得到混合精矿，然后再将混合精矿依次分出各种有用矿物的流程，称为混合浮选流程（图6-17）。这种流程适应原矿中硫化矿总含量不高、硫化矿物之间共生密切、嵌布粒度细的矿石，它能简化工艺，减小矿物过粉碎，有利于分选。

3）部分混合浮选流程。先将矿石中两种有用矿物一起浮出得到混合精矿，再将混合精矿分离出单一精矿的流程，称为部分混合浮选流程（图6-18）。这是生产上应用最广泛的一类流程。

4）等可浮浮选流程。根据矿石中矿物可浮性的差异，依次浮选可浮性好的、中等可浮的和可浮性较差的矿物群，然后再将各混合精矿依次分选出不同有用矿物的流程，称为等可浮浮选流程（图6-19）。

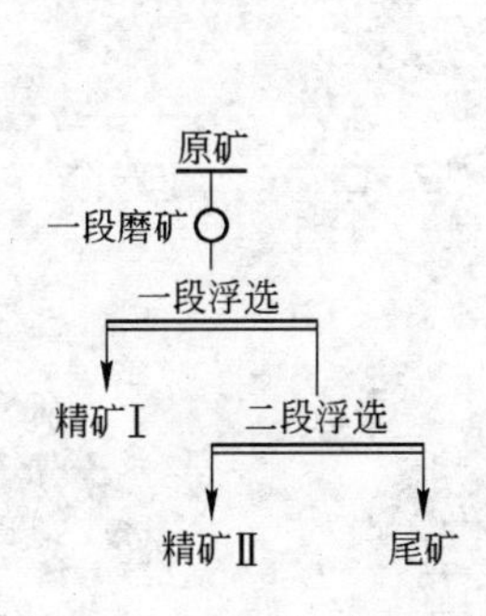

图6-16 优先浮选流程

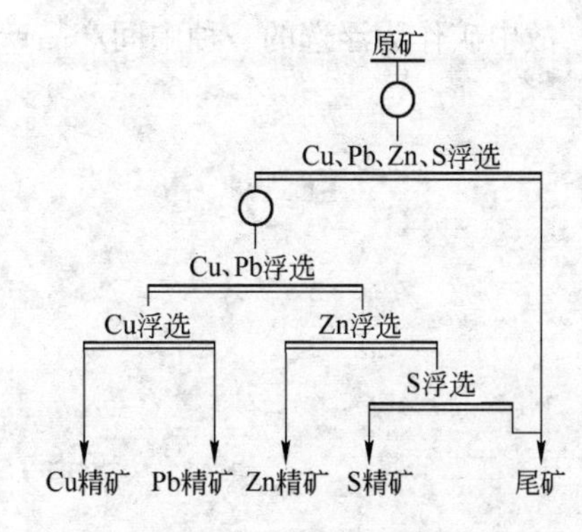

图6-17 混合浮选流程

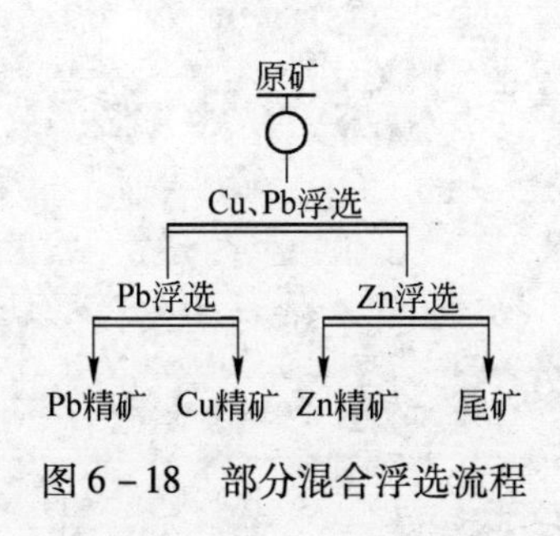

图6-18 部分混合浮选流程

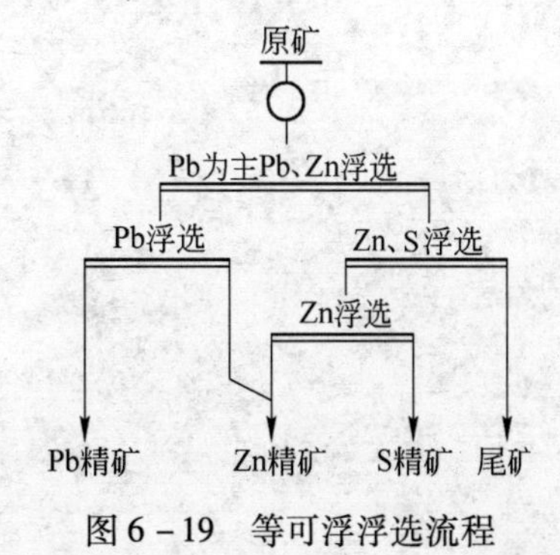

图6-19 等可浮浮选流程

6.6.3.2 流程内部结构

流程内部结构，除包含原则流程的内容外，还须详细表明各段磨矿分级次数，每个循环的粗选、精选、扫选次数，以及中矿处理方式等。

（1）粗选、精选、扫选。粗选一般都是一次，只有很少的情况，采用两次以上。精选和扫选次数则由矿石性质、产品质量的要求和分选矿物的价值确定。同时浮选实验研究对确定浮选流程的内部结构组成有重要的指导意义。

（2）中矿处理。浮选的最终产品是精矿和尾矿，但在浮选过程中，总要产出一些中间产品，即精选尾矿、扫选精矿等，习惯称之为中矿。中矿在浮选过程中常见的处理方式有：

1）中矿返回浮选过程中的适当位置。最常见的方式是循序返回，即后一作业的中矿返回前一作业。另一方式是中矿合一返回，是将全部中矿合并一起，返回前面某一作业，这样可以使中矿得到多次再选，适用于矿物可浮性好，对精矿质量要求又高的矿石，如石墨、萤石浮选。同时，中矿返回应遵循的规律是，中矿应返回到矿物组成和矿物可浮性等与中矿相似的作业。

2）中矿再磨。对中矿连生体多，需要再磨再选的中矿。

3）中矿单独浮选。中矿性质比较特殊时，返回前面作业不太合适，可将中矿单独浮选。

4）中矿用水冶等其他方法处理。这是对中矿性质复杂，返回前面作业会扰乱浮选过程，故中矿作为浮选的一种中间产品产出，并用水冶等其他方法处理。

7 矿石测试方法

对矿石进行测试分析一般可以起到两个方面的作用：一是用现代测试技术研究矿石性质，更加有利于选矿工艺的设计，对生产现场起到指导作用；二是利于现代测试技术对于选矿机理的研究，使得矿物加工从工艺生产上升到理论高度，从而用理论来进一步促进现场生产的优化。

在矿物加工领域，常用的测试技术包括：显微镜分析、X 射线衍射分析、X 射线荧光光谱测试分析、X 射线光电子能谱检测、拉曼光谱测试分析、红外光谱测试分析、扫描电镜测试、透射电镜测试等。

7.1 显微镜分析

7.1.1 反光显微镜分析

自然界中的结晶物质，如果按其透明程度不同，基本可以分为两类：一类为透明晶体，另一类为不透明晶体。当研究透明晶体的光学性质时，将被研究物制成薄片在透射光下进行系统的研究；当研究不透明晶体（其薄片厚度在 0.03mm 时亦不够透明）的光学性质时，要将被研究物制成光片在反光显微镜下观察。反光显微镜是金相显微镜与矿相显微镜的总称。在反光显微镜下研究晶体的方法称为反射光法，又称为光片法。

近些年来，在反射光下研究矿物晶体，从理论到方法都有了新的进展。反射光下对晶体光学性质的测定和岩石结构构造的研究，已逐步由定性发展到定量，而且研究晶体的范围也在不断扩大，有些透明晶体同样可以在反射光下研究。这是因为这种方法制片简单，光片受侵蚀后晶体轮廓清晰，便于镜下定量测定，适宜生产控制。此外，反光显微镜的构造简单、操作方便、容易掌握，所以许多工厂和研究单位都已普遍采用。

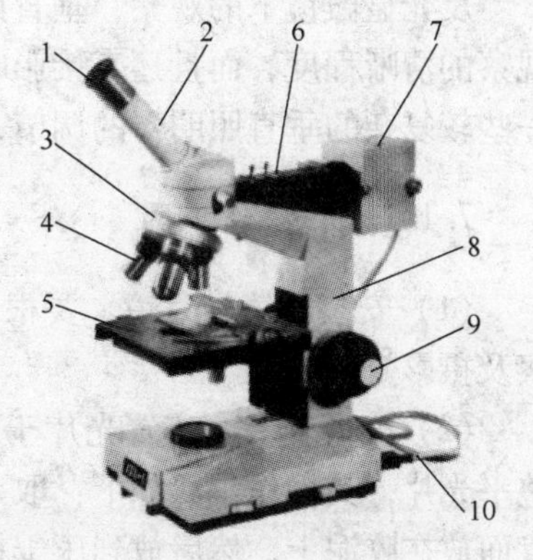

图 7－1　XJX－1 型金相显微镜

1—目镜；2—目镜筒；3—物镜转换器；4—物镜；5—样品台；6—垂直照明器；7—灯室；8—主机架；9—调焦机构；10—电源线

7.1.1.1 反光显微镜的主要构造

目前，矿业中使用较多的是金相显微镜（图 7－1）。金相显微镜的构造除了有与偏光显微镜相似的镜座、镜臂、镜筒、目镜、物镜及载物台等主要构造外，还有一个特殊的装置，即垂直照明器。矿相显微镜也是如此，它是在偏光显微镜上加一个垂直照明器。所以垂直照明器是反光显微镜上不可缺少的装置。各种反光显微镜上的垂直照明器样式不完全相同，但其构造与原理基本相似。

7.1.1.2 反光显微镜的调节

反光显微镜的调节主要包括物镜中心的校正、偏光系统的校正和垂直照明系统的校正三部分。前两部分与偏光显微镜的校正大体相同。偏光镜振动方向的检验，最简单的方法可借助石墨和辉钼矿晶体，当入射偏光（即前偏光）的振动方向平行晶体的延长方向时，晶体的反射率最大，即视域中矿物晶体的亮度最大。相反，当入射偏光的振动方向垂直于晶体的延长方向时，反射率最小，即亮度最暗。用这种方法可测得前偏光镜的振动方向，另一个偏光镜的振动方向可用测定偏光显微镜上的上偏光镜振动方向的方法来测定。一般使前偏光镜振动方向平行于东西方向为宜。

在反光显微镜的校正工作中，以调节照明光源最为重要，调节照明光源的方法如下：

（1）调节光源。装上物镜和目镜，调节孔径光阑至10mm处（可在光阑的刻度上读出），接通电源，观察视域中亮度是否均匀（视域中出现光最亮的部位是否居于中间或偏斜边），当发现视域中光的亮度不均匀时，要调节灯座（转动灯座时，要使偏心圈和灯座上的两红点对齐），让视域中光最亮并均匀，然后再拧转偏心圈（使两小红点分开），固定灯座。有些质量较好的显微镜上的照明光源调节较复杂，要严格遵照显微镜说明书上规定步骤操作。

（2）调节视场光阑。打开视场光阑时，其边缘应与视域边缘重合，不能一边重合，另一边还在视域之内，当尽量缩小视场光阑时，光阑圈的小亮圆应能精确对准目镜十字丝交点，如有偏斜，可调节视场光阑的中心校正螺丝，直至小亮圆点对准目镜十字丝交点上。为了避免边缘杂乱光线的干扰，视场光阑圈最大只能开启到其边缘与视域相重合的大小。

（3）调节孔径光阑。孔径光阑的作用有两个：一为挡去射向视域边缘部分有害的漫反射光线；二为调节视域中光的亮度，控制影像的反差。因此孔径光阑的调节，要根据观察对象的不同，随时进行调节（主要凭经验）。一般在高倍镜下观察时，为了增大物镜的光孔角，提高显微镜的分辨率，要适当放大孔径光阑；在低倍镜下观察时，为增强影像的反差，可以适当缩小孔径光阑。

反光显微镜下的观察，垂直照明系统的调节是很重要的步骤，因为它不但影响到镜下观察的清晰程度，而且还直接影响到反光镜下晶体一系列光学性质的测定结果。所以对于一些较复杂的垂直照明器的调节，要严格按仪器说明书上规定的步骤操作。

7.1.1.3 操作步骤

（1）安装物镜和目镜。要根据各种物镜和目镜的性能，配合使用，以取得最佳的观察及摄影效果。

（2）安置光片。安置光片于物台上，直立式反光显微镜的光片安置，应先用压平机整平光片，其操作步骤如下：取一块载玻片，上面放一小团胶泥（又称油泥），将光片的背面放在胶泥上，然后放到压干机上，用手轻轻压数十秒，使光片整平并粘在胶泥上使载玻片、胶泥、光片成为一体，然后放到载物台上观察。

（3）接通电源。将变压器接到室内220V照明电源上，再将白炽灯的灯座连接变压器，切勿直接将白炽灯插在220V电源上，以免损坏灯泡，引起事故。

（4）调节光源。

（5）调节焦距。反光显微镜与偏光显微镜一样是较贵重的光学仪器，使用时一定要遵守操作规程，备加爱护。其维修保养方法见偏光显微镜的维修保养方法。

(6) 观察矿物。

1) 显微镜下的定量分析。

① 矿物粒径的测定。测定目镜刻度尺每格所代表的长度。在一定放大倍数物镜下，将物台测微尺置于载物台上，准焦；旋转物台，使物台测微尺与目镜刻度尺平行，并使两刻度零点对齐；观察两微尺分格线再次重合的部位，分别读出两者再次重合时的格数。已知物台测微尺每分格为0.01mm，从而计算出该放大倍数物镜下目镜刻度尺的格值；按上述方法求出各放大倍数物镜下目镜刻度尺每格的实际长度（格值），记录下来备用。

② 读出矿物的长（不等向颗粒）和直径（圆形颗粒）所占目镜刻度尺的格数，乘以所使用放大倍数物镜下目镜刻度尺的格值，即为矿物的粒径。一般需测定10~15个颗粒，取其平均值作为该矿物的平均粒径。

2) 矿物质量分数的测定。

① 直线法。将矿物光片置于载物台，并使其左上角移至视域中心；分别记录该视域中目镜刻度尺截取各种矿物的格数；移动光片使第二个视域紧挨着第一个视域，如此一个挨一个视域地进行测定，直至光片上第一条线测定完毕；将光片移至第二条线上，移动距离约等于矿物颗粒的平均直径，以同样方法继续进行测定；整个光片测定完毕后，统计出各矿物的累计格数和累计长度，并按式（7-1）进行计算。

$$G_n = \frac{\rho_i d_i}{\rho_1 d_1 + \rho_2 d_2 + \cdots + \rho_n d_n} \times 100\% \qquad (7-1)$$

式中 G_n——某矿物的质量分数，%；

ρ_1，ρ_2，…，ρ_n——各矿物的密度，g/cm^3；

d_1，d_2，…，d_n——各矿物的累计长度，cm。

② 目估法。将矿物光片置于载物台上，准焦后任意选取一视域；使用已知体积分数的标准参比图进行比较，直接估读此视域中各种矿物的体积分数；移动光片使第二个视域紧挨第一个视域，以此类推，至少需观察10个视域，取其平均值，并按式（7-2）进行计算。

$$G_n = \frac{\rho_i V_i}{\rho_1 V_1 + \rho_2 V_2 + \cdots + \rho_n V_n} \times 100\% \qquad (7-2)$$

式中 G_n——某矿物的质量分数，%；

ρ_1，ρ_2，…，ρ_n——各矿物的密度，g/cm^3；

V_1，V_2，…，V_n——各矿物的累计体积，cm^3。

7.1.2 偏光显微镜分析

偏光显微镜分析就是利用直线偏光来研究矿物材料制品和原料的物相组成（矿物组成）及显微结构，并以此来研究形成这些物相结构的工艺条件和产品性能间的关系。显微结构指构成材料的矿物形状、大小、分布以及其相互关系。偏光显微镜是研究透明矿物、天然矿物及无机材料制品的光学特征、显微结构等的重要光学仪器。晶体光学的基本原理是用偏光显微镜研究材料的理论基础。

7.1.2.1 偏光显微镜的构造与原理

偏光显微镜是研究晶体光学性质的主要仪器。研究晶体光学性质所使用的显微镜和生物显微镜的区别在于它装有下偏光镜和上偏光镜。自然光经下偏光镜后成为在某一固定方向上振动的偏振光。由于装有下偏光镜和上偏光镜，故将此类显微镜称为偏光显微镜（图 7 - 2、图 7 - 3）。

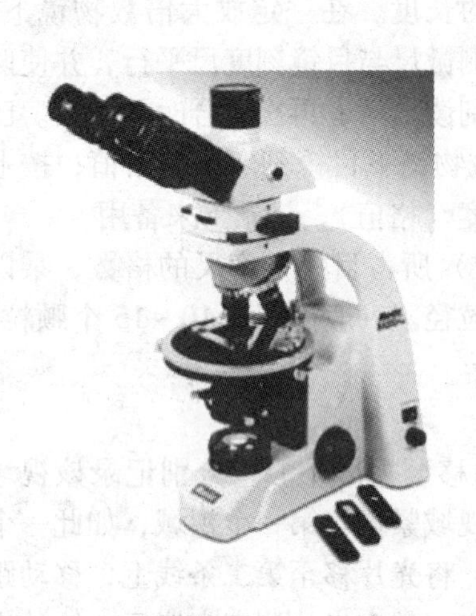

图 7 - 2　MoticBA300POL 偏光显微镜

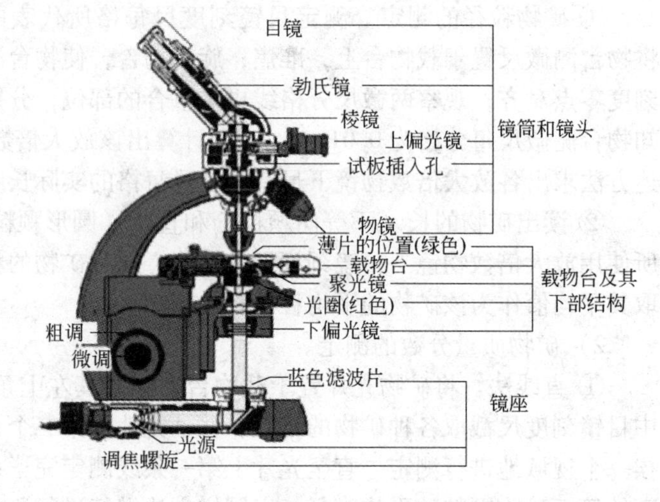

图 7 - 3　偏光显微镜基本结构

当研究透明矿物时，将被研究物制成薄片在透射光下进行研究；当研究不透明矿物时，将被研究物制成光片在反射光下进行研究，前者称为透射偏光显微镜，简称偏光显微镜；后者称为反射偏光显微镜，简称反光显微镜。两者的外形、内部构造均有所区别，但放大原理完全相同。

显微镜原理如图 7 - 4 所示。照明光线由右射来，被反光镜反射向上，经过光圈进入聚光镜，被聚光镜会聚后，照明了被观察的透明小物体 O_1 光线穿过小物体射入物镜，由于小物体与物镜距离略大于物镜焦距，故射入物镜的光线在物镜上方形成一个放大而倒立的实像。但成像光线还未到达应该形成实像的位置时，就遇到目镜的场透镜，被场透镜折射在 O_2 处形成实像。此实像与目镜的眼透镜的距离略小于眼透镜焦距，于是眼透镜相当于放大镜，在 O_4 处生成一个倒立的放大虚像，其倍数比 O_2 处实像大得多。人眼能看见虚像的原因是，成像光线通过眼透镜射入人眼，被人眼聚焦在视网膜上形成了物体的像 O_3，这个像人眼看起来位置好像在 O_4 处似的，可是 O_4 处实际上并没有物

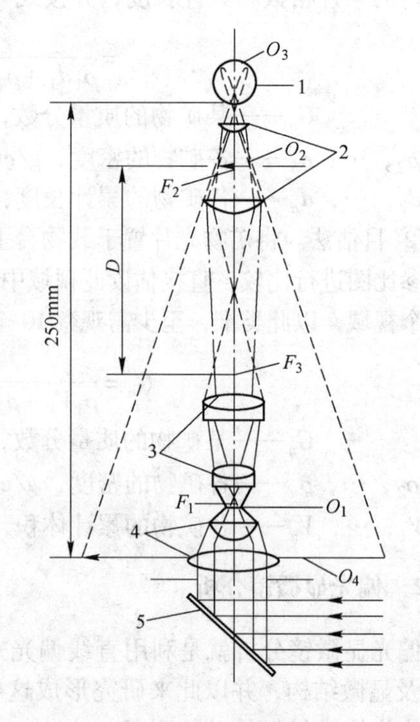

图 7 - 4　显微镜原理

1—人眼；2—目镜；3—物镜；4—聚光镜；5—反光镜

O_1—小物体；O_2—物镜形成的实像；

O_3—人眼中的实像；O_4—倒立放大虚像；

F_1—物镜前焦点；F_2—物镜后焦点；

F_3—目镜焦点；D—光学焦点

体的像，故称为虚像。虚像距正常人眼的距离约25cm，对于近视或远视则有较大变化。

7.1.2.2 偏光显微镜使用前的校正

(1) 确定下偏光镜的振动方向。将上偏光镜从目镜架中推出，只留一个下偏光镜。载物台上放置黑云母切片，转动载物台，当黑云母解理缝与下偏光镜的振动方向平行时黑云母吸收性最强，此时呈现深棕色；当解理缝与下偏光镜的振动方向垂直时，黑云母吸收性微弱，此时晶体呈现淡黄色，据此就能确定起偏振镜振动方向。

(2) 上偏光镜与下偏光镜的正交。将上偏光镜推入光路（为观察清楚，应取下目镜、物镜及拨开聚光镜前片），转动起偏振镜观察到最暗位置，即为正交位置，此时起偏振镜刻线应对准0°或180°。

(3) 目镜分划板十字线与下偏光镜、上偏光镜振动方向平行，检查方法同在单偏光下观察黑云母切片，当黑云母解理与下偏光镜的振动方向平行时，颜色最深，呈深棕色，此时目镜分划板十字线之一应与黑云母解理方向平行。

7.1.2.3 物镜的调节

A 显微镜的安装

将选用的目镜插入镜筒上端，并使十字丝位于东西、南北方向。将物镜安装正确，物镜的装卸有以下几种情况：

(1) 弹簧夹型。将物镜上小钉夹于弹簧夹凹陷处即可。

(2) 螺丝扣型。将选用的物镜装在镜筒下螺丝扣处，并拧紧。

(3) 转盘型。先将物镜安装在可转动的圆盘上，再将需用物镜中心线转至与镜筒中轴一致。调节照明和准焦，由于显微镜的光源大致可分为人工照明和自然光照明两大类，故调节照明也有所不同。

1) 自然光照明，装上中倍物镜和目镜，推出上偏光镜和勃氏镜，打开光圈，转动反光镜，直至视域最亮为止。若视域不亮，则可去掉目镜，从镜筒中观察光源的像。如果看不见光源，说明反光镜位置不对，或有别的障碍。去掉障碍，转动反光镜，直到光源照亮整个视域或中央部分为止。再装上目镜，视域必然明亮。对光时，切勿把反光镜直接对准太阳光，因为太阳光太强易使眼睛疲劳。

2) 人工照明的调节应包括如下两个内容：

① 调节亮度。装上物镜和目镜，调节孔径光阑至10mm处，接通电源，观察视域中亮度是否均匀，当发现视域中亮度不均匀时，需调节灯室校正螺丝或灯座，直至视域最亮并均匀为止。近代显微镜的照明光源调节较复杂，故需严格遵照使用说明书上的规定步骤操作。

② 校正灯光颜色。除氙灯为标准白光外，常用的钨丝白炽灯和卤钨灯都是黄光，故需调节。一般加蓝滤色片或磨砂蓝滤色片使灯的黄光变为白光。反射偏光显微镜可用方铅矿校正，若方铅矿颜色太蓝或太黄，需增、减滤色片，直至校正到白色为止。

B 安装试样

偏光显微镜分为透射式、反射式两种。

透射式偏光显微镜是将薄片置于载物台中心，夹紧，并使薄片的盖玻片朝上，否则无法准焦。反射式偏光显微镜是将光片在观察之前用擦镜纸擦拭干净。凡倒置式显微镜，置试样于载物台中心即可。一般反射式偏光显微镜，需在26mm×76mm的载玻片上放一小块橡皮泥，再将擦净的光片背面粘在橡皮泥上，最后用光片压平机压数十秒，使光片水平后，即可在镜下进行观察。

C 调节焦距

调节焦距即准焦应从侧面看着镜头下降到最低位置，若用高倍物镜，镜头几乎与试样接触。从目镜中观察，并转动粗动螺旋，使镜筒慢慢上升，直至看到清楚的物像。然后再转动微动螺旋，直到物像完全清楚为止。

准焦后，物镜前端和盖玻片之间的距离称为工作距离，用 F_W 表示。工作距离和放大倍数有关，低倍物镜工作距离大，中倍物镜工作距离较大，高倍物镜工作距离小。在准焦时，绝对不可眼看目镜下降镜筒，这样易损坏镜头或试样。高倍物镜因工作距离很短，镜头几乎接触试样，故需特别注意。初学者，宜先用低倍物镜准焦，而后用中、高倍物镜准焦。

D 校正中心

（1）在试样中选一质点 a，移动试样，使质点 a 位于十字丝交点处，如图7-5a所示。

（2）固定试样，旋转载物台360°，若中心不正，则质点 a 必绕另一圆心（O）作圆周运动，如图7-5b所示。其圆心 O 点即为物台旋转轴的出露点。

（3）旋转载物台180°，使质点 a 由十字丝交点移至 a' 处，如图7-5c所示。

（4）扭动校正螺丝，使质点 a 由 a' 处移至偏心圆心 O 点处，如图7-5d所示。

（5）移动试样，使质点 a 由 O 点移至十字丝交点，如图7-5e所示。

（6）旋转载物台，若质点不动，如图7-5f所示，则中心已校好，若仍有偏心，则需按上述步骤再校一次，直至偏心消失，三者完全在一条直线上为止。

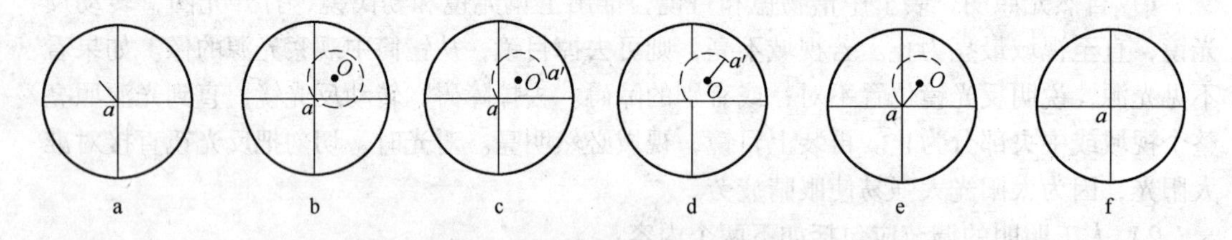

图7-5 校正中心步骤示意图

a—移动薄片；b，f—旋转载物台360°；c—旋转载物台180°；
d—扭动校正螺丝；e—移动薄片

（7）若偏心很大时，旋转载物台，质点 a 由十字丝交点移至视域以外，如图7-6所示。在这种情况下，首先要估计偏心圆心 O 点的位置及偏心圆半径。将质点 a 转到十字丝交点后，扭动校正螺丝，使质点 a 由十字丝交点移至偏心圆相反方向。然后移动试样，使质点 a 由 a' 处移至十字丝交点。旋转载物台，若偏心仍然很大，则需按上述方法再重复操作一次，直到偏心圆出露于视域中，再进行校正（图7-7）。

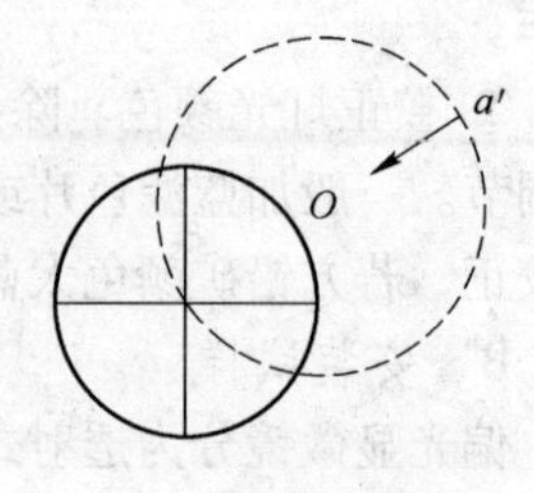

图7-6 偏心很大的情况

E 视域光阑的调节

尽量缩小视域光阑，直至成一小亮圆，若小亮圆对准十字丝交点则无需校正，若两者出现偏差，则需调节视域光阑校正螺丝，直到小亮圆对准十字丝交点为止。

F 孔径光阑的调节

取下目镜或推入勃氏镜，即可在物镜的后透镜处，见到孔径光阑的像。用孔径光阑校正螺丝使其居中心位，若放大时，光阑边缘与物镜后透镜边缘重合；若缩小时，小亮圆位于视域中心。由于现代显微镜的照明都按科勒照明设计，以求得最佳照明效果。光源的像和孔径光阑成像在同一焦平面上，然后调节光源，使光源变作一均匀的亮点，并且正好充满整个物镜的后透镜。当用低、中倍物镜观察时，需将孔径光阑开足，即光阑边缘和物镜后透镜圆周重合，可利用整个物镜的孔径，以求得最高分辨率。当用高倍物镜观察时，若观察微小物体，要求高分辨率时也应开足孔径光阑。若需提高影像反差时，可适当缩小孔径光阑，约占物镜后透镜直径的1/4~1/3。严格地说，每换一次物镜，都要调节一次孔径光阑，以获得最佳效果。

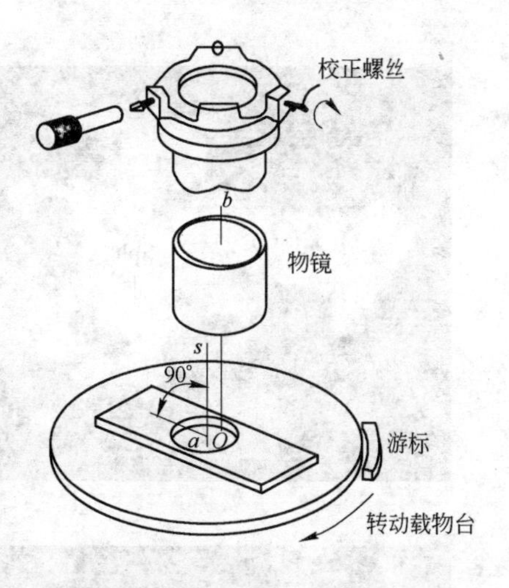

图7-7 校正螺丝

7.1.2.4 偏光显微镜观察的图片形态

对某铜选厂两个系统中的Ⅱ系统扫选精矿进行镜下鉴定，偏光显微镜鉴定图如图7-8所示。

主要矿物成分为金属矿物、脉石矿物。样片中主要金属矿物为黄铜矿、黄铁矿、磁黄铁矿、磁铁矿、闪锌矿、辉钼矿等。

黄铁矿（Py）：含量约占5%，极少部分呈单晶体，大多被黄铜矿、磁黄铁矿及脉石矿物交代（图7-8a）。

黄铜矿（Cp）：含量约占15%，单晶体较少分布，多交代黄铁矿、磁铁矿（图7-8b）或分布在脉石矿物中，或与磁黄铁矿共生（图7-8c），黄铜矿中见有闪锌矿分布（图7-8a）。

磁黄铁矿（Po）：含量约占3%，多与黄铜矿共生，或交代黄铁矿，以及与脉石矿物连晶。

磁铁矿（Mt）：含量约占1%，少部分呈单晶体分布，大多被黄铜矿交代（图7-8b），部分与脉石矿物连晶。

闪锌矿（Sph）：含量小于1%，单晶体未见，多分布在黄铜矿中（图7-8a）。

辉钼矿（Mol）：含量小于1%，呈鳞片状，多呈单晶体分布（图7-8d）。

7.2 X射线衍射分析

X射线衍射分析（X-ray diffraction，简称XRD），是利用晶体形成的X射线衍射，对物质进行内部原子在空间分布状况的结构分析方法。将具有一定波长的X射线照射到结晶性物质上时，X射线因在结晶内遇到规则排列的原子或离子而发生散射，散射的X

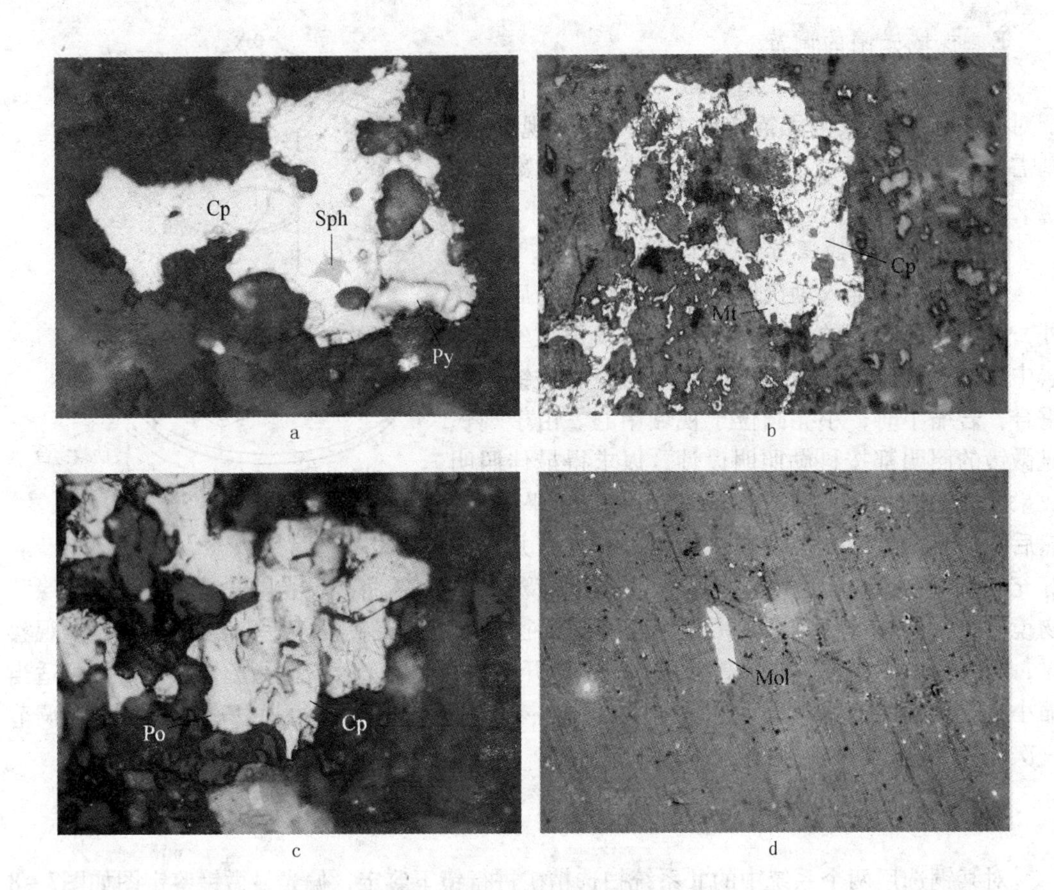

图7-8 Ⅱ系统扫选精矿镜下分析

a—d=0.22mm；b—d=0.56mm；c—d=0.22mm；d—d=0.22mm

射线在某些方向上相位得到加强，从而显示与结晶结构相对应的特有的衍射现象。X射线衍射方法具有不损伤样品、无污染、快捷、测量精度高、能得到有关晶体完整性的大量信息等优点。粉末衍射也称为多晶体衍射，是相对于单晶体衍射来命名的，在单晶体衍射中，被分析试样是一粒单晶体，而在多晶体衍射中被分析试样是一堆细小的单晶体（粉末）。每一种结晶物质都有各自独特的化学组成和晶体结构。当X射线被晶体衍射时，每一种结晶物质都有自己独特的衍射花样。利用X射线衍射仪实验测定待测结晶物质的衍射谱，并与已知标准物质的衍射谱比对，从而判定待测的化学组成和晶体结构这就是X射线粉末衍射法物相定性分析方法。图7-9所示为D8 Advance型X射线衍射仪外形。

图7-9 D8 Advance型X射线衍射仪外形

在对于X射线衍射物相分析之前，需要将样品的粉晶衍射图谱转化成一套相应的衍射数据。衍射数据主要包括面网间距和衍射强度两方面数值。X射线衍射定性物相分析的目的是鉴定样品中存在的物相种类，其方法是将待测样品的衍射图与标准衍射图进行比较，找出相同的标准衍射图，从而确定待测物相。要从大量的标准图中找出相同的图谱，必须要有一套简便可行的检索方法。目前最常用的方法是 Hanawalt 和 Fink 法。这两种方法都能快速地找到与待测物相同的标准图谱。

7.2.1 测定原理

通过晶体的布喇菲点阵中任意 3 个不共线的格点作一平面，会形成一个包含无限多个格点的二维点阵，通常称为晶面。相互平行的诸晶面称为一晶面族。一晶面族中所有晶面平行且各晶面上的格点具有完全相同的周期分布。因此，它们的特征可通过这些晶面的空间方位来表示。要标示一晶面族，需说明它的空间方位。晶面的方位（法向）可以通过该面在 3 个基矢上的截距来确定。

对于固体物理学原胞，基矢为 $\boldsymbol{a}_1$、$\boldsymbol{a}_2$、$\boldsymbol{a}_3$，设一晶面族中某一晶面在 3 基矢上的交点的位矢分别为 $r\boldsymbol{a}_1$、$s\boldsymbol{a}_2$、$t\boldsymbol{a}_3$，其中 r、s、t 称为截距，则晶面在 3 基矢上的截距的倒数之比为 $\frac{1}{r}:\frac{1}{s}:\frac{1}{t}=h_1:h_2:h_3$，其中 h_1、h_2、h_3 为互质整数，可用于表示晶面的法向，就称 h_1、h_2、h_3 为该晶面族的面指数，记为（$h_1h_2h_3$）。最靠近原点的晶面在坐标轴上的截距为 a_1/h_1、a_2/h_2、a_3/h_3。同族的其他晶面的截距为这组最小截距的整数倍。

在实际工作中，常以结晶学原胞的基矢 $\boldsymbol{a}$、$\boldsymbol{b}$、$\boldsymbol{c}$ 为坐标轴表示面指数。此时，晶面在 3 坐标轴上的截距的倒数比记为 $\frac{1}{r}:\frac{1}{s}:\frac{1}{t}=h:k:l$，整数 h、k、l 用于表示晶面的法向，称 h、k、l 为该晶面族的密勒指数，记为（hkl）。若某一晶面在 $\boldsymbol{a}$、$\boldsymbol{b}$、$\boldsymbol{c}$ 3 坐标轴的截距为 4、1、2，则其倒数之比为 $\frac{1}{4}:\frac{1}{1}:\frac{1}{2}=1:4:2$，该晶面族的密勒指数为（142）；若某一截距为无限大，则晶面平行于某一坐标轴，相应的指数就是零；当截距为负数时，在指数上部加一负号，如某一晶面的截距为 -2、3、∞，则密勒指数为（$\bar{3}20$）。一组密勒指数（hkl）代表无穷多互相平行的晶面，所有等价的晶面（hkl）用 $\{hkl\}$ 来统一表示。一组晶面的面间距用 d_{hkl} 表示。

图 7-10 所示为简单立方（111）面和平面点阵族的衍射方向。

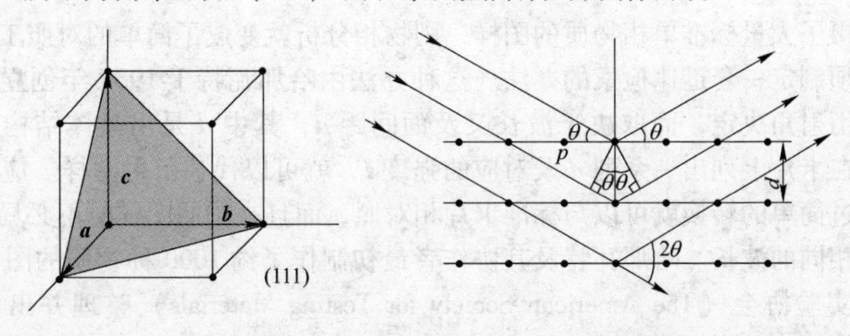

图 7-10 简单立方（111）面和平面点阵族的衍射方向

晶体的空间点阵可以划分成若干个平面点阵族。点阵平面族是一组相互平行间距相等的平面。X 射线入射到这族平面点阵上，若入射线与点阵平面的交角为 θ，并满足 $2d_{hkl}\sin\theta=n\lambda$（$n$ 为整数，h、k、l 为晶面指标。此式称为 Bragg 方程）的关系时，各个点阵平面的散射波在入射波关于晶面法线对称的方向相互加强产生衍射。

每一种结晶物质都有各自独特的化学组成和晶体结构。没有任何两种物质的晶胞大小、质点种类及其在晶胞中的排列方式是完全一致的。因此，当 X 射线被晶体衍射时，每一种结晶物质都有自己独特的衍射花样，它们的特征可以用各个衍射晶面间距 d 和衍射线的相对强度 I/I_0 来表征。其中晶面间距 d 与晶胞的形状和大小有关，相对强度则与质点的种类及其在晶胞中的位置有关。所以任何一种结晶物质的衍射数据 d 和 I/I_0 是其晶体结构的必然反映，因而可以根据它们来鉴别结晶物质的物相。

当多种结晶状物质混合或共生（如固溶体），它们的衍射花样也只是简单叠加，互不干扰，相互独立。

获得的衍射花样与已知大量标准单相物质的衍射花样对比，可以判断出待测试样所包含晶体的物相。

7.2.2 物相定性分析方法

X 射线衍射物相定性分析方法的基本原理是匹配 d 和 I 判断存在的物相。通过 X 射线衍射仪扫描得到试样的 X 射线衍射谱，如图 7－11 所示。

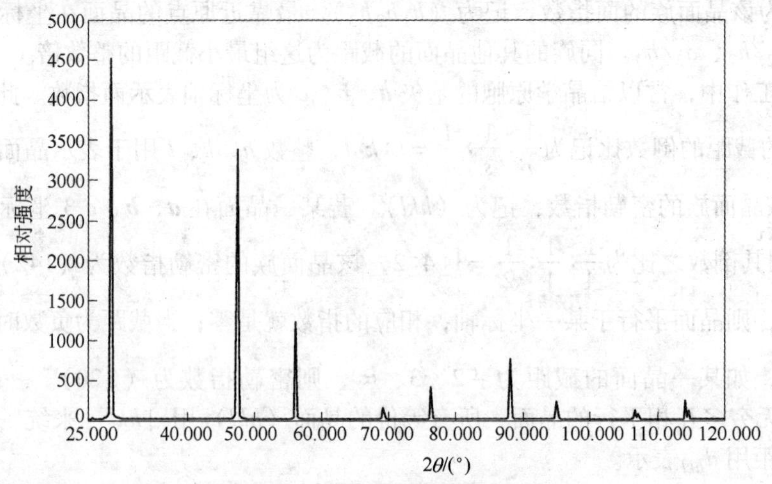

图 7－11 某种硅晶体的衍射谱

如果拍摄了大量标准单相物质的图样，则物相分析就变成了简单的对照工作，但由于数量大，必须制定一套迅速检索的办法。这种办法由哈那瓦特于 1938 年创立。图样上线条的位置由衍射角决定，而取决于波长又及面间距 d，其中 d 是由晶体结构决定的基本量，因此，在卡片上列出一系列 d 及对应的强度 I，就可以代替衍射图样。应用时只需将所测图样经过简单的转换就可以与标准卡片相对照，而且在拍照图样时不必局限于使用与制作卡片时相同的波长。哈那瓦特及其协作者最初制作了约 1000 种物质的图样，1942 年由美国材料实验协会（The American Society for Testing Materials）整理并出版了卡片约 1300 张，这就是通常使用的 ASTM 卡片。此种卡片后来逐年均有所增添。1969 年起，由美国材料实验协会和英国、法国、加拿大等国家的有关协会共同组成名为“粉末衍射标准联合委员会”负责卡片的收集、校订和编辑工作，并出版了名为粉末衍射卡组（The Powder Diffraction File），简称 PDF 卡片（图 7－12），为了检索的迅速方便，又制定了索引。

这里介绍一种检索方法——三强线法的过程。对单一物相：

（1）从前反射区（$2\theta<90°$）中选取强度最大的三根线（图 7－11），使其 d 值按强度递减的次序排列。

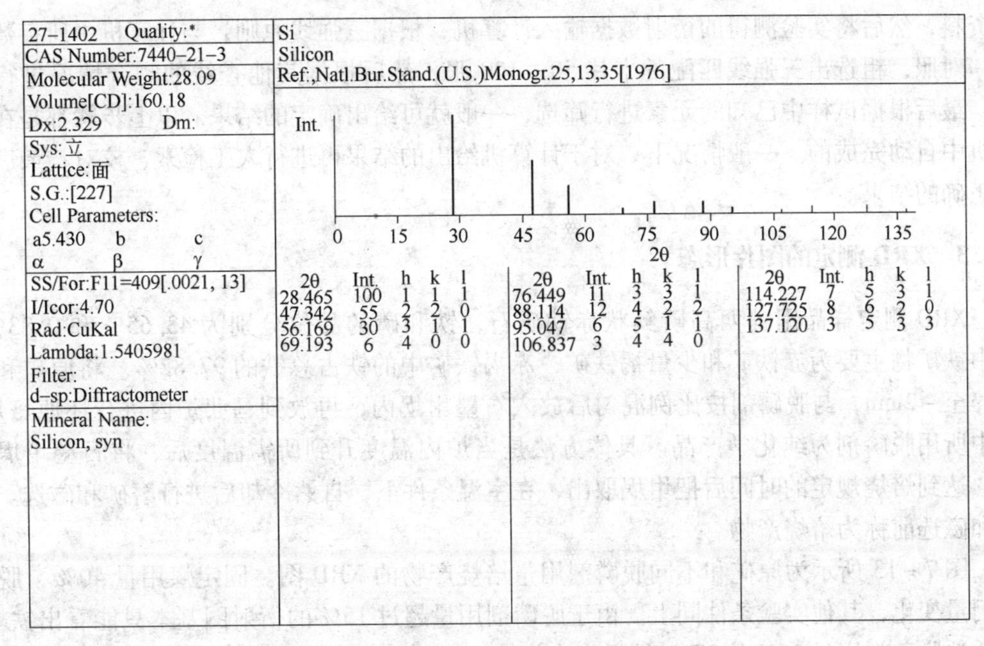

27-1402 Quality:*
CAS Number:7440-21-3
Molecular Weight:28.09
Volume[CD]:160.18
Dx:2.329 Dm:
Sys:立
Lattice:面
S.G.:[227]
Cell Parameters:
a5.430 b c
α β γ
SS/For:F11=409[.0021, 13]
I/Icor:4.70
Rad:CuKal
Lambda:1.5405981
Filter:
d-sp:Diffractometer
Mineral Name:
Silicon, syn

Si
Silicon
Ref:,Natl.Bur.Stand.(U.S.)Monogr.25,13,35[1976]

2θ	Int.	h	k	l
28.465	100	1	1	1
47.342	55	2	2	0
56.169	30	3	1	1
69.193	6	4	0	0
76.449	11	3	3	1
88.114	12	4	2	2
95.047	6	5	1	1
106.837	3	4	4	0
114.227	7	5	3	1
127.725	8	6	2	0
137.120	3	5	3	3

图 7-12 标准 PDF 卡片样片

（2）在数字索引中找到对应的 d_1（最强线的面间距）组。

（3）按次强线的面间距 d_2 找到接近的几列。

（4）检查这几列数据中的第三个 d 值是否与待测样的数据对应，再查看第四至第八强线数据并进行对照，最后从中找出最可能的物相及其卡片号。

卡片上包含：1）卡片序号。Quality 右上角标号★表示数据高度可靠；O 表示可靠性较低；无符号者表示一般；i 表示已指数化和估计强度，但不如有星号的卡片可靠；有 c 表示数据为计算值。2）化学分析、试样来源、分解温度、转变点、热处理、实验温度等。3）物相的结晶学数据。4）所用实验条件。5）矿物学通用名称、有机物结构式。6）物相的化学式和名称。7）收集到的衍射的 d（或相应的角度值）、I/I_1 和 hkl 值。

（5）找出可能的标准卡片，将实验所得 d 及 I/I_1 跟卡片上的数据详细对照，如果完全符合，物相鉴定即告完成。

如果待测样的数据与标准数据不符，则须重新排列组合并重复（2）~（5）的检索手续。如为多相物质，当找出第一物相之后，可将其线条剔出，并将留下线条的强度重新归一化，再按过程（1）~（5）进行检索，直到得出正确答案。

如果试样中含有多种物相，就会变得复杂。因为这需要一个相一个相地鉴定，而且被测衍射花样的三强线不一定属于同一个相。要想找到某个相的三强线必须排列组合多次尝试。当检索出一个相后，要将除出已鉴定相之外的剩余衍射线的强度重新进行归一化处理，即在剩余衍射线中重新用其中的最强线峰高去除剩余衍射线的峰高强度，得到重新归一化的相对强度。然后在新的基础上，再作三强线的尝试检索，直到检出全部的物相。

随着计算机技术的发展，计算机也被引入了物相分析，进行自动检索，这就大大节约了人力和时间。计算机自动检索的原理是利用庞大的数据库，尽可能地储存全部相分析卡片资料，然后将实验测得的衍射数据输入计算机，根据三强线原则，与计算机中所存数据一一对照，粗选出三强线匹配的卡片 50 ~ 100 张，然后根据其他查线的吻合情况进行筛选，最后根据试样中已知的元素进行筛选，一般就可给出确定的结果。以上步骤都是在计算机中自动完成的。一般情况下，对于计算机给出的结果再进行人工检索、校对，最后得到正确的结果。

7.2.3 XRD 测定的图片形态

XRD 测定样品用鄂西高磷鲕状赤铁矿石，铁和磷的品位分别为 43.65% 和 0.83%，其中铁矿物主要为赤铁矿和少量褐铁矿，赤褐铁矿中的铁占总铁的 97.82%。将原矿和煤破碎至 -2mm，与脱磷剂按比例混匀后放入石墨坩埚内，再放到马弗炉内进行还原焙烧，其中所用脱磷剂为纯化学产品。具体方法是当炉内温度升到所需温度后，将石墨坩埚放入，达到焙烧规定的时间后把坩埚取出，在室温条件下，自然冷却后进行磨矿和磁选。磨矿和磁选前称为焙烧产物。

图 7 - 13 所示为原矿和不同脱磷剂用量焙烧产物的 XRD 图。固定煤用量 40%，脱磷剂用量变化，其他实验条件同上。由于脱磷剂用量超过 15% 的衍射图基本只能看出铁峰，因此选脱磷剂用量 15% 的 XRD 结果作为代表。从图 7 - 13 可以看出，当脱磷剂用量增加时，石英呈减少的趋势，当用量到达 15% 时，焙烧产物中已没有明显的石英峰存在。该组焙烧产物经过磁选后，磷品位分别为 0.19%、0.092%、0.061% 和 0.041%，铁回收率分别为 78.87%、84.06%、88.04% 和 89.01%。可以看出，随脱磷剂用量的增加，还原铁产品中磷的品位降低，铁的回收率增加。说明在焙烧过程中脱磷剂产生脱磷作用的同时对铁的还原有促进作用，脱磷剂还与原矿中的石英发生反应，使原矿中部分细粒铁得以回收。由于焙烧后产品中铁峰较高，其他峰相对较低，无法对产品中的其他成分进行分析，因此对焙烧后磁选尾矿进行 XRD 研究，考察除金属铁以外的其他成分的存在形式。

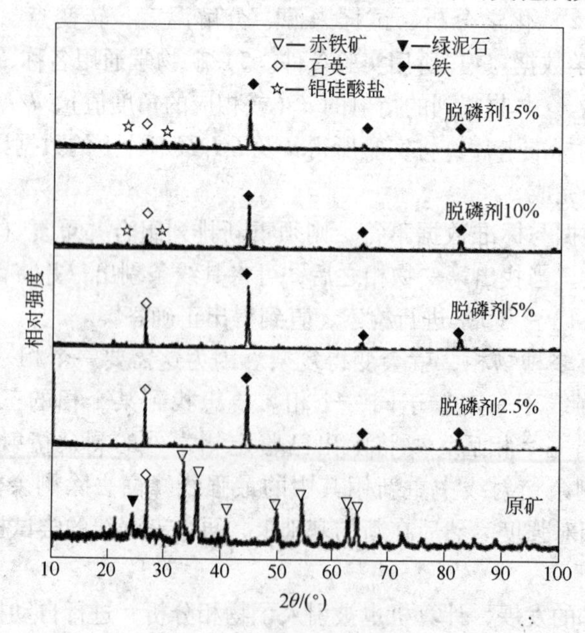

图 7 - 13 原矿和不同脱磷剂用量焙烧产物的 XRD 图

不同脱磷剂用量焙烧后磁选尾矿的XRD 为进一步研究焙烧产物中除铁以外的其他产物，将焙烧产物磁选后取尾矿进行XRD分析。XRD结果显示尾矿有较明显变化，如图7－14所示。由图7－14可以看出，随着脱磷剂用量的增大，石英峰降低，在用量20%和30%时，有明显的铝硅酸盐峰出现，说明在焙烧的过程中脱磷剂会同原矿中的石英发生反应，生成一种铝硅酸盐。由于磷矿物在原矿中的含量较低，因此在XRD衍射图中很难分辨。

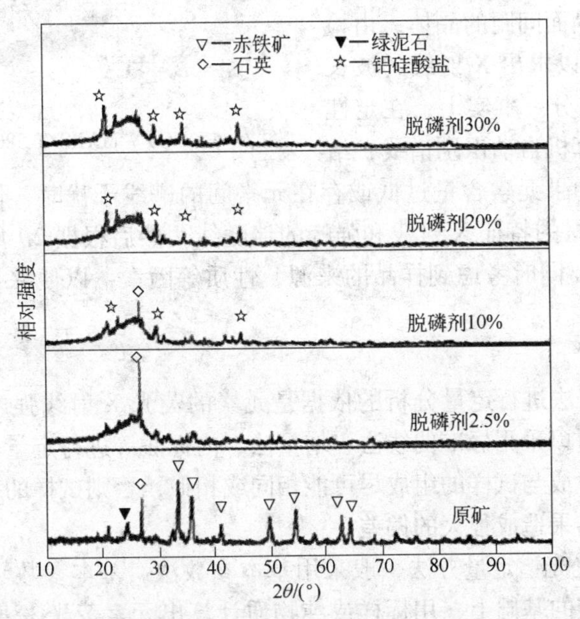

图7－14 原矿和不同脱磷剂用量焙烧－磁选后尾矿的XRD图

7.3 X射线荧光光谱测试分析

X射线荧光光谱分析又称X射线次级发射光谱分析，是指利用原级X射线光子或其他微观粒子激发待测物质中的原子，使之产生次级的特征X射线（X光荧光）而进行物质成分分析和化学态研究的方法。

现代X射线荧光光谱分析仪主要由以下几部分组成：X射线发生器（X射线管、高压电源及稳定稳流装置）、分光检测系统（分析晶体、准直器与检测器）、记数记录系统（脉冲辐射分析器、定标计、计时器、积分器、记录器）。图7－15所示为GY－MARS/T5800 X荧光光谱分析仪。

XRF仪器由激发源（X射线管）和探测系统构成。X射线管产生入射X射线（一次射线），激励被测样品。样品中的每一种元素会放射出二次X射线，并且不同的元素所放出的二次射线具有特定的能量特性。探测系统测量这些放射出来的二次射线的能量及数量，不同元素具有波长不同的特征X射线谱，而各谱线的荧光强度又与元素的浓度呈一定关系，测定待测元素特征X射线谱线的波长和强度就可以进行定性和定量分析。然后，仪器软件将控测系统所收集的信息转换成样品中的各种元素的种类及含量。利用X射线荧光原理，理论上可以测量元素周期表中的每一种元素。X射线荧光分析具有谱线简单、分析速度快、测量元素多、能进行多元素同时分析等优点。

7.3.1 定性分析

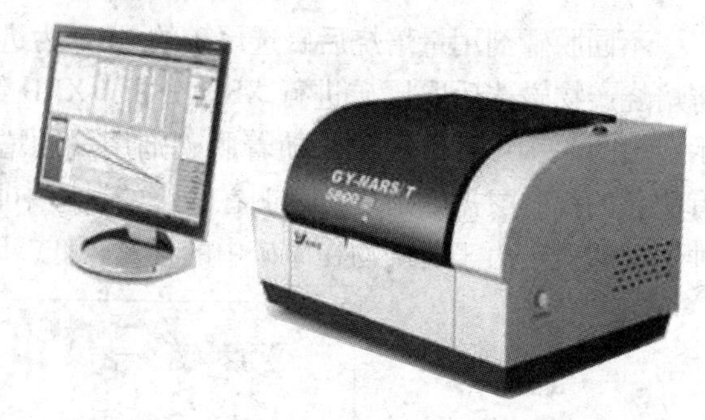

图 7-15 GY-MARS/T 5800X 荧光光谱分析仪

不同元素的荧光 X 射线具有各自的特定波长，因此根据荧光 X 射线的波长可以确定元素的组成。如果是波长色散型光谱仪，对于一定晶面间距的晶体，由检测器转动的 2θ 角可以求出 X 射线的波长 λ，从而确定元素成分。事实上，在定性分析时，可以靠计算机自动识别谱线，给出定性结果。但是如果元素含量过低或存在元素间的谱线干扰时，仍需人工鉴别。首先识别出 X 射线管靶材的特征 X 射线和强峰的伴随线，然后根据 2θ 角标注剩余谱线。在分析未知谱线时，要同时考虑到样品的来源，性质等因素，以便综合判断。

7.3.2 定量分析

X 射线荧光光谱法进行定量分析的依据是元素的荧光 X 射线强度与试样中该元素的含量成正比。因此可以采用标准曲线法、增量法、内标法等进行定量分析。但是这些方法都要使标准样品的组成与试样的组成尽可能相同或相似，否则试样的基体效应或共存元素的影响，会给测定结果造成很大的偏差。

目前 X 射线荧光光谱定量方法一般采用基本参数法。基本参数法是在考虑各元素之间的吸收和增强效应的基础上，用标样或纯物质计算出元素荧光 X 射线理论强度，并测出其荧光 X 射线的实际强度。将实测强度与理论强度比较，求出该元素的灵敏度系数，测未知样品时，先测定试样的荧光 X 射线强度，根据实测强度和灵敏度系数设定初始浓度值，再由该浓度值计算理论强度。将测定强度与理论强度比较，使两者达到某一预定精度，否则要再次修正，该法要测定和计算试样中所有的元素，并且要考虑这些元素间相互干扰效应，计算十分复杂。因此，必须依靠计算机进行计算。该方法可以认为是无标样定量分析。当欲测样品含量大于 1% 时，其相对标准偏差可小于 1%。

7.3.3 X 射线荧光光谱分析

现在常用的 X 射线荧光光谱仪一般都有自动的定性和定量计算功能。

X 射线荧光光谱仪在矿物加工专业一般用来分析矿石中各个元素的含量，但对于各元素的具体存在形式无法做出相应的表征。

7.4 X 射线光电子能谱检测

X 射线光电子能谱是一种用 X 射线作用于样品表面，产生光电子，通过分析光电子的能量分布得到光电子能谱（ESCA 或 XPS），图 7-16 所示为 ESCA 谱仪结构。图 7-17 所示为 AXIS ULTRA DLD 型 X 射线光电子能谱仪外形。所谓 X 光电子就是 X 射线与样品相互作用时，X 射线被样品吸收而使原子中的内层电子脱离原子成为自由电子。X 射线光电子能谱分析原理是：由激发源发出的具有一定能量的 X 射线、电子束、紫外光、离子束或中子束作用于样品表面时，可将样品表面原子中不同能级的电子激发出来，产生光电子或俄歇电子等。这些自由电子带有样品表面信息，并具有特征动能。通过能量分析器收集和研究它们的能量分布，经检测记录电子信号强度与电子能量的关系曲线。此即为 X 射线电子能谱。X 射线光电子能谱仪是研究样品表面组成和结构的最常用的一种电子能谱。它主要包括激发源、样品室、能量分析器、检测器、记录仪以及其他相应配套系统。

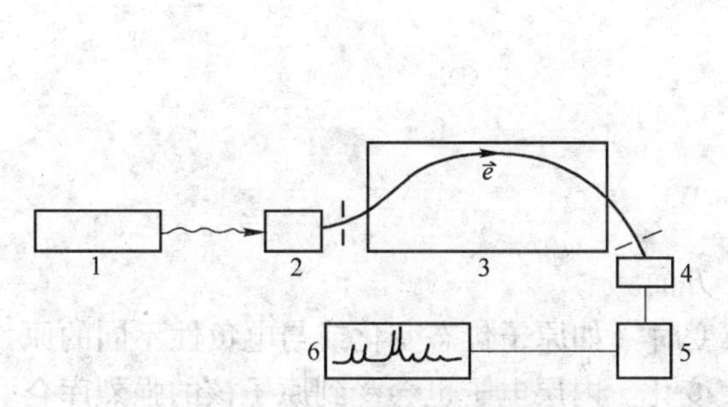

图 7－16　ESCA 谱仪结构

1—X 射线源；2—试样；3—电子分析器；
4—检测器；5—放大器；6—记录仪

图 7－17　AXIS ULTRA DLD 型
X 射线光电子能谱仪外形

用 X 射线照射固体时，由于光电效应，原子的某一能级的电子被击出物体之外，此电子称为光电子。如果 X 射线光子的能量为 $h\nu$，电子在该能级上的结合能为 E_b，射出固体后的动能为 E_c，则它们之间的关系为

$$h\nu = E_b + E_c + W_s$$

式中，h 为普朗克常量；ν 为光子频率；W_s为功函数，它表示固体中的束缚电子除克服个别原子核对它的吸引外，还必须克服整个晶体对它的吸引才能逸出样品表面，即电子逸出表面所做的功。

上式可另表示为

$$E_b = h\nu - E_c - W_s$$

可见，当入射 X 射线能量一定后，若测出功函数和电子的动能，即可求出电子的结合能。由于只有表面处的光电子才能从固体中逸出，因而测得的电子结合能必然反映了表面化学成分的情况。这正是光电子能谱仪的基本测试原理。

7.4.1　X 射线光电子能谱法的特点

（1）可以分析除 H 和 He 以外的所有元素，可以直接测定来自样品单个能级光电发射电子的能量分布，且直接得到电子能级结构的信息。

（2）从能量范围看，如果把红外光谱提供的信息称为“分子指纹”，那么电子能谱提供的信息可称为“原子指纹”。它提供有关化学键方面的信息，即直接测量价层电子及内层电子轨道能级。而相邻元素的同种能级的谱线相隔较远，相互干扰少，元素定性的标识性强。

（3）X 射线光电子能谱法是一种无损分析。

（4）X 射线光电子能谱法是一种高灵敏超微量表面分析技术。分析所需试样约 8 ~ 10g 即可，绝对灵敏度高达 10 ~ 18g，样品分析深度约 2nm。

7.4.2 定量分析

X 射线光电子能谱的定量分析与俄歇电子能谱类似。

$$C_x = \frac{I_x/S_x}{\sum_i I_i/S_i} \tag{7-3}$$

式中 C_x——X 的原子分数；

I_i——样品中元素 i 的光电子强度；

S_i——元素 i 的相对灵敏度因子。

7.4.3 化学态分析

化学态分析包括化学位移和物理位移两个方面。

（1）化学位移。当原子的化学环境发生改变时（如原子价态变化或与电负性不同的原子相结合），会引起原子的外层价电子密度发生变化。内层电子也会受到原子核的强烈库仑作用，使电子在原子内具有一定的结合能；同时，又受到外层电子的斥力（屏蔽）作用。这样，当外层价电子密度减少时（如被测原子正氧化态增加或与电负性比它大的原子结合时），这种屏蔽作用将减小，而内层电子的结合能将增加；反之，结合能将减少。这种由于化学因素引起的“能量位移”，即为化学位移。化学位移在 XPS 谱中可以给出对结构十分有用的信息，通过对化学位移的研究，可帮助推测原子可能处于的化学环境和分子结构。

（2）物理位移。原子所处化学环境没有改变，而因为种种物理因素引起电子结合能的改变使谱峰发生位移。例如常见的荷电效应，样品被 X 射线激发后，大量光电子离开样品表面，样品便带正电，这就影响了电子结合能的测量。压力效应、固态效应、固体热效应等物理因素都会引起谱峰的位移。在 XPS 谱工作中尽量避免和消除这些物理位移，以保证化学分析的正确性。

7.4.4 X 射线光电子能谱图形态

图 7－18 所示为高岭石－纳米锌复合物 XPS 扫描全谱图。图 7－19 所示为高岭石－纳米锌复合物的 Zn2p 的 XPS 高分辨谱图。

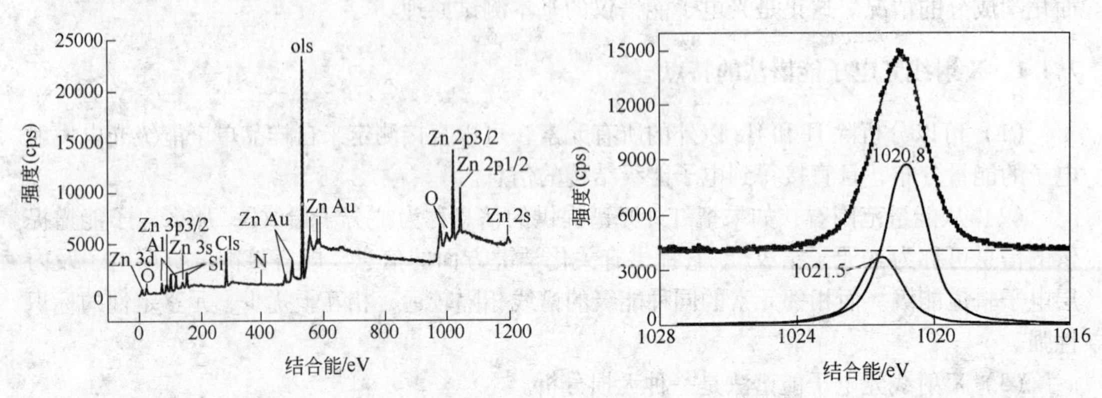

图 7－18 高岭石－纳米锌复合物 XPS 扫描全谱图

图 7－19 高岭石－纳米锌复合物的 Zn2p 的 XPS 高分辨谱图

由图7-18的XPS全谱扫描图可知，XPS探测到复合物表面有铝、硅、氧和锌元素，这与复合物的化学分析结果吻合。另外，XPS还探测到样品表面有碳和氮两种元素存在，这里的碳和氮两种元素可能来自于高岭石中的有机杂质或来自于空气中的二氧化碳、一氧化氮或二氧化氮。

为了更详细地考察高岭石-纳米锌复合物中纳米锌的存在状态，对复合物进行Zn2p窄区扫描（图7-19）仅发现一个谱峰，结合能为1020.8eV，且谱峰对称性较好。此峰通过拟合得到两个对称峰，其中一个谱峰结合能为1020.8eV，归属于零价锌（Zn^0）；在1021.5eV处还有一个小峰，归属于Zn^{2+}（ZnO或$Zn(NO_3)_2$）。根据谱峰面积可知，样品中Zn^0:Zn^{2+}=2.4:1，即Zn^0约占70%，Zn^{2+}占30%。对于复合物表面Zn^{2+}存在的原因，可能是由于样品在烘干或放置过程中，表面的零价锌会被部分氧化为ZnO；制备时加入的Zn^{2+}并未被全部还原为零价锌（Zn^{2+}过量或其他原因）。但总体上样品表面的锌主要以零价锌的形式存在。

X射线光电子能谱在矿物加工领域主要被用于测定矿石中某一元素的具体存在形式，即该元素以什么化学态的形式存在。

7.5　拉曼光谱测试分析

1928年，印度科学家拉曼发现散射光中除有与入射光频率相等的瑞利散射线外，还有频率大于或小于入射光频率的散射线存在，这种现象称为拉曼散射。

拉曼光谱是利用入射光子与分子发生非弹性散射，分子能级的跃迁仅涉及转动能级，发射的是小拉曼光谱；涉及振动、转动能级，发射的是大拉曼光谱。与分子红外光谱不同，极性分子和非极性分子都能产生拉曼光谱。在实践中，拉曼光谱法可用于识别物质的种类。因为每一种物质（分子）都有自己的特征拉曼光谱，可以作为表征这一物质之用。将拉曼光谱测定法（Raman spectrometry）应用在天然硫化矿物研究中可以对矿物种类的鉴定提供可靠直观的证据，具有相当高的灵敏度。图7-20所示为Invia显微共焦拉曼光谱仪。

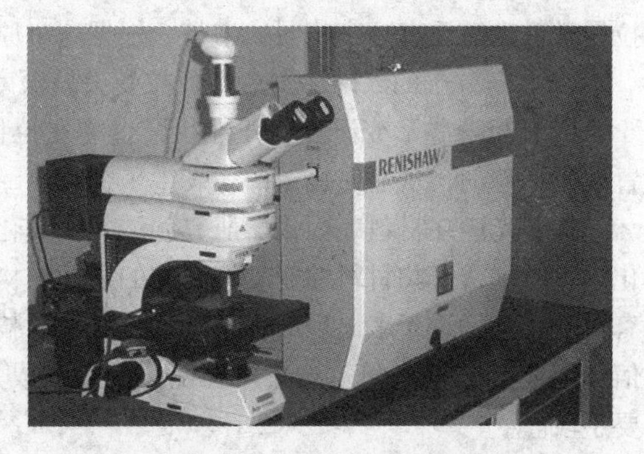

图7-20　Invia显微共焦拉曼光谱仪

近几年来，拉曼光谱由于以下几项技术的集中发展而有了更广泛的应用：CCD检测系统在近红外区域的高灵敏性，体积小而功率大的二极管激光器，与激发激光及信号过滤整合的光纤探头。这些产品连同高口径短焦距的分光光度计，提供了弱荧光本底而高质量的拉曼光谱以及体积小、容易使用的拉曼光谱仪。

拉曼光谱仪与红外光谱仪的检测原理不大相同。红外光谱法的检测直接用红外光检测处于红外区的分子的振动和转动能量，即用一束波长连续的红外光透过样品，检测样品对红外光的吸收情况；而拉曼光谱法的检测是用可见激光（也有用紫外激光或近红外激光进行检测）来检测处于红外区的分子的振动和转动能量，它是一种间接的检测方法，即把红外区的信息变到可见光区，并通过差频（即拉曼位移）的方法来检测。由于可见光区是电子跃迁的能量区，当用可见激光激发样品时，电子跃迁所产生的光致发光信号会对拉曼信号产生干扰，严重时拉曼信号会被完全淹没。光致发光信号的特点是谱带较宽，最高强度处的波长（或频率）一定。根据这个特点，拉曼光谱仪一般都配备多种激光器，当一种激光激发样品产生很强的光致发光干扰信号时，就改用另一种激光，目的是避开光致发光的干扰。一般激光拉曼光谱仪配有三种激光：氩离子激光器的514.5nm激光、氦氖激光器的632.8nm激光和二极管激光器的785nm激光。

拉曼散射光谱具有以下明显的特征：

（1）拉曼散射谱线的波数虽然随入射光的波数而不同，但对同一样品，同一拉曼谱线的位移与入射光的波长无关，只和样品的振动转动能级有关。

（2）在以波数为变量的拉曼光谱图上，斯托克斯线和反斯托克斯线对称地分布在瑞利散射线两侧，这是由于在上述两种情况下分别相应于得到或失去了一个振动量子的能量。

（3）一般情况下，斯托克斯线比反斯托克斯线的强度大。这是由于Boltzmann分布，处于振动基态上的粒子数远大于处于振动激发态上的粒子数。

7.5.1 拉曼光谱的应用领域

拉曼光谱主要应用于高分子材料研究领域和材料表面化学研究领域两个方面。高分子材料研究领域又可以分为：

（1）高分子构象研究。根据相符排斥规则，凡具有对称中心的分子，其红外光谱和拉曼散射光谱没有频率相同的谱带。根据这个原理，可帮助推测聚合物的构象。

（2）高分子的红外二向色性及拉曼去偏振度。

（3）聚合物形变研究。纤维状聚合物在拉伸形变过程中，链段与链段之间的相对位置发生了移动，从而使拉曼谱线发生了变化。

拉曼光谱在材料表面化学研究领域发生变化是指高分子材料表面、界面的结构变化或化学反应常常影响材料性能。聚合物的表面结构及复合物的界面结构研究对于材料科学具有重要意义。近年来出现的表面增强拉曼散射技术可以使与金属直接连接的分子层的散射信号增强$10^5 \sim 10^6$倍。这一发现使拉曼光谱成为研究表面化学、表面催化剂等领域的重要手段。

7.5.2 拉曼光谱的图片形态

原矿石为天然矿物，选矿流程共两个选矿系统，分别是Ⅰ选矿系统和Ⅱ选矿系统，分别取两个系统球磨机排矿溢流产品做拉曼光谱分析。

图7－21中1085.72cm^{-1}是方解石特征峰，710.704cm^{-1}和280.713cm^{-1}是方解石的强峰，表明原矿的脉石矿物主要是方解石，黄铜矿、铁矿特征峰图中不明显，因含量低而被干扰所致。153.186cm^{-1}为碳酸盐矿物的特征峰。方解石等碳酸盐矿物共有5个拉曼活性，其中3个拉曼活性带对应为C—O键，即平常碳酸盐矿物存在2个晶格振动（155～213cm^{-1}和275～329cm^{-1}）、1个C—O键的对称伸缩振动（ν_1为710～738cm^{-1}）和1个C—O键的面内弯曲振动（ν_4为1084～1097cm^{-1}）。

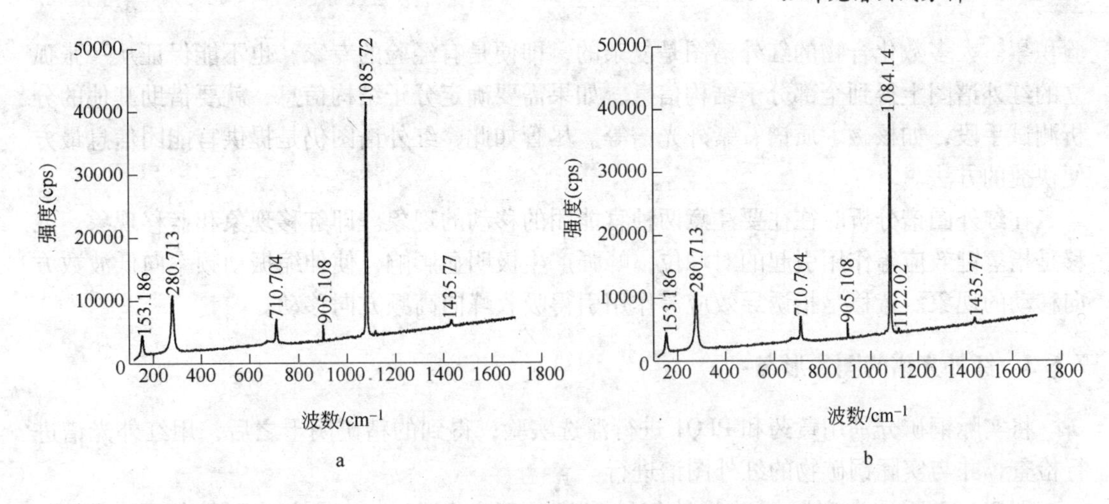

图7－21 球磨机排矿溢流产品拉曼光谱

a—Ⅰ系统 b—Ⅱ系统

7.6 红外光谱测试分析

红外光谱（Infrared Spectroscopy，IR）的研究开始于20世纪初期，自1940年商品红外光谱仪问世以来，红外光谱在各个领域得到广泛的应用。红外光谱是物质定性的重要的方法之一。它的解析能够提供许多关于官能团的信息，可以帮助确定部分乃至全部分子类型及结构。其定性分析有特征性高、分析时间短，需要试样量少，不破坏试样，测定方便等特点。

7.6.1 红外光谱基本原理

当一束具有连续波长的红外光通过物质，物质分子中某个基团的振动频率或转动频率与红外光的频率一样时，分子就吸收能量由原来的基态振动（转动）能级跃迁到能量较高的振（转）动能级，分子吸收红外辐射后发生振动和转动能级的跃迁，该处波长的光就被物质吸收。所以，红外光谱实际上是一种根据分子内部原子间的相对振动和分子转动等信息来确定物质分子结构和鉴别化合物的分析方法。将分子吸收红外光的情况用仪器记录下来，就得到红外光谱图。红外光谱图通常用波长（λ）或波数（ν）为横坐标，表示吸收峰的位置，用透光率（T）或者吸光度（A）为纵坐标，表示吸收强度。

红外光谱的分区：通常将红外光谱分为三个区域：近红外区（13330～4000cm^{-1}）、中红外区（4000～400cm^{-1}）和远红外区（400～10cm^{-1}）。一般说来，近红外光谱是由分子的倍频、合频产生的，中红外光谱属于分子的基频振动光谱，远红外光谱则属于分子的转动光谱和某些基团的振动光谱。

红外谱图的分区：按吸收峰的来源，可以将4000～400cm^{-1}的红外光谱图大体上分为特征频率区（4000～1300cm^{-1}）及指纹区（1300～400cm^{-1}）两个区域。

7.6.2 红外光谱分析

传统的利用红外光谱法鉴定物质通常采用比较法，即与标准物质对照和查阅标准谱图的方法，但是该方法对于样品的要求较高并且依赖于谱图库的大小。如果在谱图库中无法检索到一致的谱图，则可以用人工解谱的方法进行分析，这就需要有大量的红外知识及经验积累。大多数化合物的红外谱图是复杂的，即便是有经验的专家，也不能保证从一张孤立的红外谱图上得到全部分子结构信息，如果需要确定分子结构信息，就要借助其他的分析测试手段，如核磁、质谱、紫外光谱等。尽管如此，红外谱图仍是提供官能团信息最方便快捷的方法。

在红外图谱分析时往往要注意两种官能团的移动的现象。即红移现象和蓝移现象。红移是指氢键效应等作用引起的对峰位，峰强产生极明显影响，使伸缩振动频率向低波数方向移动的现象。蓝移是指诱导效应等作用引得吸收峰向高频方向移动。

7.6.3 红外光谱的图片形态

将实际铜矿分别用黄药和 PLQ1 进行浮选实验，得到的精矿阴干之后，用红外光谱进行检查，并与实际铜矿物的红外图谱进行。

图 7－22 所示为实际铜矿物的红外光谱，其中 3689cm^{-1}是高岭石特征吸收频率，3448cm^{-1}是 O—H 的振动，1631cm^{-1}、1432cm^{-1}和 876cm^{-1}是方解石吸收峰，由 1014cm^{-1}组成的一组红外吸收谱带为（O—Si—O）反对称伸缩振动所致；729cm^{-1}是白云石特征吸收频率，713cm^{-1}是碳酸盐吸收峰，1799cm^{-1}归属—C ═ O—键，说明原矿物中有一定量的有机物，并且黄铜矿、黄铁矿特征吸收峰不明显。

图 7－23 所示为实际铜矿与黄药作用后的红外光谱。将其与图 7－22 的实际铜矿物红外光谱对比，可以发现实际铜矿物与黄药结合前后，只有 1074cm^{-1}、800cm^{-1}、452cm^{-1}三处的吸收峰有明显的区别，以上三个峰都是黄铜矿和黄铁矿与黄药的螯合物吸收峰。综合考虑可以得到结论：黄药在实际铜矿表面发生的作用机理是物理吸附和化学吸附共同发挥作用。

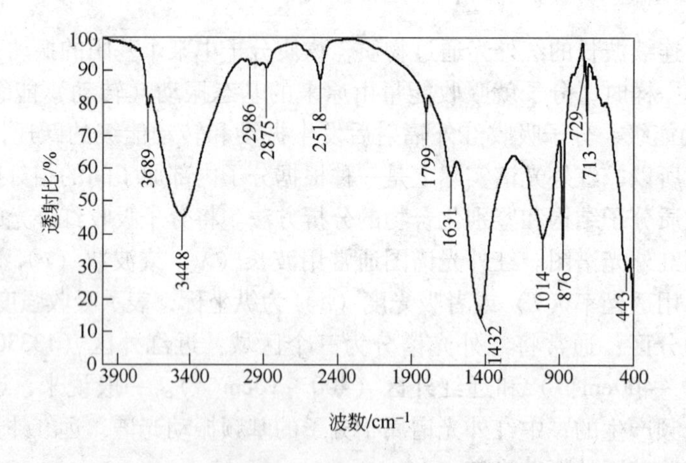

图 7－22 实际铜矿物的红外光谱

图 7－24 所示为实际铜矿物与捕收剂 PLQ1 作用后的红外光谱。将其与图 7－22 的实际铜矿物红外光谱进行比较，从中发现实际铜矿物与 PLQ1 发生作用前后的红外光谱中在 1275cm^{-1}、1147cm^{-1}、1074cm^{-1}、800cm^{-1}、452cm^{-1}五处有不同的红外吸收峰。根据红外图谱分析的相关理论得到以下结论：其中波数 1074cm^{-1}、800cm^{-1}、452cm^{-1}为 PLQ1 与黄铜矿和黄铁发挥类似黄药的捕收作用而引起的伸缩振动的吸收峰；1275cm^{-1}、1147cm^{-1}为碳硫双键或伪双键引起的吸收峰。

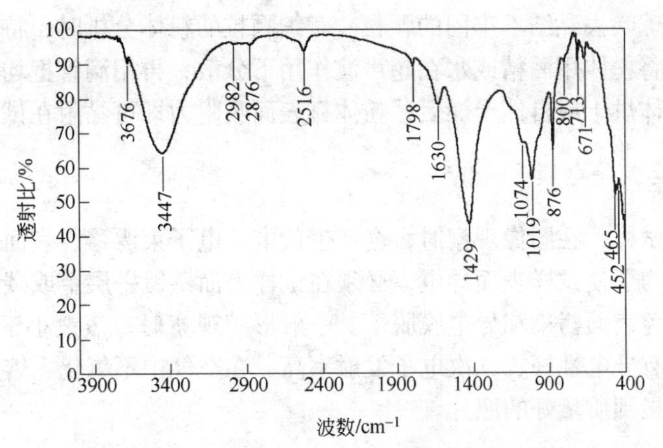

图 7－23 实际铜矿与黄药作用后的红外光谱

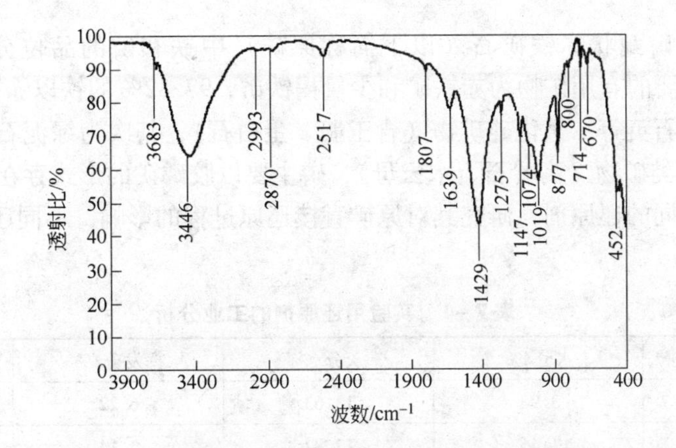

图 7－24 实际铜矿物与 PLQ1 作用后的红外光谱

红外光谱技术因其能很好地反映药剂和矿物的结合状况，在矿物加工领域更多地应用于选矿的机理研究。

7.7 扫描电镜测试

扫描电镜是一种新型的电子光学仪器。扫描电镜是用极细的电子束在样品表面扫描，将产生的二次电子用特制的探测器收集，形成电信号运送到显像管，在荧光屏上显示物体。它具有制样简单、放大倍数可调范围宽、图像的分辨率高、景深大等特点。图 7－25所示为 JEOL 型扫描电镜外形。

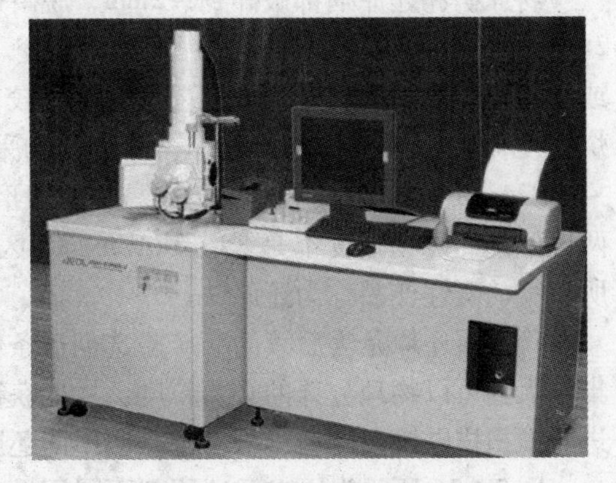

图 7－25 JEOL 型扫描电镜外形

7.7.1 扫描电镜的样品制备

7.7.1.1 试样制备

样品粉末可以直接撒在试样座的双面碳导电胶上，用表面平的物体，如玻璃板压紧，然后用洗耳球吹去黏结不牢固的颗粒。对细颗粒的粉体分析时，特别是对团聚体粉末形貌观察时，需将粉体用酒精或水在超声波作用下分散，再用滴管把均匀混合的粉体滴在试样座上，待液体烘干或自然干燥后，粉体靠表面吸附力即可黏附在试样座上。

7.7.1.2 蒸镀导电膜

对不导电的试样，在图像观察时，会产生放电、电子束漂移、表面热损伤等现象，使图像无法聚焦。为了使试样表面导电，必须在试样表面蒸镀一层金或碳等导电膜。镀膜后应立即分析，避免表面污染和导电膜脱落。一般形貌观察时，蒸镀小于10nm厚的金导电膜。金导电膜具有导电性好、二次电子发射率高，在空气中不氧化、熔点低、膜厚易控制等优点，可以拍摄到质量好的照片。

7.7.2 扫描电镜的图片形态

实验用的高磷鲕状赤铁矿石（以下简称原矿）中铁和磷的品位分别为44.68%和0.76%，其中主要的有用矿物为赤铁矿和少量褐铁矿，97.82%的铁以赤褐铁矿形式存在。脉石矿物主要为石英等二氧化硅矿物（含玉髓、蛋白石），其次为绿泥石（鲕绿泥石、鳞绿泥石）和黏土类矿物（高岭石、水云母），磷主要以胶磷矿的形式存在。

选用性质不同的还原剂，研究其对原矿直接还原过程的影响，不同还原剂的工业分析结果见表7-1。

表7-1 实验用还原剂的工业分析

还原剂	水分/%	灰分/%	挥发分/%	固定碳/%
活性炭	3.98	13.63	6.22	80.15
焦炭	1.46	12.87	2.14	84.99
无烟煤	1.22	11.93	10.21	77.86
褐煤	13.18	6.21	50.13	42.72

从表7-1中可以看出，所选还原剂中的水分、灰分、挥发分和固定碳都有明显的区别。其中，褐煤水分最高；无烟煤的水分最低；活性炭、焦炭和无烟煤灰分相近，褐煤的灰分最低；挥发分褐煤最高，焦炭最低；固定碳焦炭最高，褐煤最低。

将原矿和还原剂都破碎到-2mm，脱磷剂为分析纯的SY1和SY2，比例为SY1:SY2 = 2:1，总用量为30%，实验过程中保持不变。还原剂和脱磷剂的用量是指所添加的还原剂或脱磷剂与矿石的质量百分比。为便于比较，焙烧磁选的条件在所有实验中保持不变。焙烧温度950℃，焙烧时间40min；焙烧产物采用两段磨矿、两段磁选流程，一段磨矿细度-0.074mm占67.05%（质量分数），二段磨矿细度-0.025mm占97.15%（质量分数），两段磁选的磁场强度都是89.13kA/m。为区别直接还原磁选与一般的磁化焙烧过程，将所获得的磁性产品称为还原铁。

将矿石还原是为后续的磨矿磁选创造条件，只有当矿石充分还原，并使金属铁晶粒聚集长大到可以物理分选的必要粒度，才能获得较好的分离效果。因此，对原矿和焙烧产物进行了扫描电镜及能谱分析，以查明不同还原剂对其所得焙烧产物微观形态的影响。

图7-26所示为原矿及还原剂不同用量时焙烧产物的扫描电镜图像，原矿中灰白色颗

粒为赤铁矿，灰黑色颗粒为含磷灰石的脉石矿物。焙烧产物中白色颗粒为金属铁，黑色颗粒为脉石矿物。在不同还原剂的焙烧产物中，原鲕粒的基本轮廓还保留，但相对于原矿，鲕状结构有所破坏。此外，鲕粒中的金属铁晶粒（以下简称铁晶粒）有明显的聚集，且与脉石矿物出现明显的界限。随着还原剂用量的增加，焙烧产物中铁晶粒逐渐聚集、增多和长大；在还原剂用量较小时，固定碳含量越高的还原剂，优先接触颗粒边缘而发生还原反应，因此所得焙烧产物中铁晶粒在颗粒边缘聚集和长大的趋势越明显；在还原剂用量较大时，挥发分含量越高的还原剂，其在还原焙烧中释放出的挥发分物质接触颗粒边缘和内部而发生还原反应的速率越快，从而使铁晶粒在其颗粒边缘和内部聚集和长大的趋势越显著；还原剂用量为40%时，挥发分含量较高的褐煤所得焙烧产物中铁晶粒连接、长大的趋势较明显，其次是无烟煤、焦炭和活性炭。

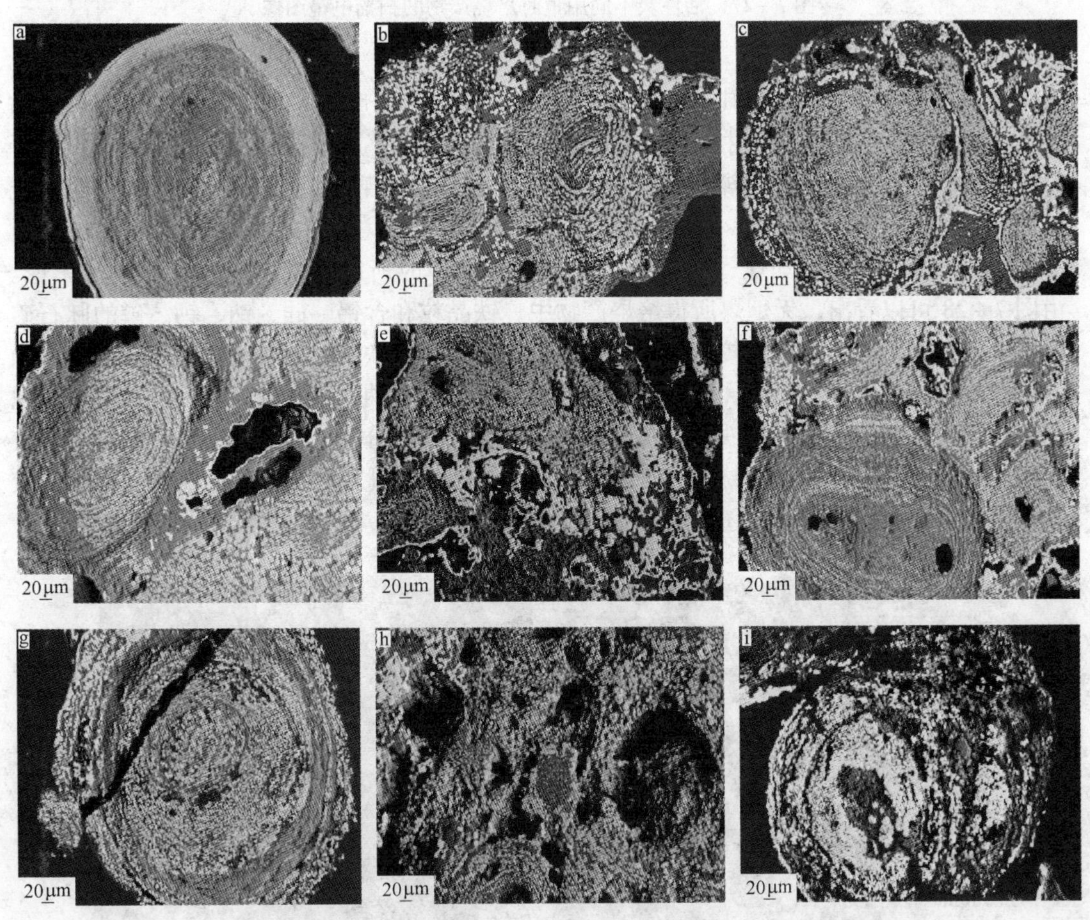

图7－26 原矿及还原剂不同用量时焙烧产物的扫描电镜图像

a—原矿；b—活性炭用量20%；c—活性炭用量40%；d—焦炭用量20%；e—焦炭用量40%；f—无烟煤用量20%；g—无烟煤用量40%；h—褐煤用量20%；i—褐煤用量40%

图7－27所示为活性炭不同用量时焙烧产物的扫描电镜图像。从图7－27可知，灰色颗粒主要为浮氏体，白色颗粒为金属铁。活性炭用量为20%时（图7－27a），其焙烧产物中含灰色颗粒较多，白色颗粒较少，由于浮氏体没有磁性，经过磨矿磁选后而损失在尾矿中从而导致铁回收率较低。活性炭用量为40%时（图7－27b）铁晶粒有明显的聚集和长

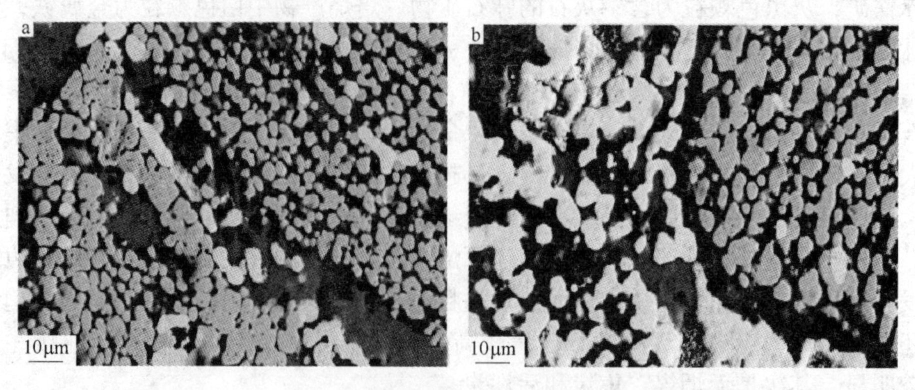

图 7－27　活性炭不同用量时焙烧产物的扫描电镜图像

a—活性炭用量 20%；b—活性炭用量 40%

大，以及数量的增加，从而其铁回收率比起 20% 时有大幅度的增加。焦炭、无烟煤和褐煤为还原剂时，其焙烧产物中铁晶粒长大的规律与之相似，主要区别在于相对于活性炭所得的焙烧产物，焦炭、无烟煤所得焙烧产物中含浮氏体的颗粒已很少，含金属铁的颗粒较多。

图 7－28 所示为无烟煤、褐煤的用量分别为 40% 时所得焙烧产物的扫描电镜图像。由图 7－28 可以看出，无烟煤所得焙烧产物中，铁晶粒和含铝、硅、钠、钙、磷的脉石矿物结合较紧密，嵌布关系比较复杂，从而经过磨矿磁选后铁回收率较褐煤低，焦炭也是如此。在褐煤所得焙烧产物中，脉石矿物中只含有铝、硅、钠、钙和磷，且铁晶粒明显出现连接、长大的现象，这说明铁晶粒与脉石矿物的界限变得分明（图 7－28b），嵌布关系较简单，这就有利于金属铁颗粒与脉石矿物的解离，因此在此用量下其铁品位和铁回收率较其他还原剂都高。能谱分析还表明，脉石矿物中都含有铝、硅、钠和氧等元素。

图 7－28　还原剂用量为 40% 时焙烧产物的扫描电镜图像

a—无烟煤；b—褐煤

焦炭和无烟煤所得焙烧产物中铁晶粒与脉石矿物结合较紧密，难以在磨矿过程中实现单体解离。褐煤所得焙烧产物中金属铁晶粒出现明显连接和长大，且与脉石矿物界限分明，嵌布粒度较粗，有利于铁颗粒与脉石矿物的解离。脱磷剂与矿石中的脉石矿物生成的铝硅酸钠和霞石部分破坏了鲕粒结构，从而使铁还原效果有所改善。

7.8 透射电镜测试

透射电子显微镜是使电子束穿透所观察的样品，并将透射电子用电磁透镜会聚成像，以观察样品内部结构信息的仪器，简称透射电镜（TEM）。透射电子显微镜是以波长极短的电子束作为照明源，用电磁透镜聚焦成像的一种高分辨本领、高放大倍数的电子光学仪器。它由电子光学系统（镜筒）、电源和控制系统、真空系统三部分组成。电子枪发射的电子在阳极加速电压的作用下，高速穿过阳极孔，被聚光镜会聚成很细的电子束照明样品。因为电子束穿透能力有限，所以要求样品做得很薄，观察区域的厚度在200nm左右。由于样品微区的厚度、平均原子序数、晶体结构或位向有差别，使电子束透过样品时发生部分散射，其散射结果使通过物镜光阑孔的电子束强度产生差别，经过物镜聚焦放大在其像平面上，形成第一幅反映样品微观特征的电子像。然后再经中间镜和投影镜两级放大，投射到荧光屏上对荧光屏感光，即把透射电子的强度转换为人眼直接可见的光强度分布，或由照相底片感光记录，从而得到一幅具有一定衬度的高放大倍数的图像。为了确保显微镜的高分辨率，镜筒要有足够的刚度，一般做成直立积木式结构，顶部是电子枪，接着是聚光镜、样品室、物镜、中间镜和投影镜，最下部是荧光屏和照相室。这样既便于固定，又有利于真空密封。图7－29所示为Leica Ultracut UCT外形。为了确保电子枪电极间电绝缘，减缓阴极（俗称灯丝，由钨丝或六硼化镧LaB_6制作，直径0.1～0.15mm）的氧化，提高其使用寿命；防止成像电子在镜筒内受气体分子碰撞而改变运动轨迹；减少样品污染，镜筒内凡是接触电子束的部分（包括照相室）均需保持真空，一般小于$1.33\times10^{-2}\sim1.33\times10^{-4}$Pa（$10^{-4}\sim10^{-6}$mmHg）。

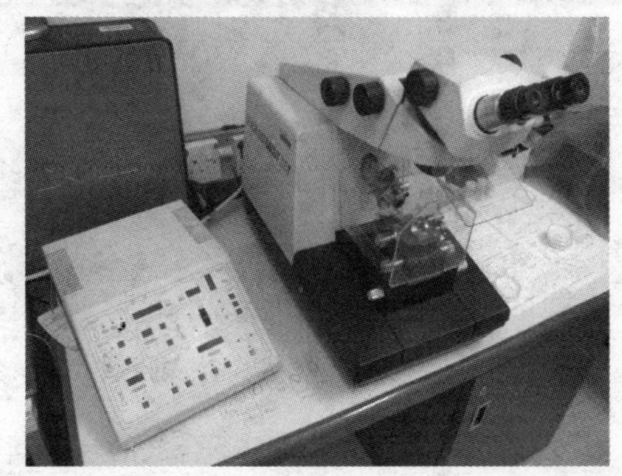

图7－29 Leica Ultracut UCT外形

TEM具有以下特点：

（1）分辨率高，可达0.1nm，能在原子和分子尺度上直接观察材料结构；

（2）适合于微区、微相的分析，其最小分析区域可达纳米尺度；

（3）能方便地研究材料内部的相组成和相分析，以及晶体中的位错、层错、晶界等缺陷，是研究材料微观结构的有利手段；

（4）配备各种附件，透射电镜兼具分析微相、观察图像、鉴定结构、测定成分等多种功能。

7.8.1 透射电镜的样品制备

透射电镜显微成像时，电子束是透过样品成像。根据样品原子序数大小不同，样品厚度一般在50～500nm。

7.8.1.1 粉末样品制备

需要透射电镜分析的粉末颗粒一般都小于铜网小孔，因此要制备对电子束透明的支持膜。常用的支持膜有火棉胶和碳膜，先将支持膜放铜网上，再把粉末放在膜上送入电镜分析。粉末或颗粒样品制备的关键在于能否使其均匀分散到支持膜上。

7.8.1.2 大块材料样品制备

大块材料需要制备成薄膜样品。从大块试样上制备薄膜样品需经过以下步骤：（1）从大块试样上切割薄片；（2）将薄片样品进行研磨减薄；（3）将研磨减薄的样品进一步最终减薄。

透射电镜样品制备是复杂而困难的工作，对于透射电镜分析，样品制备成功，整个实验就成功了一半。

7.8.2 透射电镜的图片形态

图 7－30 所示为 5℃和 25℃条件下合成水钠锰矿的 TEM 形貌图像。

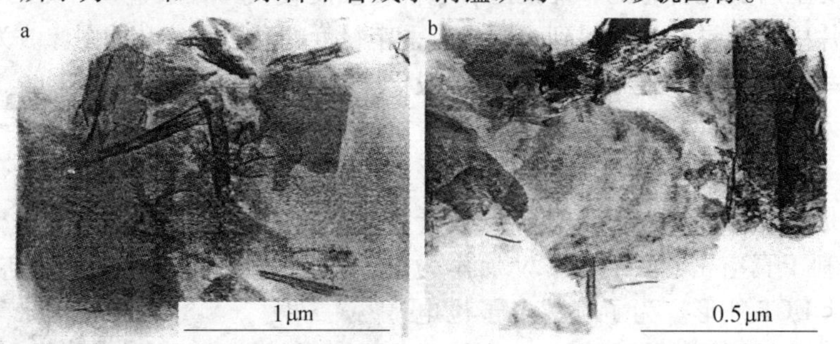

图 7－30 5℃（a）和 25℃（b）条件下合成水钠锰矿的 TEM 形貌图像

如图 7－30 所示，25℃下合成的水钠锰矿为堆积较好的六方片状晶体，沿（001）面的尺寸约 0.5～1μm；而 5℃下合成的水钠锰矿堆积较散乱，呈不规则的薄片状或卷状，沿（001）面的尺寸约 0.1～0.5μm。25℃和 5℃合成的水钠锰矿的 BET 比表面积分别为 35.8m^2/g 和 52.6m^2/g，AOS 分别为 3.89 和 3.86。可见，合成的水钠锰矿与报道合成的水钠锰矿具有类似的结构和形貌特征。故在确保反应初始温度低的条件下，反应过程中的温度仅影响水钠锰矿的结晶行为，与是否生成黑锰矿无关。温度从 5℃提高到 25℃，仍能合成单相水钠锰矿，且产物的结晶度和结晶尺寸增加。

透射电镜在矿物加工领域常被用来研究矿物的晶体结构。

7.9 色谱－质谱联用

色谱－质谱联用技术可以分为液相色谱－质谱联用（LC－MS）和气相色谱－质谱联用（GC－MS）两种。

7.9.1 液相色谱－质谱联用

液质联用主要可以解决以下几个方面问题：（1）不挥发性化合物的测定；（2）极性化合物的分析测定；（3）热不稳定化合物的测定；（4）大分子量的化合物测定；（5）没有标准化的谱图对比查询，只能自己解析和分析图谱。

在矿物加工领域，应用液质联用技术主要可以体现在以下几个方面：（1）对矿浆中有机物的测定，便于研究矿物的选别机理；（2）在现场用液质联用监控矿浆中药剂含量的变化，有利于矿物加工现场的自动化控制；（3）对矿物加工废水的测试，方便对于矿山废水的有效处理。虽然该技术还没有在框架领域展开，但是相信随着精细选矿的发展，液质联用技术必将在选矿领域发挥其应有的作用。

图 7－31 所示为 Quattro Ultima 高效液相色谱－质谱联用仪。

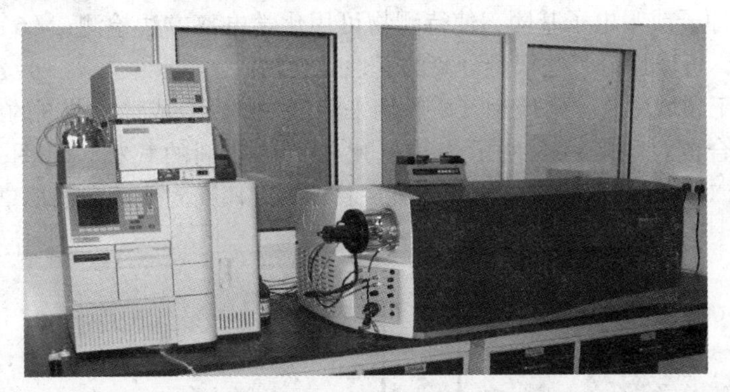

图 7－31 Quattro Ultima 高效液相色谱－质谱联用仪

7.9.2 气相色谱－质谱联用

气相色谱－质谱联用仪（Gas Chromaography Mass Spectrometry—GC－MS）主要由三部分构成：色谱仪部分、质谱仪部分和数据处理系统。色谱仪部分和一般的色谱仪基本相同。有柱箱、汽化室和载气系统，也带有分流不分流进样系统，程序升温系统、压力和流量自动控制系统等一般不再有色谱检测器，而是利用质谱仪作为色谱的检测器。在色谱仪部分，混合试样在合适的色谱条件下被分离成单个组分，然后进入质谱仪进行鉴定。图 7－32所示为岛津气相色谱－质谱联用仪外形。

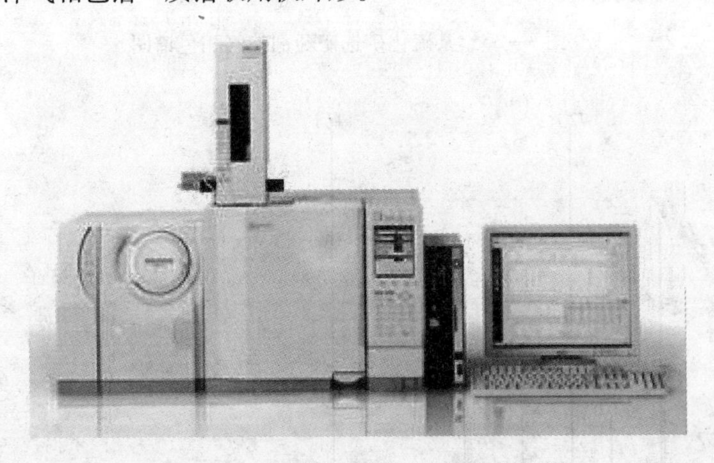

图 7－32 岛津气相色谱－质谱联用仪外形

在色谱联用仪中，气相色谱－质谱（GC－MS）联用仪是开发最早的色谱联用仪器。由于从气相色谱柱分离后的样品呈气态，流动相也是气体，与质谱的进样要求相匹配，最容易将这两种仪器联用。GC－MS 方法的特点是，随着 GC－MS 定性参数增加，定性可靠。GC－MS 方法不仅与 GC 方法一样能提供保留时间，而且还能提供质谱图，由质谱图、分子离子峰的准确质量、碎片离子峰强比、同位素离子峰、选择离子的子离子质谱图等使 GC - MS 方法定性远比 GC 方法可靠。

在 GC - MS 方法分析实际样品时，对羟基、胺基、羧基等官能团进行衍生化往往起着十分重要的作用。主要有以下一些益处：（1）改善了待测物的气相色谱性质；（2）改善了待测物的热稳定性；（3）改变了待测物的分子质量；（4）改善了待测物的质谱行为；（5）引入卤素原子或吸电子基团，使待测物可用化学电离方法检测；（6）通过一些特殊的衍生化方法，可以拆分一些很难分离的手性化合物。

在矿物加工领域中，常常应用气质联用来测定一些新合成选矿药剂的组分，有利于新型选矿药剂的合成。图 7 - 33 所示为某硫化矿选矿药剂的气相色谱图，图 7 - 34、图 7 - 35所示为针对该气相色谱主要物质的某一具体时间段所对应物质的质谱图。

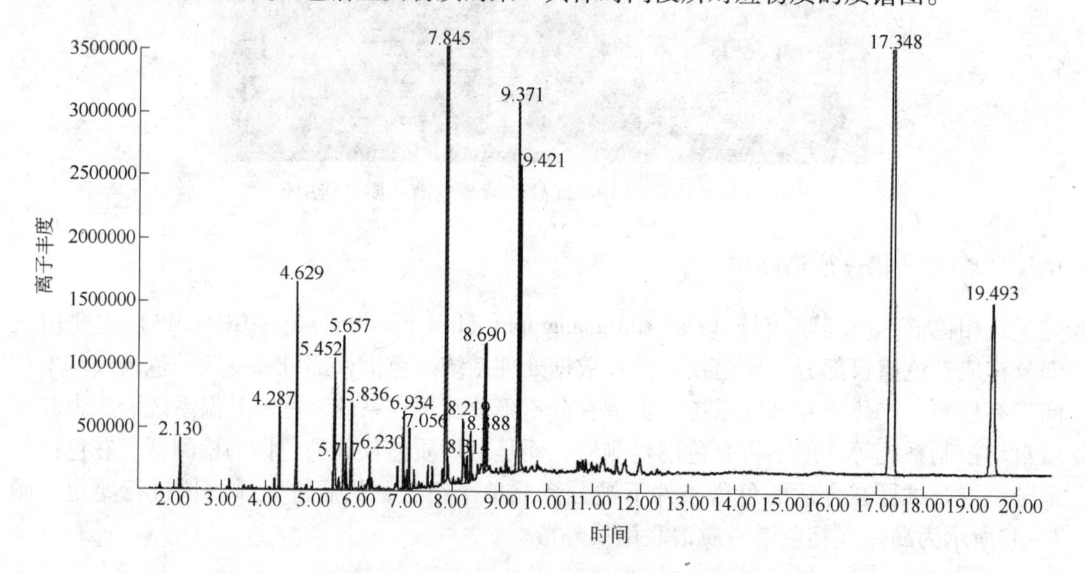

图 7 - 33　某硫化矿选矿药剂的气相色谱图

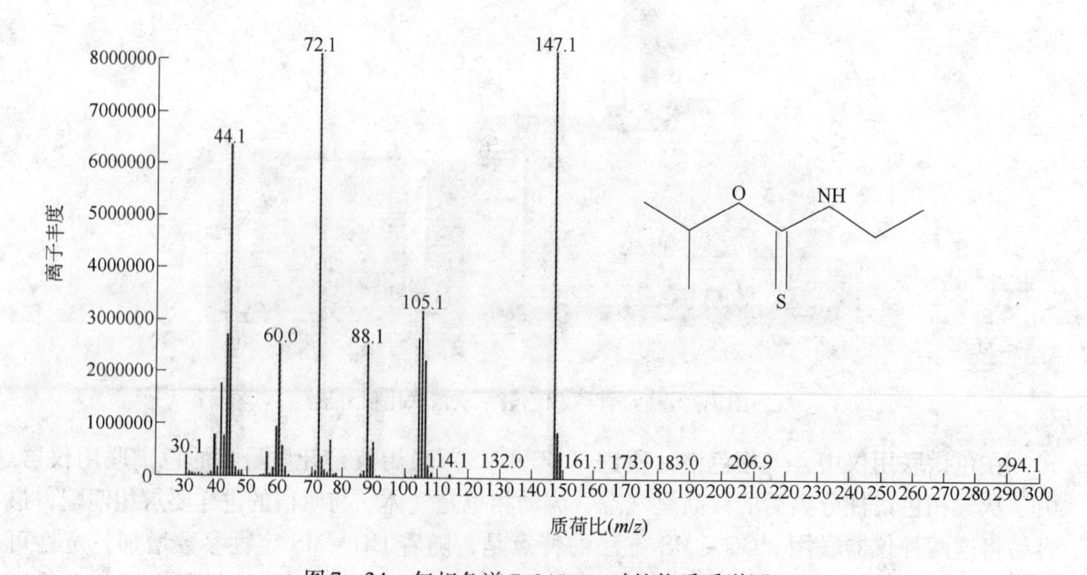

图 7 - 34　气相色谱 7. 845min 时的物质质谱图

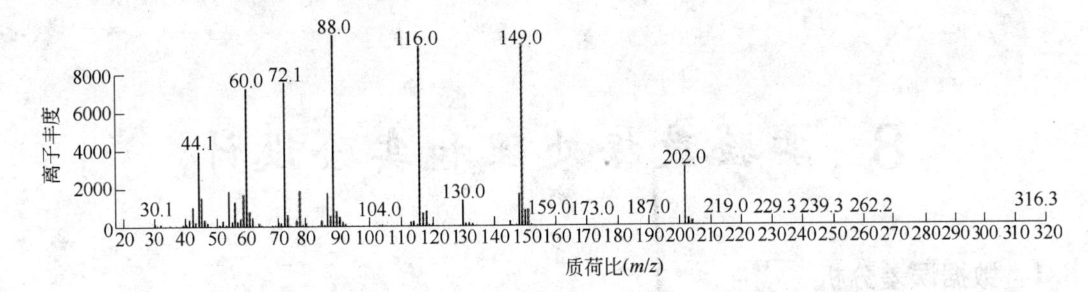

图 7-35 气相色谱 17.347min 时的物质质谱图

图 7-33 表明该硫化矿的选矿药剂是一种混合物，主要的物质为 7.845min、17.347min 和 19.493min 所对应的物质。图 7-34 所示为图 7-33 的色谱图中主要成分 7.845min 产生的峰所对应物质的质谱图，由图中的质谱分析可得该物质为 $(CH_3)_2COC(S)N(H)C_2H_5$，经鉴定该物质为硫氮类捕收剂。其他气相色谱图中各峰也能按照相对应的质谱图，推测出气相色谱图中各峰所对应的物质。最后得出该选矿药剂的各个成分。

色谱质谱的联用技术在矿物加工领域的应用才刚刚开始，其主要将使用在机理研究和选矿药剂研制两个方面。

8 实验数据处理和实验设计

8.1 数据误差分析

通过实验测定所得的实验数据是实验的结论。实验中，由于测量仪表的精度和人主观等方面的原因，实验数据总存在一些误差，因此在整理这些数据时，首先应对实验数据的可靠性进行客观的评定。误差分析的目的就是评定实验数据的精确性，通过误差分析，认清误差的来源及影响，并设法减小误差，提高实验的精确性。

8.1.1 误差的概念

8.1.1.1 真值与平均值

真值是指某物理量客观存在的确定值。通常一个物理量的真值是不知道的，是我们努力要求接近的。严格来讲，由于测量仪器，测定方法、环境、人的观察力、测量的程序等，都不可能是完美无缺的，故真值是无法测得的，是一个理想值。科学实验中真值的定义是：设在测量中观察的次数为无限多，则根据误差分布定律正负误差出现的概率相等，故将各观察值相加，加以平均，在无系统误差情况下，可能获得极近于真值的数值。然而对实验而言，观察的次数都是有限的，故用有限观察次数求出的平均值，只能是近似真值，这一近似真值称为平均值。常用的平均值有以下几种：

（1）算术平均值。这种平均值最常用。若对某个量进行 n 次测量，测得的 n 次结果分别为 x_1、x_2、…、x_n，测量值的分布服从正态分布时，算术平均值为

$$\bar{x}_{算} = \frac{x_1 + x_2 + \cdots + x_n}{n} = \frac{\sum_{i=1}^{n} x_i}{n} \tag{8-1}$$

式中 x_1，x_2，…，x_n——各次观测值；

n——测量的次数。

（2）均方根平均值。

$$\bar{x}_{均} = \sqrt{\frac{x_1^2 + x_2^2 + \cdots + x_n^2}{n}} = \sqrt{\frac{\sum_{i=1}^{n} x_i^2}{n}} \tag{8-2}$$

（3）加权平均值。如对一参数用不同方法去测定，或对同一物理量由不同人去测定，计算平均值时，常对比较可靠的数值予以加重平均，称为加权平均。在对闭路实验计算最终精矿品位、回收率时常用加权平均计算。

$$\bar{x}_{加} = \frac{w_1x_1 + w_2x_2 + \cdots + w_nx_n}{w_1 + w_2 + \cdots + w_n} = \frac{\sum_{i=1}^{n} w_ix_i}{\sum_{i=1}^{n} w_i} \tag{8-3}$$

式中 x_1，x_2，…，x_n——各次测量值；

w_1，w_2，…，w_n——各测量值的对应权重。

（4）几何平均值。

$$\bar{x}_{几} = \sqrt[n]{x_1x_2x_3\cdots x_n} \tag{8-4}$$

（5）对数平均值。

$$\bar{x}_{对} = \frac{x_1 - x_2}{\ln x_1 - \ln x_2} = \frac{x_1 - x_2}{\ln \frac{x_1}{x_2}} \tag{8-5}$$

以上介绍的各种平均值，目的是要从一组测定值中找出最接近真值的那个值。平均值的选择主要决定于一组观测值的分布类型。

8.1.1.2 误差的定义及分类

在任何一种测量中，无论所用仪器多么精密，方法多么完善，实验者多么细心，不同时间所测得的结果也不能完全相同，而有一定的误差和偏差。严格来讲，误差是指实验测量值（包括直接和间接测量值）与真值（客观存在的准确值）之差。根据误差的性质及其产生的原因，可将误差分为系统误差、偶然误差、过失误差三种。

（1）系统误差。系统误差又称恒定误差，由某些固定不变的因素引起的。在相同条件下进行多次测量，其误差数值的大小和正负保持恒定，或随条件改变按一定的规律变化。

产生系统误差的原因有：1）仪器刻度不准，砝码未经校正等；2）试剂不纯，质量不符合要求；3）周围环境的改变如外界温度、压力、湿度的变化等；4）个人的习惯与偏向，如记录某一信号的时间总是滞后，判定滴定终点的颜色程度等因素所引起的误差。

由于系统误差是测量误差的重要组成部分，消除和估计系统误差对于提高测量准确度就十分重要。一般系统误差是有规律的。其产生的原因往往是可知的，找出原因后误差可以消除。不能消除的系统误差，应设法确定或估计出来。

（2）偶然误差。偶然误差又称随机误差，由某些不易控制的因素造成的。在相同条件下作多次测量，其误差的大小，正负方向不一定，其产生原因一般不详，因而也就无法控制，主要表现在测量结果的分散性，但其服从统计规律，研究随机误差可以采用概率统计的方法。在误差理论中，常用精密度一词来表征偶然误差的大小。偶然误差越大，精密度越低，反之亦然。

偶然误差的存在，主要是忽略一些小的影响因素造成的，不是尚未发现的，就是无法控制的。

（3）过失误差。过失误差又称粗大误差，与实际明显不符的误差，主要是由于实验人员粗心大意所致，如测错、读错、记错等都会带来过失误差。在整理数据时应依据常用的准则加以剔除。

8.1.1.3　精密度、正确度和精确度

测量的质量和水平，可用误差的概念来描述，也可用精确度来描述。

精密度是用来衡量某些物理量几次测量之间的一致性，即重复性。它可以反映偶然误差大小的影响程度。正确度是指在规定条件下，测量中所有系统误差的综合，它可以反映系统误差大小的影响程度。精确度是指测量结果与真值偏离的程度。它可以反映系统误差和随机误差综合大小的影响程度。

对于实验测量来说，精密度高，正确度不一定高。正确度高，精密度也不一定高。但精确度高，必然是精密度与正确度都高。

8.1.2　误差的表示方法

测量误差分为测量点和测量列（集合）的误差。它们有不同的表示方法。

8.1.2.1　测量点的误差表示

（1）绝对误差 D。测量集合中某次测量值与平均值之差称为绝对误差。

$$D = |X - \bar{x}| \tag{8-6}$$

式中　X——测量值；

$\bar{x}$——真值，常用平均值代替。

（2）相对误差 Er。绝对误差与真值之比称为相对误差，其表达式为

$$Er = \frac{D}{|\bar{x}|} \tag{8-7}$$

相对误差常用百分数或千分数表示。因此不同物理量的相对误差可以互相比较，相对误差与被测量值的大小及绝对误差的数值都有关系。

（3）引用误差。仪表量程内最大示值误差与满量程示值之比的百分值。引用误差常用来表示仪表的精度。

$$引用误差 = \frac{示值误差}{最大示值} \tag{8-8}$$

8.1.2.2　测量集合误差表示

（1）极差。极差是指一组测量值中的最大值与最小值之差。

$$K = x_{\max} - x_{\min} \tag{8-9}$$

式中　K——极差；

$x_{\max}$——测量的最大值；

$x_{\min}$——测量的最小值。

极差的最大缺点是通过 K 值只知道两极端值，不能反映总体情况，受偶然误差影响较大。

（2）均差。均差是表示误差的较好方法。

$$\delta = \frac{\sum d_i}{n} \tag{8-10}$$

式中 d_i——测量值与平均值的偏差，$d_i = x_i - \bar{x}$。

均差的缺点是无法表示出各次测量间彼此符合的情况。

(3) 标准差。

$$\sigma = \sqrt{\frac{\sum d_i^2}{n}} \tag{8-11}$$

标准差对一组测量中的较大误差或较小误差感觉比较灵敏，成为表示精确度的较好方法。式（8-11）适用无限次测量的场合。实际测量中，测量次数是有限的，改写为

$$\sigma = \sqrt{\frac{\sum d_i^2}{n-1}} \tag{8-12}$$

标准差不是一个具体的误差，σ 的大小只说明在一定条件下等精度测量集合所属的任一次观察值对其算术平均值的分散程度，如果 σ 的值小，说明该测量集合中相应小的误差就占优势，观测值对其算术平均值分散度小，测量的可靠性大。

8.1.3 过失误差的舍弃

测量过程中经常出现少量过大或过小的数值，这些数值是否可以认定为过失误差而舍弃，还是作为测量集合中的一个予以保留。过失误差是否舍弃的理论依据是以三倍标准差为依据，从概率的理论可知，大于 3σ 的误差所出现的概率只有 0.3%，故通常把这一数值称为极限误差，即

$$\delta_{极限} = 3\sigma \tag{8-13}$$

如果个别测量的误差超过 3σ，那么就可以认为属于过失误差而将舍弃。测量次数少，概率理论适用性差，个别失常测量值对算术平均值影响很大。在较少的测量次数时，如何舍弃可疑值，有一种简单的判断法，可略去可疑值。即略去可疑值后，计算其余各观测值的平均值 α 及均差 δ，然后将可疑观测值 x_i 与平均值 α 之差与均差 δ 相比，如果 $D \geqslant 4\delta$，则此可疑值可以舍弃，因为这种观测值存在的概率大约只有千分之一。

8.2 实验数据处理

实验数据处理，就是以测量为手段，以研究对象的概念、状态为基础，以数学运算为工具，推断出某量值的真值，并研究具有规律性结论的过程。因此对实验数据进行处理，可使人们清楚地观察到各变量之间的定量关系，以便进一步分析实验现象，得出规律，指导实验或生产。

实验数据处理的方法有列表法、图示法和数学方程式表示法三种。

8.2.1 列表法

将实验数据按自变量和因变量的关系，以一定的顺序列出数据表，即为列表法。列表法有许多优点，如原始数据记录表会给数据处理带来方便；列出数据使数据易比较；形式紧凑；同一表格内可以表示几个变量间的关系等。通常列表法也为图示法和回归分析法提供基础。

8.2.1.1　实验数据表的分类

实验数据表一般分为两大类：原始数据记录表和整理计算数据表。原始数据记录表是根据实验的具体内容而设计的，以清楚地记录所有待测数据。该表必须在实验前完成。例如磨矿产品筛分分析的结果见表8－1。

表8－1　磨矿产品筛分分析的结果　（%）

磨矿时间	粒　级				合　计
	+0.20mm	－0.20+0.074mm	－0.074+0.038mm	－0.038mm	

整理计算数据表可细分为中间计算结果表（体现出实验过程主要变量的计算结果）、综合结果表（表达实验过程中得出的结论）和误差分析表（表达实验值与参照值或理论值的误差范围）等，实验报告中要用到几个表，应根据具体实验情况而定。

8.2.1.2　设计实验数据表应注意的事项

（1）表格设计要力求简明扼要，一目了然，便于阅读和使用。

（2）表头列出物理量的名称、符号和计算单位。符号与计量单位之间用斜线“/”隔开。斜线不能重叠使用。计量单位不宜混在数字之中，避免分辨不清。

（3）注意有效数字位数，即记录的数字应与测量仪表的准确度相匹配，不可过多或过少，表格中的数据一般保持一致的有效数字位数。

（4）物理量的数值较大或较小时，要用科学计数法表示。

（5）为便于引用，每一个数据表都应在表的上方写明表号和表题（表名）。同一个表尽量不跨页，必须跨页时，在跨页的表上需注“续表×－×”。

（6）数据书写要清楚整齐。修改时宜用单线将错误的划掉，将正确的写在下面。

（7）实验表的其他相关信息一般在表头设计标注，如实验矿样、实验日期等。

8.2.2　图示法

实验数据图示法就是将整理得到的实验数据或结果标绘成描述因变量和自变量的依从关系的曲线图。该法的优点是直观清晰，便于比较，容易看出数据中的极值点、转折点、周期性、变化率以及其他特性，准确的图形还可以在不知数学表达式的情况下进行微积分运算，因此得到广泛的应用。

实验曲线的标绘是实验数据整理的第二步，将在工程实验中正确作图，才能得到与实验点位置偏差最小而光滑的曲线图形。

8.2.2.1　坐标系的选择

（1）直角坐标系。如果能确定变量 x、y 间的函数关系式为直线函数型，将变量 x、y 绘制在直角坐标系中。

（2）单对数坐标系。在下列情况下，建议使用单对数坐标系绘图：1）变量在所研究的范围内发生数量级的变化。2）在自变量由零开始逐渐增大的初始阶段，当自变量的少许变化引起因变量极大变化时，采用单对数坐标可使曲线最大变化范围伸长，使图形轮廓清楚。3）当需要变换某种非线性关系为线性关系时，可用单对数坐标。如将指数型函数变换为直线函数关系。

（3）双对数坐标系。在下列情况下，建议使用双对数坐标纸：1）变量 x、y 数值上均变化数量级。2）需要将曲线开始部分划分成展开的形式。3）当需要变换某种非线性关系为线性关系时（如幂函数），因变量和自变量都需线性变换。

8.2.2.2 图示法应注意的事项

（1）对于两个变量的系统，习惯上选横轴为自变量，纵轴为因变量。在两轴侧要标明变量名称、符号和单位。如制作磨矿曲线时，横坐标表明时间/min，纵坐标表明细度/-0.074mm%。

（2）坐标分度要适当，使变量的函数关系一目了然。

（3）实验数据的标绘。若在同一坐标系上同时标绘几组测量值，则各组要用不同符号（如○、△、×等）以示区别。若 n 组不同函数同绘在一起，则在曲线上要标明函数关系名称。

（4）图必须有图号和图题（图名），图号应按出现的顺序编写，并在正文中有所交代。

（5）图线应光滑。利用曲线板等工具将各离散点连接成光滑曲线，并使曲线尽可能通过较多的实验点，或者使曲线以外的点尽可能位于曲线附近，并使曲线两侧的点数大致相等。

8.2.3 数学方程式表示法

在实验研究中，除了用表格和图形描述变量间的关系外，还常常把实验数据整理成方程式，以描述过程或现象的自变量和因变量之间的关系，即建立过程的数学模型。其方法是将实验数据绘制成曲线，与已知的函数关系式的典型曲线（线性方程、幂函数方程、指数函数方程、抛物线函数方程、双曲线函数方程等）进行对照选择，然后用图解法或者数值方法确定函数式中的各种常数。所得函数表达式是否能准确地反映实验数据所存在的关系，应通过检验加以确认。

8.2.3.1 数学方程式的选择

数学方程式选择的原则是：既要求形式简单，所含常数较少，同时也希望能准确地表达实验数据之间的关系。数学方程式选择的方法是：将实验数据标绘在坐标系上，得一直线或曲线。如果是直线，则根据初等数学可知，$y=ax+b$，其中 a、b 值可由直线的截距和斜率求得。如果不是直线，y 和 x 不是线性关系，则可将实验曲线和典型的函数曲线相对照，选择与实验曲线相似的典型曲线函数，然后用直线化方法处理，最后以所选函数与实验数据的符合程度加以检验。

矿物加工常见的曲线与函数式见表 8-2。

表 8 – 2　矿物加工常见的曲线与函数式

序号	图　形	函数及线性化方法
1	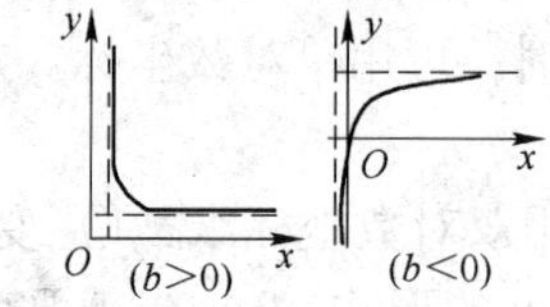 $(b>0)$　$(b<0)$	双曲线函数 $y=\frac{x}{ax+b}$，令 $Y=\frac{1}{y}$，$X=\frac{1}{x}$，则得直线方程 $Y=a+bX$
2	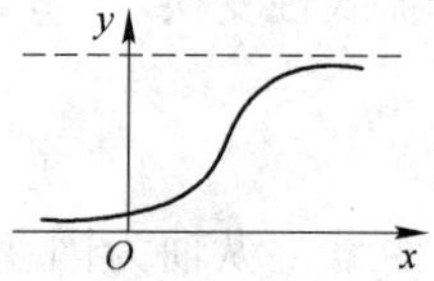	S 型曲线 $y=\frac{1}{a+be^{-x}}$，令 $Y=\frac{1}{y}$，$X=e^{-x}$，则得直线方程 $Y=a+bX$
3	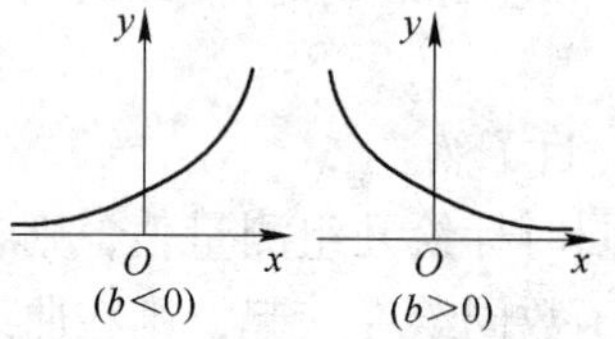 $(b<0)$　$(b>0)$	指数函数 $y=ae^{bk}$，令 $Y=\lg y$，$X=x$，$k=b\lg e$，则得直线方程 $Y=\lg a+kX$
4	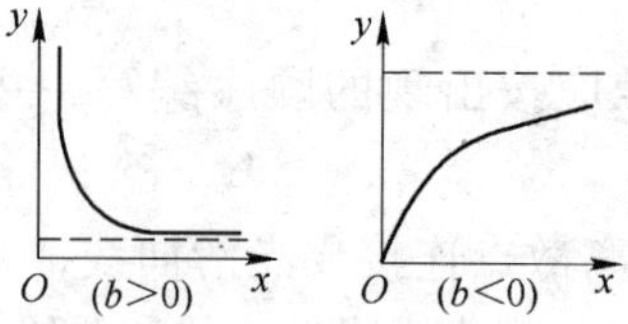 $(b>0)$　$(b<0)$	指数函数 $y=ae^{\frac{b}{x}}$，令 $Y=\lg y$，$X=\frac{1}{x}$，$k=b\lg e$，则得直线方程 $Y=\lg a+kX$
5	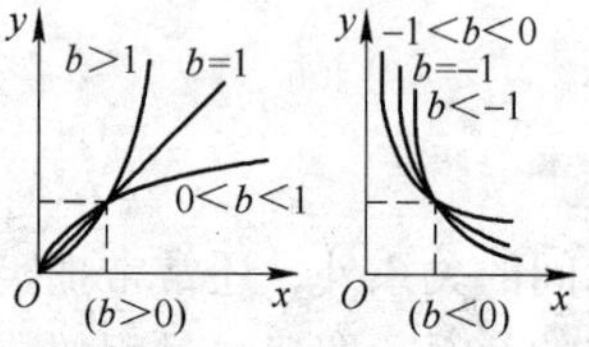 $b>1$，$b=1$，$0<b<1$ $(b>0)$　$-1<b<0$，$b=-1$，$b<-1$ $(b<0)$	幂函数 $y=ax^b$，令 $Y=\lg y$，$X=\lg x$，则得直线方程 $Y=\lg a+bX$
6	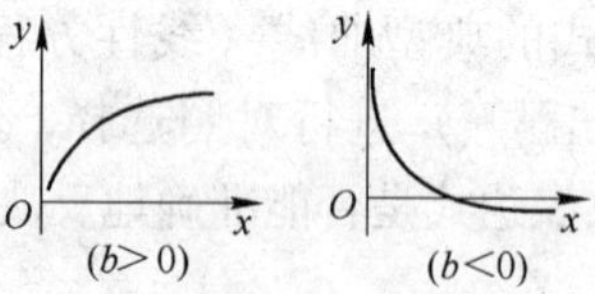 $(b>0)$　$(b<0)$	对数函数 $y=a+b\lg x$，令 $Y=y$，$X=\lg x$，则得直线方程 $Y=a+bX$

8.2.3.2　图解法求公式中的常数

当公式选定后，可用图解法求方程式中的常数。

8.2.3.3　实验数据的回归分析法

用图解法获得经验公式的过程。尽管图解法有很多优点，但它的应用范围毕竟很有限。寻求实验数据的变量关系间的数学模型时，应用最广泛的一种数学方法，即回归分析法。用这种数学方法可以从大量观测的散点数据中寻找到能反映事物内部的一些统计规律，并可以用数学模型形式表达出来。回归分析法与计算机相结合，已成为确定经验公式最有效的手段之一。

回归也称拟合。对具有相关关系的两个变量，若用一条直线描述，则称一元线性回归，用一条曲线描述，则称一元非线性回归。对具有相关关系的三个变量，其中一个因变量、两个自变量，若用平面描述，则称二元线性回归，用曲面描述，则称二元非线性回归。建立线性回归方程的最有效方法为线性最小二乘法，以下主要讨论用最小二乘法回归一元线性方程。

A 一元线性回归方程的求法

在科学实验的数据统计方法中，通常要从获得的实验数据（x_i，y_i）（$i=1$，2，3，…，n）中，寻找其自变量 x_i 与因变量 y_i 之间函数关系 $y=f(x)$。由于实验测定数据一般都存在误差，因此，不能要求所有的实验点均在 $y=f(x)$ 所表示的曲线上，只需满足实验点（x_i，y_i）与 $f(x_i)$ 的残差 $d_i=y_i-f(x_i)$ 小于给定的误差即可。此类寻求实验数据关系近似函数表达式 $y=f(x)$ 的问题称为曲线拟合。

曲线拟合首先应针对实验数据的特点，选择适宜的函数形式，确定拟合时的目标函数。设给定 n 个实验点（x_1，y_1）、（x_2，y_2）、…、（x_n，y_n），其离散点符合直线关系。可以利用一条直线来代表它们之间的关系

$$y'=a+bx \tag{8-14}$$

式中 y'——由回归式算出的值，称回归值；

a，b——回归系数。

对每一测量值 x_i 可由式（8-14）求出一回归值 y'。回归值 y' 与实测值 y_i 之差的绝对值 $d_i=|y_i-y_i'|=|y_i-(a+bx_i)|$ 表明 y_i 与回归直线的偏离程度。两者偏离程度越小，说明直线与实验数据点拟合越好。曲线拟合时应确定拟合时的目标函数。选择残差平方和为目标函数的处理方法即为最小二乘法。此法是寻求实验数据近似函数表达式的更为严格有效的方法。

设偏差平方和 Q 为：

$$Q=\sum_{i=1}^{n}d_i^2=\sum_{i=1}^{n}[y_i-(a+bx_i)]^2 \tag{8-15}$$

式（8-15）中 x_i、y_i 是已知值，故 Q 为 a 和 b 的函数，为使 Q 值达到最小，只要将式（8-15）分别对 a 和 b 求偏导数 $\frac{\partial Q}{\partial a}$，$\frac{\partial Q}{\partial b}$，并令其等于零即可求 a 和 b 之值，这就是最小二乘法原理。即

$$\begin{cases}\dfrac{\partial Q}{\partial a}=-2\sum_{i=1}^{n}(y_i-a-bx_i)=0\\[2ex]\dfrac{\partial Q}{\partial b}=-2\sum_{i=1}^{n}(y_i-a-bx_i)x_i=0\end{cases} \tag{8-16}$$

由式（8-16）可得方程

$$\begin{cases}a+\bar{x}b=\bar{y}\\[1ex] n\bar{x}a+\left(\sum_{i=1}^{n}x_i^2\right)b=\sum_{i=1}^{n}x_iy_i\end{cases} \tag{8-17}$$

$$\bar{x} = \frac{1}{n}\sum_{i=1}^{n} x_i \quad \bar{y} = \frac{1}{n}\sum_{i=1}^{n} y_i \tag{8-18}$$

解方程（8-17），可得到回归式中的 a 和 b

$$b = \frac{\sum(x_i y_i) - n\bar{x}\bar{y}}{\sum x_i^2 - n(\bar{x})^2} \tag{8-19}$$

$$a = \bar{y} - b\bar{x} \tag{8-20}$$

x、y 不是线性关系的函数可通过表 8-2 中关系式的转换成线性关系后再进行回归计算。

B　回归效果的检验

实验数据变量之间的关系具有不确定性，一个变量的每一个值对应的是整个集合值。当 x 改变时，y 的分布也以一定的方式改变。在这种情况下，变量 x 和 y 间的关系就称为相关关系。若回归所得线性方程为 $y' = ax + b$，则相关系数 r 的计算式为

$$r = \frac{\sum(x_i - \bar{x})(y_i - \bar{y})}{\sqrt{\sum(x_i - \bar{x})^2 \sum(y_i - \bar{y})^2}} \tag{8-21}$$

r 的变化范围为［1，1］。当 $r = \pm 1$ 时，即 n 组实验值（x_i，y_i），全部落在直线 $y = a + bx$ 上，此时称完全相关（图 8-1a、图 8-1b）。当 $0 < |r| < 1$ 时，代表绝大多数的情况，这时 x 与 y 存在着一定线性关系。当 $r > 0$ 时，散点图的分布是 y 随 x 增加而增加，此时称 x 与 y 正相关（图 8-1c）。当 $r < 0$ 时，散点图的分布是 y 随 x 增加而减少，此时称 x 与 y 负相关（图 8-1d）。$|r|$ 越小，散点离回归线越远，越分散。当 $|r|$ 越接近 1 时，即 n 组实验值（x_i，y_i）越靠近 $y = a + bx$，变量与 x 之间的关系越接近于线性关系。当 $r = 0$ 时，变量之间就完全没有线性关系了（图 8-1e）。应该指出，没有线性关系，并不等于不存在其他函数关系（图 8-1f）。

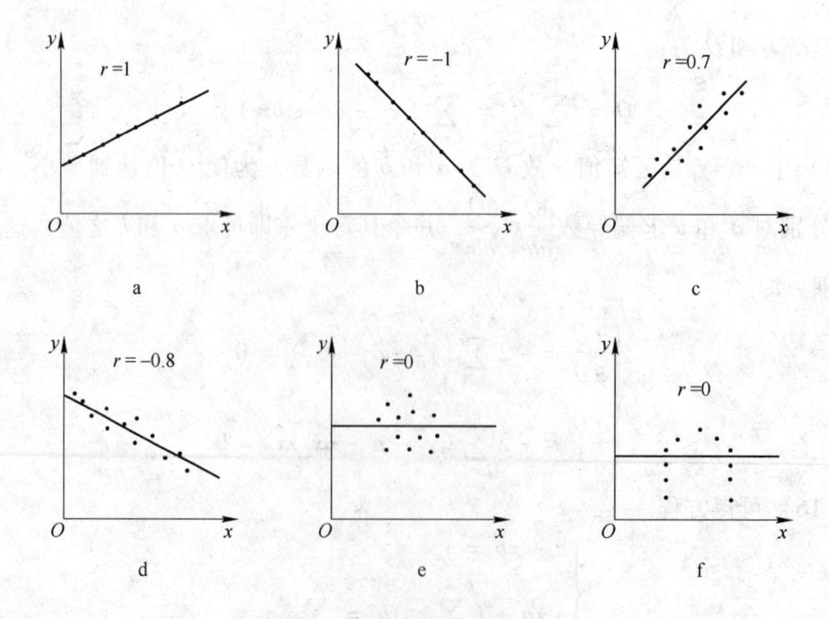

图 8-1　相关系数的几何意义图

8.2.4 回归计算实例

8.2.4.1 实验部分

采用某铜矿进行测定。原矿化学多元素分析见表8-3，铜物相分析结果见表8-4。

表8-3 化学多元素分析 (%)

成分	Cu	S	Fe	SiO_2	Al_2O_3	CaO	MgO	K_2O	Na_2O
含量	1.18	18.41	31.08	33.1	5.27	7.64	9.46	1.15	0.31

原矿含铜1.18%，硫18.41%，属高硫铜矿石。

表8-4 铜物相分析

相 别	原生 CuS	次生 CuS	CuO	总铜
含量/%	1.040	0.085	0.055	1.180
占有率/%	88.14	7.20	4.66	100.00

浮选流程如图8-2所示。浮选条件：pH=10，黄药浓度50g/t，2号油用量31g/t。浮选结果见表8-5、图8-3。

表8-5 浮选结果数据

产 品	N_1	N_2	N_3	N_4	N_5	N_6	N_7	N_8	N_9	N_{10}	N_{11}
时间/min	0.5	1	1.5	2	2.5	3	3.5	4	4.5	5	5.5
质量/g	14.06	8.29	6.15	5.52	4.09	3.84	3.41	3.15	2.52	2.77	2.48
品位/%	17.30	10.53	7.17	4.89	3.71	2.97	2.61	2.20	1.99	1.82	1.69
累计回收率/%	41.23	56.02	63.50	68.07	70.64	72.58	74.08	75.26	76.11	76.96	77.67
累计品位/%	17.30	14.79	13.14	11.81	10.94	10.21	9.64	9.15	8.80	8.44	8.14

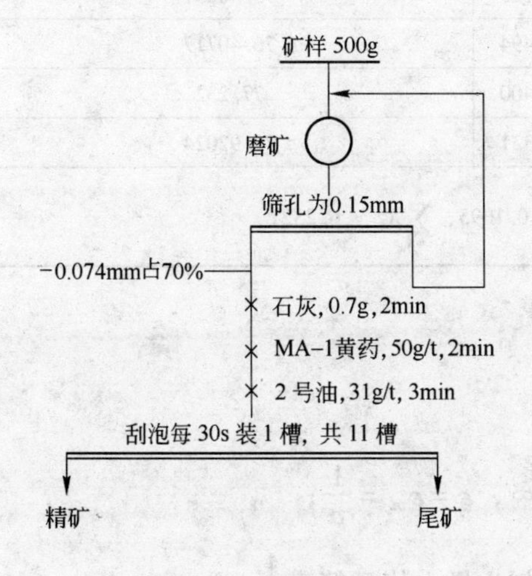

图8-2 浮选流程

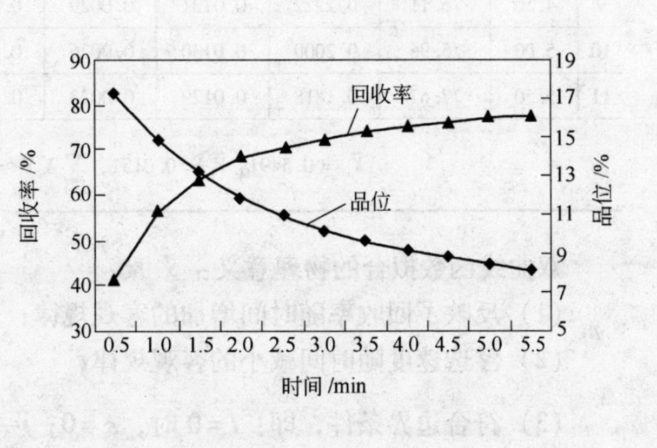

图8-3 浮选时间与回收率、品位的关系

8.2.4.2 拟合回归计算

从表 8-5 浮选的结果可确定浮选回收率与浮选时间呈正相关，回收率起初上升速度较快，随着时间的延长，逐渐下降，最后趋一定值。从图 8-2 可知浮选回收率有两个边界条件，即：$t \to 0$ 时，$\varepsilon \to 0$；$t \to \infty$，$\varepsilon = \varepsilon_\infty$。两个边界条件反映在回收率与时间关系图上为：曲线必定通过坐标原点；曲线有水平渐近线，即 $\varepsilon = \varepsilon_\infty$。

根据上述曲线的形状及参数特点，可用双曲线函数和负指数函数进行拟合。

A 双曲线函数拟合

双曲线函数方程式为：$\frac{1}{y} = a + \frac{b}{x}$，$(a>0,\ b>0)$。

$v_{(t)} = v_{(x)} = y' = \frac{b}{(ax+b)^2} > 0$，表明 y 是单调增函数；$y'' = \frac{-2ab}{(ax+b)^3} < 0$，表明 $v_{(t)}$ 是单调减函数。

双曲线最小二乘法线性回归计算见表 8-6。

表 8-6 双曲线最小二乘法线性回归计算

n	真实值		最小二乘法计算				预测值
	时间 x_i/min	累计回收率 y_i/%	$X_i = 1/x_i$	$Y_i = 1/y_i$	X_iY_i	X_i^2	$\frac{1}{y_i} = 0.01169 + \frac{0.00624}{x_i}$
1	0.50	41.23	2.0000	0.0243	0.0485	4.0000	41.20313
2	1.00	56.02	1.0000	0.0179	0.0179	1.0000	55.61735
3	1.50	63.50	0.6667	0.0157	0.0105	0.4444	62.95908
4	2.00	68.07	0.5000	0.0147	0.0073	0.2500	67.40816
5	2.50	70.64	0.4000	0.0142	0.0057	0.1600	70.39279
6	3.00	72.58	0.3333	0.0138	0.0046	0.1111	72.53385
7	3.50	74.08	0.2857	0.0135	0.0039	0.0816	74.14469
8	4.00	75.26	0.2500	0.0133	0.0033	0.0625	75.40057
9	4.50	76.11	0.2222	0.0131	0.0029	0.0494	76.40717
10	5.00	76.96	0.2000	0.0130	0.0026	0.0400	77.232
11	5.50	77.67	0.1818	0.0129	0.0023	0.0331	77.92024

$\overline{X}_i = 0.5491$，$\overline{Y}_i = 0.0151$，$\sum_{i=1}^{n} X_iY_i = 0.1095$，$\sum_{i=1}^{n} X_i^2 = 6.2321$

双曲线函数拟合的物理意义：

(1) 反映了回收率随时间增加的客观规律；

(2) 浮选速度随时间减小的客观规律；

(3) 符合边界条件，即：$t=0$ 时，$\varepsilon = 0$；$t \to \infty$，$\varepsilon = \varepsilon_\infty = \frac{1}{a}$；

(4) 当 $t \to 0^+$ 时，$v_{(t)} \to \frac{1}{b}$，表明速率起始时刻为最大值且等于 $\frac{1}{b}$；

(5) 浮选的平均速率为 $\overline{v_{(t)}} = \frac{1}{t}\int_0^t \frac{b}{(at+b)^2}dt = \frac{1}{at+b}$。

从表 8-6 可计算 b 和 a 值：

$$b = \frac{\sum_{i=1}^{n} X_i Y_i - n\overline{X}\,\overline{Y}}{\sum_{i=1}^{n} X_i^2 - n\overline{X}^2} = 0.00624;$$

$$a = \overline{Y} - b\overline{X} = 0.01169。$$

B 负指数函数拟合

负指数函数方程式为：$y = ae^{\frac{b}{x}}$，($a>0$，$b<0$)。

$v_{(t)} = v_{(x)} = y' = -\frac{abe^{\frac{b}{x}}}{x^2} > 0$，表明 y 是单调增函数；$y'' = abe^{\frac{b}{x}}\left(\frac{b+2x}{x^4}\right)$，当 $x < -\frac{b}{2}$ 时，$y''>0$，$v_{(t)}$ 是单调增函数；当 $x > -\frac{b}{2}$ 时，$y''<0$，$v_{(t)}$ 是单调减函数。

负指数方程最小二乘法线性回归计算见表 8-7。

表 8-7 负指数方程最小二乘法线性回归计算

n	真实值		最小二乘法计算				预测值
	时间 x_i/min	累计回收率 y_i/%	$X_i = 1/x_i$	$Y_i = \ln y_i$	$X_i Y_i$	X_i^2	$y_i = 81.6854e^{\frac{-0.3508}{x_i}}$
1	0.50	41.23	2.0000	3.7192	7.4383	4.0000	40.498919
2	1.00	56.02	1.0000	4.0257	4.0257	1.0000	57.5166967
3	1.50	63.50	0.6667	4.1510	2.7674	0.4444	64.6513261
4	2.00	68.07	0.5000	4.2205	2.1103	0.2500	68.5439595
5	2.50	70.64	0.4000	4.2576	1.7030	0.1600	70.9911544
6	3.00	72.58	0.3333	4.2847	1.4282	0.1111	72.6709669
7	3.50	74.08	0.2857	4.3051	1.2300	0.0816	73.8951142
8	4.00	75.26	0.2500	4.3209	1.0802	0.0625	74.8267382
9	4.50	76.11	0.2222	4.3322	0.9627	0.0494	75.5594473
10	5.00	76.96	0.2000	4.3433	0.8687	0.0400	76.150777
11	5.50	77.67	0.1818	4.3525	0.7914	0.0331	76.6380328
			$\overline{X}_i = 0.5491$，$\overline{Y}_i = 4.2103$，$\sum_{i=1}^{n} X_i Y_i = 24.4059$，$\sum_{i=1}^{n} X_i^2 = 6.2321$				

负指数函数拟合的物理意义：

(1) 反映了回收率随时间增加的客观规律；

(2) 浮选速度随时间减小的客观规律；

(3) 符合边界条件，即：$t \to 0^+$ 时，$\varepsilon \to 0$；$t \to \infty$，$\varepsilon = \varepsilon_\infty = a$；

(4) 当 $t \to 0^+$ 时，$v_{(t)} \to 0$，速率起始时刻为 0，当 $t = -\frac{b}{2}$ 时，$v_{(t)\max} = -\frac{4a}{be^2}$；表明

速率起始时刻并非最大，有一个弛豫时间 $t=-\dfrac{b}{2}$；

（5）浮选的平均速率为 $\overline{v_{(t)}}=\dfrac{1}{t}\int_0^t-\dfrac{abe^{\frac{b}{t}}}{t^2}\mathrm{d}t=ae^{\frac{b}{t}}$。

从表 8－7 可计算 b 和 a 值：

$$b=\frac{\sum_{i=1}^{n}X_iY_i-n\overline{X}\,\overline{Y}}{\sum_{i=1}^{n}X_i^2-n\overline{X}^2}=-0.3508;$$

$$a=\overline{Y}-b\overline{X}=81.6854。$$

8.2.4.3　误差分析

两个拟合方程的误差分析见表 8－8。

表 8－8　两个拟合方程的误差分析

n	真实值		双曲线拟合计算值	负指数拟合计算值	双曲线拟合偏差	负指数拟合偏差
	时间 x_i/min	累计回收率 y_i/%	$\frac{1}{y_i}=0.01169+\frac{0.00624}{x_i}$	$y_i=81.6854\exp\left(\frac{-0.3508}{x_i}\right)$		
1	0.50	41.23	41.2031	40.4989	0.0269	0.7311
2	1.00	56.02	55.6174	57.5167	0.4026	－1.4967
3	1.50	63.50	62.9591	64.6513	0.5409	－1.1513
4	2.00	68.07	67.4082	68.5440	0.6618	－0.4740
5	2.50	70.64	70.3928	70.9912	0.2472	－0.3512
6	3.00	72.58	72.5338	72.6710	0.0462	－0.0910
7	3.50	74.08	74.1447	73.8951	－0.0647	0.1849
8	4.00	75.26	75.4006	74.8267	－0.1406	0.4333
9	4.50	76.11	76.4072	75.5594	－0.2972	0.5506
10	5.00	76.96	77.2320	76.1508	－0.2720	0.8092
11	5.50	77.67	77.9202	76.6380	－0.2502	1.0320
偏差平方和					1.2056	6.7012

双曲线拟合偏差小于负指数拟合偏差，表明双曲线方程拟合效果更好。双曲线拟合下的：

（1）$\varepsilon_\infty=\dfrac{1}{a}=85.5432$；

（2）起始时刻速率 $v_{(t)}=\frac{1}{b}=160.2564$。

8.3 正交实验设计方法

8.3.1 实验设计方法概述

实验设计是数理统计学的一个重要的分支。多数数理统计方法主要用于分析已经得到的数据，而实验设计却是用于决定数据收集的方法。实验设计方法主要讨论如何合理地安排实验以及实验所得的数据如何分析等。例如某工艺中铜硫混精再磨精选铜硫分离中发现主要是磨矿细度、水玻璃用量、石灰用量、酯－105 用量影响实验结果，其正交设计表见表 8－9。

表 8－9 铜硫混精再磨精选铜硫分离正交实验设计表

水平 \ 因素	A 磨矿细度 （－0.074mm）/%	B 水玻璃用量 $/g\cdot t^{-1}$	C 石灰用量 $/g\cdot t^{-1}$	D 酯－105 用量 $/g\cdot t^{-1}$
1				
2				
3				

对此实例该如何进行实验方案呢？很容易想到的是各因素和水平全面搭配法，此方案数据点分布的均匀性极好，因素和水平的搭配十分全面，唯一的缺点是实验次数多达 $3^4=81$ 次（指数 4 代表 4 个因素，底数 3 代表每因素有 3 个水平）。因素、水平数越多，则实验次数就越多，显然难以做到。因此有必要寻找一种合适的实验设计方法。

实验设计中常用的术语有：（1）实验指标。实验指标是指实验研究过程的因变量，常为实验结果特征的量（如回收率、品位等）。（2）因素。因素是指实验研究过程的自变量，常常是造成实验指标按某种规律发生变化的那些原因。如表 8－9 中的磨矿细度、水玻璃用量、石灰用量、酯－105 用量。（3）水平。水平是指实验中因素所处的具体状态或情况，又称为等级。如表 8－9 的磨矿细度有 3 个水平。

常用的实验设计方法有：正交实验设计法、均匀实验设计法、单纯形优化法、双水平单纯形优化法、回归正交设计法、序贯实验设计法等。可供选择的实验方法很多，各种实验设计方法都有其一定的特点。正交实验设计是最常用的方法。

8.3.2 正交实验设计方法的特点

用正交表安排多因素实验的方法，称为正交实验设计法。其特点为：完成实验要求所需的实验次数少；数据点的分布很均匀；可用相应的极差分析方法、方差分析方法、回归分析方法等对实验结果进行分析，引出许多有价值的结论。

对于表 8－9 实例中适用的正交表是 $L_9(3^4)$，其正交实验安排见表 8－10。

表 8-10 正交实验安排

列号		1	2	3	4
因素		磨矿细度/%	水玻璃用量 /g·t^{-1}	石灰用量 /g·t^{-1}	酯-105 用量 /g·t^{-1}
实验号	1	1	1	1	1
	2	1	2	2	2
	3	1	3	3	3
	4	2	1	2	3
	5	2	2	3	1
	6	2	3	1	2
	7	3	1	3	2
	8	3	2	1	3
	9	3	3	2	1

所有的正交表与 L_9（3^4）正交表一样，都具有以下两个特点：

（1）在每一列中，各个不同的数字出现的次数相同。在表 L_9（3^4）中，每一列有三个水平，水平 1、2、3 都是各出现 3 次。

（2）表中任意两列并列在一起形成若干个数字对，不同数字对出现的次数也都相同。在表 L_9（3^4）中，任意两列并列在一起形成的数字对共有 9 个：（1，1）、（1，2）、（1，3）、（2，1）、（2，2）、（2，3）、（3，1）、（3，2）、（3，3），每一个数字对各出现一次。

这两个特点称为正交性。正是由于正交表具有上述特点，就保证了用正交表安排的实验方案中因素水平是均衡搭配的，数据点的分布是均匀的。因素、水平数越多，运用正交实验设计方法，越能显示出它的优越性。

8.3.3 正交表

使用正交设计方法进行实验方案的设计，就必须用到正交表。

8.3.3.1 各列水平数均相同的正交表

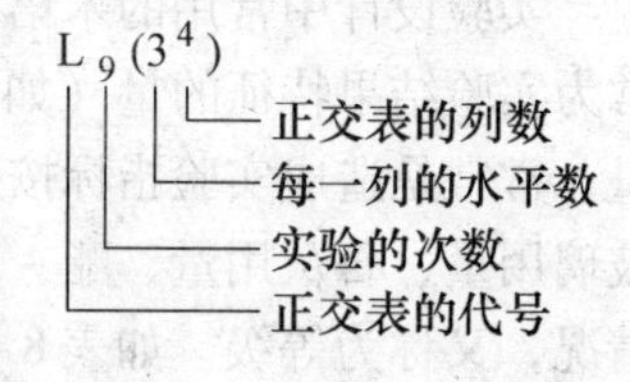

图 8-4 正交表符合

正交表符合 L_9（3^4）如图 8-4 所示。各列水平数均相同的正交表，也称单一水平正交表。这类正交表名称的写法举例如下：各列水平均为 2 的常用正交表有：L_4（2^3），L_8（2^7），L_{12}（2^{11}），L_{16}（2^{15}），L_{20}（2^{19}），L_{32}（2^{31}）。各列水平数均为 3 的常用正交表有：L_9（3^4），L_{27}（3^{13}）。各列水平数均为 4 的常用正交表有：L_{16}（4^5）。各列水平数均为 3 的常用正交表有：L_{25}（5^6）。

8.3.3.2 混合水平正交表

各列水平数不相同的正交表，称为混合水平正交表。图 8-5 所示为混合水平正交表符合。

L_8（$4^1\times2^4$）常简写为 L_8（4×2^4）。此混合水平正交表含有 1 个 4 水平列，4 个 2 水平列，共有 1+4=5 列。

8.3.3.3 选择正交表的基本原则

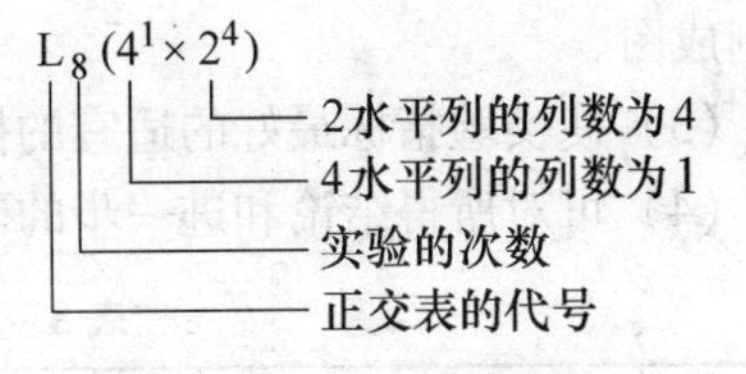

图8－5 混合水平正交表符合

一般都是先确定实验的因素、水平和交互作用，后选择适用的L表。在确定因素的水平数时，主要因素宜多安排几个水平，次要因素可少安排几个水平。

（1）先看水平数。若各因素全是2水平，就选用L（$2^?$）表；若各因素全是3水平，就选L（$3^?$）表。若各因素的水平数不相同，就选择适用的混合水平表。

（2）每一个交互作用在正交表中应占一列或二列。要看所选的正交表是否足够大，能否容纳得下所考虑的因素和交互作用。为了对实验结果进行方差分析或回归分析，还必须至少留一个空白列，作为“误差”列，在极差分析中要作为“其他因素”列处理。

（3）要看实验精度的要求。若要求高，则宜取实验次数多的L表。

（4）若实验费用很昂贵，或实验的经费很有限，或人力和时间都比较紧张，则不宜选实验次数太多的L表。

（5）按原来考虑的因素、水平和交互作用去选择正交表，若无正好适用的正交表可选，简便且可行的办法是适当修改原定的水平数。

8.3.3.4 正交表的表头设计

表头设计是确定实验所考虑的因素和交互作用。有交互作用时，表头设计则较严格，在此不再详述，请参阅其他书籍；若实验不考虑交互作用，则表头设计可以是任意的。如表8－9的实例中，可用L_9（3^4）表头设计。正交表的构造是组合数学问题，必须满足正交表选择的原则。对实验之初不考虑交互作用而选用较大的正交表，空列较多时，最好仍与有交互作用时一样，按规定进行表头设计。只不过将有交互作用的列先视为空列，待实验结束后再加以判定。

8.3.4 正交实验结果分析方法

正交实验方法之所以能得到科技工作者的重视并在实践中得到广泛的应用，其原因不仅在于能使实验的次数减少，而且能够用相应的方法对实验结果进行分析并引出许多有价值的结论。因此，有正交实验法进行实验，如果不对实验结果进行认真的分析，并引出应该引出的结论，那就失去用正交实验法的意义和价值。

8.3.4.1 极差分析方法

下面以L_4（2^3）为例介绍正交实验结果的极差分析方法（表8－11）。极差指的是各列中各水平对应的实验指标平均值的最大值与最小值之差。用极差法分析正交实验结果可引出以下几个结论：

（1）在实验范围内，各列对实验指标的影响从大到小的排队。某列的极差最大，表示该列的数值在实验范围内变化时，使实验指标数值的变化最大。所以各列对实验指标的影响从大到小的排队，就是各列极差D的数值从大到小的排队。

（2）实验指标随各因素的变化趋势。为了能更直观地看到变化趋势，常将计算结果绘制成图。

（3）使实验指标最好的适宜的操作条件（适宜的因素水平搭配）。

（4）可对所得结论和进一步的研究方向进行讨论。

表 8－11　L_4（2^3）正交实验计算

列　号		1	2	3	实验指标 y_i
实验号	1	1	1	1	y_1
	2	1	2	2	y_2
	3	2	1	2	y_3
	$n=4$	2	2	1	y_4
I_j		$\mathrm{I}_1=y_1+y_2$	$\mathrm{I}_2=y_1+y_3$	$\mathrm{I}_3=y_1+y_4$	
II_j		$\mathrm{II}_1=y_3+y_4$	$\mathrm{II}_2=y_2+y_4$	$\mathrm{II}_3=y_2+y_3$	
k_j		$k_1=2$	$k_2=2$	$k_3=2$	
I_j/k_j		I_1/k_1	I_2/k_2	I_3/k_3	
II_j/k_j		II_1/k_1	II_2/k_2	II_3/k_3	
极差（D_j）		max｛　｝－min｛　｝	max｛　｝－min｛　｝	max｛　｝－min｛　｝	

注：I_j——第 j 列“1”水平所对应的实验指标的数值之和；

II_j——第 j 列“2”水平所对应的实验指标的数值之和；

k_j——第 j 列同一水平出现的次数，等于实验的次数（n）除以第 j 列的水平数；

I_j/k_j——第 j 列“1”水平所对应的实验指标的平均值；

II_j/k_j——第 j 列“1”水平所对应的实验指标的平均值；

D_j——第 j 列的极差。等于第 j 列各水平对应的实验指标平均值中的最大值减最小值，即 $D_j=\max\{\mathrm{I}_j/k_j,\ \mathrm{II}_j/k_j,\ \cdots\}-\min\{\mathrm{I}_j/k_j,\ \mathrm{II}_j/k_j,\ \cdots\}$。

8.3.4.2　方差分析方法

A　计算公式和项目

实验指标的加和值 $=\sum_{i=1}^{n} y_i$，实验指标的平均值 $\bar{y}=\frac{1}{n}\sum_{i=1}^{n} y_i$，以第 j 列为例：

（1）I_j、II_j、k_j、I_j/k_j、II_j/k_j 等参数的计算方法同极差法。

（2）偏差平方和。

$$S_j = k_j\left(\frac{\mathrm{I}_j}{k_j}-\bar{y}\right)^2 + k_j\left(\frac{\mathrm{II}_j}{k_j}-\bar{y}\right)^2 + k_j\left(\frac{\mathrm{III}_j}{k_j}-\bar{y}\right)^2 + \cdots$$

（3）自由度 f_j。$f_j=$ 第 j 列的水平数 -1。

（4）方差 V_j。$V_j=S_j/f_j$。

（5）误差列的方差 V_e。$V_e=S_e/f_e$。式中，e 为正交表的误差列。

（6）方差之比 F_j。$F_j=V_j/V_e$。

（7）查 F 分布数值表（F 分布数值表请查阅有关参考书）做显著性检验。

（8）总的偏差平方和。

$$S_{总} = \sum_{i=1}^{n}(y_i-\bar{y})^2$$

(9) 总的偏差平方和等于各列的偏差平方和之和。

$$S_{总} = \sum_{j=1}^{m} S_j$$

式中 m——正交表的列数。

若误差列由5个单列组成，则误差列的偏差平方和 S_e 等于5个单列的偏差平方和之和，即：$S_e = S_{e1} + S_{e2} + S_{e3} + S_{e4} + S_{e5}$；也可用 $S_e = S_{总} + S''$来计算，其中 S''为安排有因素或交互作用的各列的偏差平方和之和。

B 可引出的结论

与极差法相比，方差分析方法可以多引出一个结论：各列对实验指标的影响是否显著，在什么水平上显著。在数理统计上，这是一个很重要的问题。显著性检验强调实验在分析每列对指标影响中所起的作用。

8.3.5 正交实验极差分析法举例

生产现场铜硫混精再磨排矿 -0.074mm 粒级含量为90%；实验室小型实验采用正交实验进行混精再磨、铜硫分离独槽精选实验。铜硫分离正交实验流程如图8-6所示，为四因素三水平，铜硫混精再磨精选铜硫分离正交实验设计见表8-12，铜硫混精再磨精选铜硫分离实验结果见表8-13，正交指标计算见表8-14。

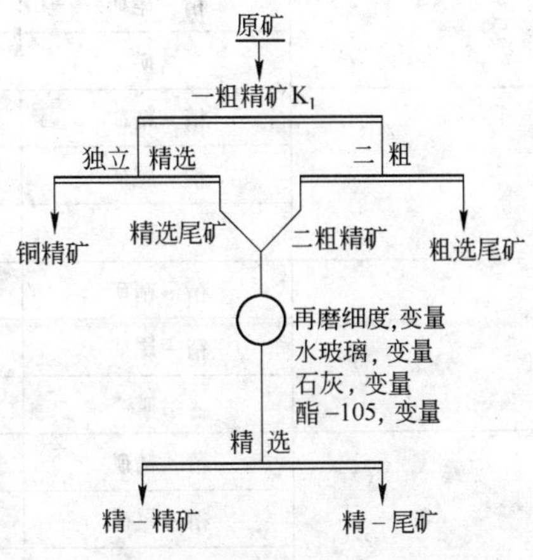

图8-6 铜硫分离正交实验流程

表8-12 铜硫混精再磨精选铜硫分离正交实验设计

因素 \ 水平	A	B	C	D
	磨矿细度 -0.074mm 含量/%	水玻璃用量 /g·t^{-1}	石灰用量 /g·t^{-1}	酯-105用量 /g·t^{-1}
1	85	0	400	0
2	90	200	500	4.98
3	95	400	600	9.95

表8-13 铜硫混精再磨精选铜硫分离实验结果 (%)

实验编号	产品名称	产率	Cu品位	回收率
1	精-精矿	1.17	6.45	12.20
	精-尾矿	3.06	1.05	5.20
	给矿	100.00	0.62	100.00
2	精-精矿	0.79	9.61	11.94
	精-尾矿	3.44	0.93	5.46
	给矿	100.00	0.62	100.00

续表 8-13

实验编号	产品名称	产率	Cu 品位	回收率
3	精-精矿	0.90	8.37	11.97
	精-尾矿	3.33	0.98	5.43
	给矿	100.00	0.62	100.00
4	精-精矿	0.85	8.89	11.86
	精-尾矿	3.38	0.96	5.54
	给矿	100.00	0.62	100.00
5	精-精矿	1.08	7.02	12.11
	精-尾矿	3.15	1.02	5.29
	给矿	100.00	0.62	100.00
6	精-精矿	0.73	10.31	11.82
	精-尾矿	3.50	0.93	5.58
	给矿	100.00	0.62	100.00
7	精-精矿	0.60	12.71	11.62
	精-尾矿	3.64	0.87	5.78
	给矿	100.00	0.62	100.00
8	精-精矿	0.74	10.18	11.71
	精-尾矿	3.49	0.93	5.69
	给矿	100.00	0.62	100.00
9	精-精矿	0.93	8.14	12.03
	精-尾矿	3.30	0.97	5.37
	给矿	100.00	0.62	100.00

表 8-14 正交指标计算

实验号	A	B	C	D	选矿效率
1	1	1	1	1	45.93
2	1	2	2	2	53.92
3	1	3	3	3	51.38
4	2	1	2	3	51.89
5	2	2	3	1	47.56
6	2	3	1	2	53.57
7	3	1	3	2	56.82
8	3	2	1	3	53.76
9	3	3	2	1	50.91

续表 8－14

实验号	A	B	C	D	选矿效率
I_j	151.23	154.64	153.26	144.40	实验指标的加和值 $\sum_{i=1}^{n} y_i = 465.74$ 实验指标的平均值 $\bar{y} = \frac{1}{n}\sum_{i=1}^{n} y_i = 51.75$
II_j	153.02	155.24	156.72	164.31	
III_j	161.49	155.86	161.77	157.03	
k_j	3	3	3	3	
I_j/k_j	50.41	51.55	51.09	48.13	
II_j/k_j	51.01	51.75	52.24	54.77	
III_j/k_j	53.83	51.95	53.92	52.34	
D_j	3.42	0.41	2.84	6.64	

（1）效应的计算。可直接在表格上进行，如表 8－14 第 1 列（A 列）代表因素磨矿细度，水平取“1”的共 3 个实验点，其实验结果的总和和平均值为

$$\mathrm{I}_j = 45.93 + 53.92 + 51.38 = 151.23$$

$$k_j = 3$$

$$\mathrm{I}_j/k_j = 151.23/3 = 50.41$$

同理可以求出其他因素各水平的实验结果的总和和平均值。

（2）极差的计算。极差是直接用数据中最大者减去最小者的差值。本例中采用各因素中实验结果的平均值中的最大者减去最小者作为该因素的极差。如对第一列代表因素磨矿细度，其实验极差为

$$D_j = 53.83 - 50.41 = 3.42$$

同理可以求出其他因素实验极差值。

（3）正交实验结果的直观分析。实验结果的直观分析是一种简单易行的方法，没有学过统计学的人也能够学会，这正是正交设计能够在生产一线推广使用的奥秘。

1）直接看的好条件。从表 8－14 中 9 次实验结果来看，第 7 号实验 $A_3B_1C_3D_2$ 最高，为 56.82%。但第 7 号实验方案不一定是最优方案，还应该通过进一步的分析寻找出可能的更好方案。

2）计算的好条件。表中 I_j、II_j、III_j 这三行数据分别是各因素同一水平之和。例如，（1）中计算的 151.23 是 A 因素 3 个水平实验值的和。注意到，在上述的计算中，B 因素的三个水平各参加了一次计算，C、D 因素同样也参加了一次计算。其他的求和数据计算方式与上述方式类似。

然后对 I_j、II_j、III_j 这三行分别除以 3，得到三行数据的平均值 I_j/k_j、II_j/k_j、III_j/k_j，表示各因素在每一水平下的平均选矿效率，例如 I_j/k_j 行为 A 因素“1”水平的平均选矿效率，表示磨矿细度为 85% 时的平均选矿效率为 50.41%。这时可从理论上计算出最优方案为 $A_3B_3C_3D_2$，即各因素平均选矿效率最高的水平组合的方案。

3）分析极差。确定各因素的重要程度。极差是同列平均值的极差。从表 8－14 中可知 D 因素的极差最大，表明 D 因素对选矿效率影响程度最大。B 因素的极差最小，表明 B 因素对选矿效率的影响程度最小。A、C 因素对选矿效率有一定影响，但影响程度适中。

4）绘制趋势图。进一步可绘制 A、B、C、D 四个因素对选矿效率影响趋势图（图 8－7）。

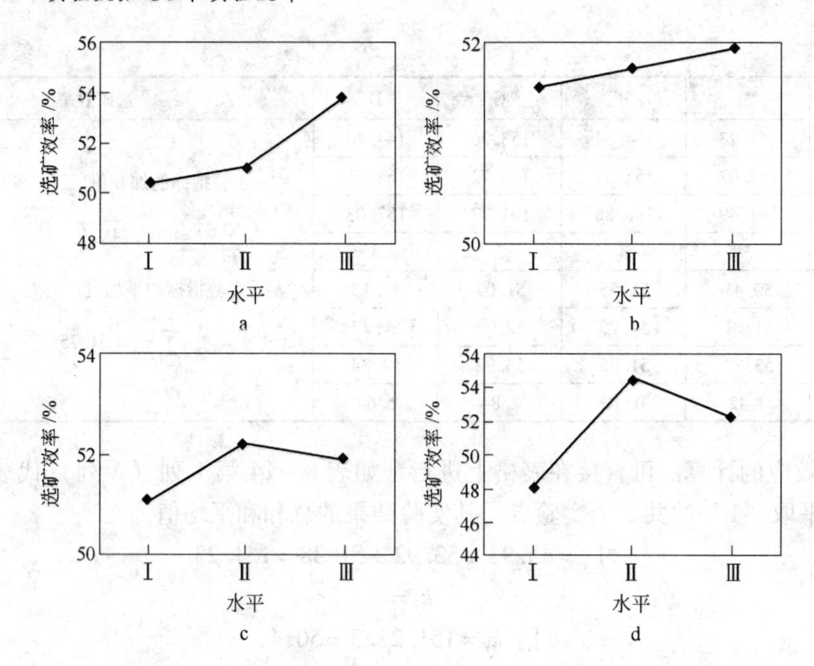

图 8-7 A、B、C、D 四个因素对选矿效率的影响趋势

a—磨矿细度的影响；b—水玻璃用量的影响；c—石灰用量的影响；d—酯-105 用量的影响

同理，按品位和回收率计算的结果见表 8-15。

表 8-15 铜硫混精再磨粗选铜硫分离正交实验指标计算 （%）

实验号		A	B	C	D	回收率	铜品位	产率	选矿效率
1		1	1	1	1	70.14	6.45	27.60	45.93
2		1	2	2	2	68.62	9.61	18.68	53.92
3		1	3	3	3	68.81	8.37	21.28	51.38
4		2	1	2	3	68.15	8.89	20.09	51.89
5		2	2	3	1	69.58	7.02	25.53	47.56
6		2	3	1	2	67.92	10.31	17.26	53.57
7		3	1	3	2	66.81	12.71	14.18	56.82
8		3	2	1	3	67.28	10.18	17.49	53.76
9		3	3	2	1	69.14	8.14	21.99	50.91
回收率均值	Ⅰ$_j/k_j$	69.19	68.37	68.45	69.62				
	Ⅱ$_j/k_j$	68.55	68.49	68.64	67.78				
	Ⅲ$_j/k_j$	67.74	68.62	68.40	68.08				
铜品位均值	Ⅰ$_j/k_j$	8.14	9.35	8.98	7.20				
	Ⅱ$_j/k_j$	8.74	8.94	8.88	10.88				
	Ⅲ$_j/k_j$	10.34	8.94	9.37	9.15				
选矿效率均值	Ⅰ$_j/k_j$	50.41	51.55	51.09	48.13				
	Ⅱ$_j/k_j$	51.01	51.75	52.24	54.77				
	Ⅲ$_j/k_j$	53.83	51.95	51.92	52.34				

注：β_{max} 黄铜矿中铜的理论最高品位，即 $\beta_{max}=34.56\%$。

由表 8-14、表 8-15 可知，四个因素对选别指标的影响由小到大的程度分别为：作业回收率DABC，粗精矿品位DACB，选矿效率DACB，最佳回收率组合为$A_1B_3C_2D_1$，精矿品位最佳组合为$A_3B_1C_3D_2$，最佳选矿效率组合为$A_3B_3C_3D_2$。其中因素B和C对选别指标影响要远远小于D和A，因此选择D和A作为选别指标考虑因素，在选别指标相差不大情况下，兼顾考虑B和C的价格因素。对于混精再磨精选而言，最重要的指标为精矿品位，综上所述，选择$A_3B_1C_3D_2$为铜硫分离最佳条件，即再磨细度-0.074mm粒级含量95%，石灰用量为600g/t，酯-105为4.98g/t。在此条件下，精选作业回收率为66.81%，铜精矿品位12.71%，选矿效率为56.82%。

8.3.6 流程考察报告的编写

流程考察报告是对现场工艺流程的运行状况全面掌握，对工艺流程、药剂制度、设备等应全面记录到流程考察报告当中。流程考察报告的内容一般包括：

（1）封面。报告名称、单位、时间等。

（2）前言。介绍考查的背景、目的、方法、手段及意义等，把流程考查的最终结果列在此处。

（3）原矿的性质。原矿的物理性质和化学性质等，化学多元素分析、物相分析、岩矿鉴定等。

（4）工艺流程。介绍工艺流程的现状、设备参数、药剂制度等。

（5）流程考查的安排。取样点、取样班次、时间等。

（6）流程考查的结果。各取样点代表样的分析（筛析分析、化验分析、岩矿鉴定、解离度分析等）；磨矿系统、分级系统的参数计算及分析；各种考查结果的图件（数质量流程图、矿浆流程图等）。

（7）结论。主要介绍目前工艺现状的不足，并给出必要的论证和说明。

（8）附录或附件。流程考查期间的班次运行状况、药剂制度等。

8.3.7 实验报告的编写

实验报告是实验的总结和报道，应说明的主要问题为：

（1）实验任务；

（2）实验对象——试样的来源和性质；

（3）实验的技术方案——选矿方法、流程、条件等；

（4）实验结果——推荐的选矿方案和技术经济指标。

为了说明实验条件同生产条件的接近程度和结果的可靠性，一般还要对所使用的实验设备、药品、实验方法和实验技术等作一扼要的说明。连续性选矿实验和半工业实验，特别是采用了新设备的，必须对所用设备的规格、性能以及与工业设备的模拟关系做出准确说明，以便能顺利地实现向工业生产的转化。

实验的中间过程，在报告的正文中只摘要阐述，以使阅读者了解实验工作的详细程度和可靠程度，确定最终方案的依据，以及在需要时可据此进行进一步的工作。详细材料可作为附件或原始资料存档。

实验报告通常可由下面几个部分组成：

（1）封面——报告名称、实验单位、编写日期等；

(2) 前言——对实验任务、试样以及所推荐的选矿方案和最终指标作一简单介绍，使读者一开始即了解实验工作的基本情况；

(3) 矿床特性和采样情况的简要说明；

(4) 矿石性质；

(5) 选矿实验方法和结果；

(6) 结论——主要介绍所推荐的选矿方案和指标，并给以必要的论证和说明；

(7) 附录或附件。必要时可附参考文献。

供选矿厂设计用的实验报告，一般要求包括下列具体内容：

(1) 矿石性质。矿石性质包括矿石的物质组成、矿石及其组成矿物的理化性质。矿石性质是选择选矿方案的依据，不仅实验阶段需要，设计阶段也需要了解。因为设计人员在确定选厂建设方案时，并非完全依据实验工作的结论，在许多问题上还需参考现场生产经验独立做出判断，此时必须有矿石性质的资料作为依据，才能进行对比分析。

(2) 推荐的选矿方案。选矿方案包括选矿方法、流程和设备类型（不包括设备规格）等，要具体到指明选别段数、各段磨矿细度、分级范围、作业次数等。这是对选矿实验的主要要求，它直接决定着选厂的建设方案和具体组成，必须慎重考虑。若有两个以上可供选择的方案，各项指标接近、实验人员无法做出最终决断时，也应该尽可能阐述清楚自己的观点，并提出足够的对比数据，以便设计人员能据此进行对比分析。

(3) 最终选矿指标及与流程计算有关的原始数据。这是实验部门能向设计部门提供的主要数据，但有关流程中间产品的指标往往要通过半工业或工业实验才能获得，实验室实验只能提供主要产品的指标。

(4) 与计算设备生产能力有关的数据。如可磨度、浮选时间、沉降速度、设备单位负荷等，但除相对数字（如可磨度）以外，大多数要在半工业或工业实验中确定。

(5) 与计算水、电、材料消耗等有关的数据。如矿浆浓度、补加水量、浮选药剂用量、焙烧燃料消耗等，但也要通过半工业和工业实验才能获得较可靠的数据，实验室实验数据只能供参考。

(6) 选矿工艺条件。实验室实验所提供的选矿工艺条件，大多数只能给工业生产提供一个范围，说明其影响规律，具体数字往往要到开工调整生产阶段，才能确定，并且在生产中也还要根据矿石性质的变化不断调节。因而除了某些与选择设备、材料类型有关的资料，如磁场强度、重介质选矿加重剂类型、浮选药剂品种等必须准确提出以外，其他属于工艺操作方面的因素，在实验室实验阶段主要是查明其影响规律，以便今后在生产上进行调整时有所依据，而不必过分追求其具体数字。

(7) 产品性能。产品性能包括精矿、中矿、尾矿的物质成分和粒度、密度等物理性质方面的资料，作为考虑下一步加工（如冶炼）方法和尾矿堆存等问题的依据。

8.4 实验设计方法

选矿实验中一般有两类情况：

第一类情况是实验本身花费的时间不长，而为检验产物获得实验结果所需等待的时间较长。例如一批实验可以在一个工作日内完成，但第二批实验却必须等到第一批实验的结果出来后才能进行。这时决定实验进度的是实验的批次，而不是实验的个数。实验室浮选实验就属于这一类。

第二类情况是每个实验所要花费的时间较长，而为检验产物获得实验结果所需等待的时间相对较短。这时决定实验进度的就是实验个数，而不是实验批次。此外，如果为完成每一个实验所花费的代价很大，如工业性选矿实验，则节约实验个数也将是主要矛盾。为了提高工作效率，以较少的实验次数、较短的时间和较低的费用，获得较精确的信息，更好地完成实验任务，事先必须对要做的实验进行科学合理的计划和安排，这就是实验设计（或称实验方法）的问题。

常用的实验方法有许多种。从如何处理多因素的问题出发，可将实验方法分为单因素法和多因素组合实验法。单因素实验法安排简单容易，一般用于生产现场中较为简单的选矿实验安排，主要缺点是当因素间存在交互作用时，难以可靠地找到最优条件，且实验工作量较大。多因素组合实验法有利于揭露各因素间的交互作用，可以较迅速地找到最优条件。其缺点是工作量大。

从如何处理多水平问题的角度出发，可将实验方法分为同时实验法和序贯实验法。同时实验法是将实验点（实验条件）在实验前一次安排好，根据实验结果，找出最佳点，如穷举法就属于同时实验法。序贯实验法是先选做少数几个水平，找出目标函数（选别指标）的变化趋势后，再安排下一批试点，这样就可省去一些无希望的试点，从而减少整个实验工作量，但实验批次却会相应地增加。消去法和登山法就属于序贯实验法。消去法要求预先确定实验范围，然后通过实验逐步缩小搜寻范围，直至达到所要求的实验精度为止。单因素优选法中的平分法、分批实验法、0.618 法（黄金分割法）、分数法等都属于消去法。登山法是从小范围探索开始，然后根据所获得的信息逐步向指标更优的方向移动，直至不能再改进为止。最陡坡法、调优运算和单纯形调优法等属于登山法。

8.4.1 单因素实验方法

8.4.1.1 穷举法

穷举法属于同时实验法的一种。在进行浮选条件实验时，许多因素的水平往往可以根据生产实践经验、理论知识及预先实验的结果，确定在较小的实验范围内。所需比较的试点不多，多半可在一个工作日内一批做完，这时可采用穷举法进行实验安排。例如：根据现场实践经验，硫化铅的浮选 pH 值以 7 ~ 10 为宜。选矿实验时，就只需做 pH 值为 7、8、9、10、11 或再加上 12 这几个试点。在一个工作日内就完全可以把这一批实验全部做完，而不必采用先做几个试点，等检验结果出来后又补做一两个试点的办法。因为分批次以后，实验个数虽然可能节省 1 ~ 2 个，实验进度反而会拖慢。穷举法实验设计主要考虑以下三点：

（1）实验范围。一般可根据生产实践经验和理论知识，估计最优点所在范围，然后适当向外延伸。如磨矿细度实验，就可以根据矿石的嵌布粒度，估计大致的磨矿细度，然后以此为中点，在此附近布点。如果根据已有的经验和知识，无法估计最优点所在范围，就应改用其他方法进行预先实验探索范围。

（2）实验间隔。实验间隔太小，则试点增多；间隔太大，又可能落掉最优点或至少不能确切地找到最优点的位置。因此，各实验点的间隔要与实验误差相适应，即由于因素水平的变化所引起实验结果的变动要有可能较显著地超过实验误差。例如，当黄药用量为每吨100g/t左右时，5g甚至20g以下的变动对选矿指标的影响就会落在实验误差的范围内。因此，这时黄药用量的变化间隔至少要在20g/t以上，否则将毫无意义。

在实验范围内，各个水平的取值方法一般有两种。1）在实验范围不宽时，可使各个水平成等差关系。例如酯－105用量在20～50g/t范围内进行实验时，即可取20g/t、30g/t、40g/t、50g/t四个水平；2）在实验范围很宽时，同样一个幅度的波动，在低水平时可能对实验结果有很大的影响，而在高水平时却显不出来，这时应使各个水平成等比关系。例如对泥质铜矿，石灰用量的实验范围定为500～8000g/t，试点可定为500g/t、1000g/t、2000g/t、4000g/t、8000g/t五个水平。

又如磨矿细度实验，若用细度表示因素的水平，可使各个水平成等差关系，如50%、60%、70%、80% －0.074mm等。若用磨矿时间表示因素的水平，最好使它成等比关系，例如可用2、4、8、16分四个试点，这比用2、4、6、8分的安排要好得多，因为在磨矿的头几分钟内细度变化较大。

（3）实验顺序。选定了一批5个左右的试点以后，实际工作中一般先从中间水平做起好。这样可以根据实验现象判断该水平是否已明显偏高或偏低，若已明显偏低，即可临时去掉低水平各试点而增加高水平的试点；若已明显偏高，就可以不再做高水平各点，而增加低水平的试点。若采用按顺序做的办法，就可能直到最后才发现问题，因而白做一些本来有可能不做的试点。

以上讨论的三个问题，其原则对其他实验方法也是适用的。

8.4.1.2　序贯实验法

A　消去法

先在大范围内探索，然后逐步消去无希望的区段，直至逼近最优点，如分批实验法、平分法、0.618法等。

a　分批实验法

根据一个批次可以做的实验个数，将整个实验范围划分成若干区段，第一批实验跳着做，找出最优点所在的区段，然后再在该区段内补做几个试点，即可找到最优点。这样其他区段内剩下的试点就没有必要做了，实验的工作量可大大减少，而实验精度也不会受到影响。分批实验法的区段划分，主要有均匀分割、比例分割两种（图8－8）。

（1）均匀分割法。如果一批可以做n个实验，就将整个实验范围平均分成$n+1$段。显然，这时有n个分点，于是第一批实验就在这n个分点上做。例如，某一硫化矿浮选时，预定水玻璃用量的实验范围为0～1500g/t，要求的水平间隔为100g/t，每个工作日只能做4个实验。若用穷举法就有16个试点，需要4个工作日才能做完。现用分批实验法，将实验范围先划分成4＋1＝5个区段（0～300g/t，300～600g/t、600～900g/t、900～1200g/t、1200～1500g/t）。第一批做第4、7、10、13四个点，即水玻璃用量为300g/t、600g/t、900g/t、1200g/t的四个水平。若实验结果最好点是4号（300g/t），则第二批做的试点就为1、2、3、5、6五个，此时，就应鼓足干劲，适当延长工作时间，将5个实验一批做完；若第一批最好点是13，情况与此类似。由此可见，在用均匀分批实验法代替穷举法时，实验个数减少到8～9个，实验批次可由4次减到2～3次。

（2）比例分割法。仍以上例说明，第一批实验的试点取在5、6、11、12号（400g/t、500g/t、1000g/t、1100g/t）。可以看到，不论哪一个点相对最好，需要补做的只有四个试点。若5号点最好，需补做的就是1、2、3、4四个点。因而不论第一批实验的好点在哪里，剩下要做的实验都可以在第二批一次做完。两种分割法比较，由于比例分割法布点是两两相连，找到相对最好点后只需要在该点一侧补点，因此比均匀分割法更能节省实验个数。当然，在选矿实验精度不高，实验点数较少时，比例分割法还是可取的。

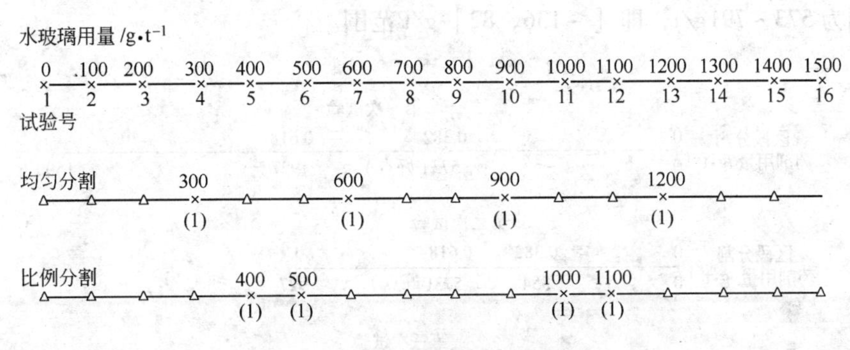

图8-8 分批实验法布点示意图

b 平分法

确定实验范围以后，先取中间试点进行实验，根据实验结果判断该水平是偏低还是偏高。若已偏低，即可将中间水平以下各点消去，而将中点以上的区段作为新的实验范围。第二次再在新的中点进行实验，每做一个实验即将实验范围消去一半。与分批实验法相比，平分法能明显地节约实验个数，但是会增加实验批次，在选矿实验中，主要用于预先实验。

例如，浮选红铁矿时，脂肪酸可能的用量范围为50~800g/t，很难用穷举法一次（一个工作日）找到最佳用量，这时就可以先用对分法缩小实验范围。先按穷举法依等比关系布点1、2、3、4、5、6、7、8、9（50g/t、70g/t、100g/t、140g/t、200g/t、280g/t、400g/t、560g/t、800g/t），第一个实验首先做中间的5号试点（200g/t），直接根据实验现象判断结果。若浮选现象表明200g/t已明显过多，即可消去6~9号4个试点，并进而做3号试点（100g/t）；若浮选现象表明200g/t明显偏少，即可消去1~4号4个试点，并进而做7号试点（400g/t）。一般最多对分2~3次即可确定正式实验的范围。用对分法一直做到底是不好的，因为在实验最后阶段，由于用量差别不大，已无法根据现象判断结果好坏而必须等待化验结果，此时再用一次只做一个实验的办法就不合适了。

c 0.618法（黄金分割法）

将预定的实验范围作为一个单位，每次对比两个实验点，一点位于0.618处，另一点是它的对称点0.382。若0.618点（或0.382）结果较好，即可将0.382以下（或0.618以上）的水平消去，而将0.382~1（或0~0.618）的区段作为新的实验范围，重新当做1。可以证明，原来的0.618点（或0.382点）在新范围内成为0.382点（或0.618），新的0.618点（或0.382点）则位于老0.618点（或0.382点）的对称位置。因而第二次实际只需再补做一个实验就可以有两个对比数据。如此连续，直到以所要求的精度逼近最优点为止。

下面仍以在0~1500g/t的范围内寻找水玻璃的最佳用量为例，设用穷举法和分批实验法找到的最优点为700g/t，实验精度为100g/t。在用0.618法时则会出现下列情况（图8-9）：即第一次做573g/t和927g/t两个水平，结果573g/t较好，消去927g/t以上水平。第二次补做354g/t的试点，同573g/t对比，仍是573g/t较好，消去354g/t以下水平。第三次补做709g/t的试点，同573g/t对比，709g/t较好，消去573g/t以下水平。第四次补做791g/t试点，同709g/t对比，仍是709g/t较好，到此结束实验。确定最优点为709g/t，波动范围为573~791g/t，即［-136，82］g/t范围。

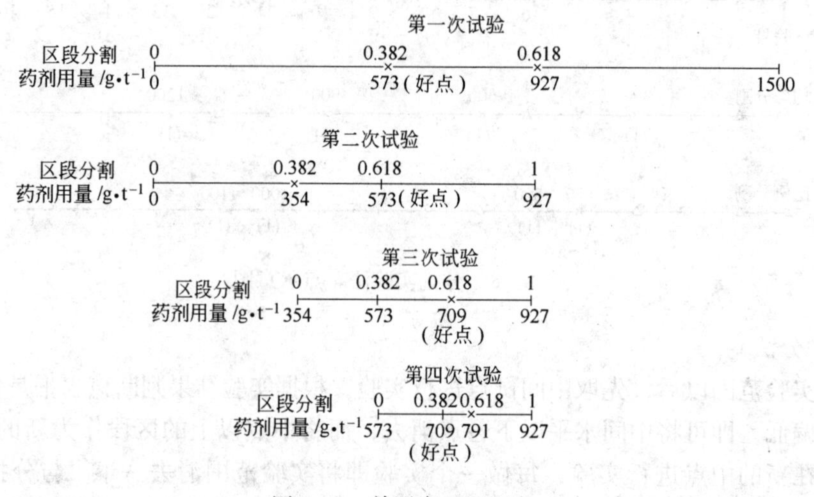

图8-9 单因素0.618法

通过在0~1500g/t范围内寻找水玻璃最佳用量（精度要求±100g/t）为例，现将穷举法、分批实验法、0.618法的实验工作量对比，见表8-16。由表8-16可知，0.618法虽能最大限度地节约实验个数，却不能减少实验批次。分批实验法却最大限度地减少实验批次，同时实验个数也比穷举法少得多。

表8-16 几种实验方法对比

实验方法	穷举法	分批实验法	0.618法
实验个数	16	8	5
实验批次	4	2	4
精度/$g \cdot t^{-1}$	±100	±100	［-136，82］

B 登山法

以现有生产条件或过去实验的最佳条件为起点，在此附近对所研究的因素做小范围探索，若发现某方向有可能改善指标，即可沿该方向继续变动实验因素的水平，直至指标不再提高为止。如果后一步指标已开始下降，即可缩回一步或半步，最后确定最优点的位置。工业性实验时，为了避免不必要的损失，不宜一开始就对操作条件作大幅度调整。实验室实验时，有时为了套用过去最佳条件也不希望从大范围的探索开始，此时即可采用登山法。使用登山法时，若实验条件调节幅度较小，实验结果的差别就可能落在实验误差的范围内，以致无法辨别。因此在使用登山法实验最佳条件时，必须特别注意减少实验误差。同时，第一步可适当走大一点，以免一开始就弄错方向。

8.4.2 多因素实验方法

选矿实验中，多因素实验方法有两大类。第一类是每次变动一个因素，而将其他因素暂时固定在一个适当的水平上，这样逐步依次地寻找各个因素的最佳水平，其实质是用单因素实验方法解决多因素选优问题，数学上称为降维法；第二类是各个因素同时变动同时实验，其实验方法也大多是从单因素实验方案引申而来的，同样可分穷举法、消去法、登山法三大类。因而不论采用哪一个办法，单因素实验方法中所讲到的一些基本原则在多因素选优中都是适用的。

一次一因素实验法比同时变动多个因素的方法简单，但在各个因素之间存在交互效应时，就可能导致错误的结论。例如：捕收剂用量和抑制剂用量就经常是互相制约的。捕收剂用得少抑制剂就可能用得少；捕收剂加得多，抑制剂也要多加。而两种组合的效果可能是等同的，甚至两种药量都少的组合效果还要好些。如果在抑制剂用量实验时，错误地将捕收剂用量固定在较高的水平上，实验得出的抑制剂“最佳用量”也会很高。然后再做捕收剂的用量实验时，由于抑制剂的用量已经选高，又必然会得出捕收剂用量也要高的结论，结果就找不到两种药剂都少的组合。多因素实验方法的选择办法是：在正式优选之前，首先分析各个因素之间的相互关系，只对那些相互之间有明显影响的因素采取同时实验的办法，而对那些比较独立的因素采取单独实验的办法。

下面介绍一些实用的多因素实验设计方案。

8.4.2.1 一次一因素实验法（降维法）

一次一因素实验安排可参照单因素实验方法中所讲到的一些基本原则进行，但是在有交互作用存在的情况下，采用一次一因素实验法，要求将其他因素固定在比较恰当的水平上，否则就可能得出错误的结论。为此，在正式的选优实验之前，应对矿石性质和有关专业知识有一充分的了解并进行必要的预先实验。另一方面，还要注意妥善地安排各个因素的实验顺序。一般安排各个因素的实验顺序的原则如下：

（1）进行选矿条件实验时，必须先实验那些对选别指标起决定性影响的因素，即主要因素。这里也有一个矛盾，既然是主要因素，实验结果就更加要求准确。现在放在前面做，由于其他因素尚未固定在最佳水平上，结果就不太可靠。补救的办法是在其他条件确定之后，对一些主要条件再次进行校核。例如，有用矿物的单体解离是选别的前提，因而磨矿细度实验一般总是放在最前面做。但对于复杂矿石，药方确定以后，一般还要对磨矿细度再进行校核。

（2）有些因素对选别指标的影响虽然很大，但却很容易通过一两个预先实验比较准确地确定其大致最佳水平，对于这样的因素就可以留在比较后面去做。例如，捕收剂用量及起泡剂用量的变化，都可大幅度地影响选别指标，但却比较容易在预先实验中直接根据浮选现象判断其用量是否恰当，因而在系统的条件实验中总是放在比较后面去做。

8.4.2.2 多因素穷举法

将各个因素的各个水平排列组合，全部进行实验。例如：二因素五水平就有 $5 \times 5 =$

25 种组合，三因素五水平就有 $5^3=125$ 种组合，四因素五水平就有 $5^4=625$ 种组合，n 因素五水平有 5^n 种组合，n 因素 P 水平有 P^n 种组合。二因素五水平组合情况如图 8－10 所示。25 个节点代表 25 种组合。浮选条件实验每个因素要求实验的水平至少在 5 个左右，有时更多。由上可以看到，在三因素的情况下即有 125 种组合。因而这种多因素多水平穷举法，或者称为多因素多水平全面实验法，实际上是不可能采用的。

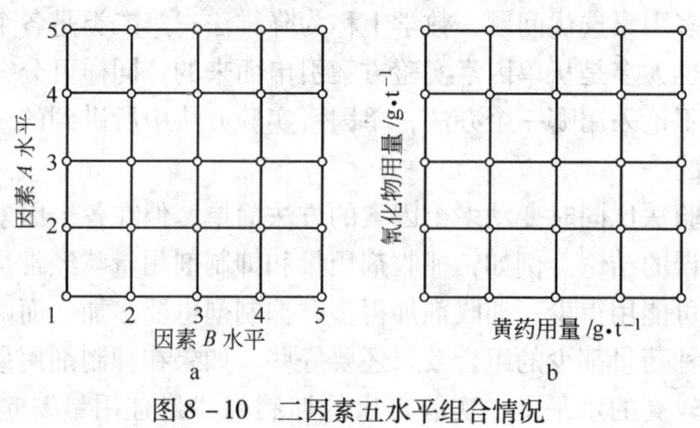

图 8－10 二因素五水平组合情况

a—一般形式；b—示例

8.4.2.3 多因素分批实验法

现仅讨论二因素五点安排。它是从单因素三点安排引申而来，即先做一个中间水平和几个端点，对二因素五点安排就是四方格的中心点和四个顶点。这些顶点相应于各因素最低水平和最高水平的全部组合，分批实验完成后，可使每一个因素的水平范围消去一半。如图 8－11 所示，最初确定的实验范围为点 2、3、4、5 所固定的方格，即黄药用量为 40～120g/t，氰化物用量为 50～250g/t。第一批实验布点 1 为（黄药 80g/t，氰化物 150g/t）、2（40g/t，250g/t）、3（120g/t，250g/t）、4（40g/t，50g/t）、5（120g/t，50g/t）。一般来说，中点应选择在估计的最佳水平上，因而这点的实验结果可能是较好和最好，再比较 4 个顶点，若其中顶点 3 结果最好，就可将实验水平缩减到点 7、3、8、1 所固定的范围内（图 8－11 中用虚线表示），即黄药 80～120g/t，氰化物 150～250g/t，此时每种因素的实验范围均已消去一半。第二批实验的安排，即 6、7、3、8、1 等 5 点（实际上只要再补做 6、7、8 等 3 点）或按穷举法做全部 9 种组合中剩下未作的 7 点，也可在 5 点安排的基础上灵活地增加一两个有希望的点（要根据第一批 5 点结果变化的趋势判断）。一般做完两批实验后，即可估计出最佳点所在位置，必要时可再补做 2 个点进行校核。若第一批实验 4 个顶点结果都不太好，而中点结果较好。说明最优点就在中点附近，第二批实验范围则定在 9、6、11、10 方格内（图 6－23 中用点划线表示）即黄药 60～100g/t，氰化物 100～200g/t。实验布点的原则同前。若对角线两点 3 和 4 结果都较好，而 2 和 5 点结

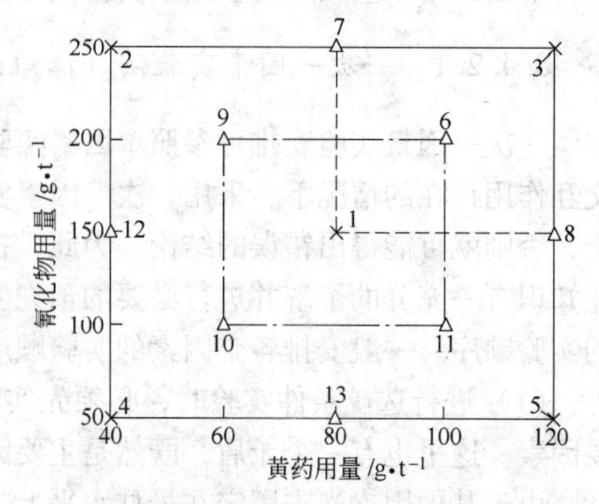

图 8－11 黄药－氰化物用量试点

×—第一批实验；△—第二批实验

果都较差，则说明可能有两个最优点，因而第二批实验要在7、3、8、1和12、1、13、4两个方格范围内布点。

8.4.2.4 0.618 法（黄金分割法）

现以二因素的情况为例（图8-12）。第一次实验的水平范围为*ABCD*，第一批实验因素甲和乙均取两个水平，即0.382和0.618。这样，第一批实验的布点即为1（甲：0.382，乙：0.618）、2（甲：0.382，乙：0.382）、3（甲：0.618，乙：0.382）、4（甲：0.618，乙：0.618）4个点，代表4种组合。若第一批实验的结果第4点最好，则将两个因素的0.382以下水平消去，而将*EFGD*作为新的实验范围。然后将新的区段作为“1”个单位，重新在新的0.382和0.618处布点，得出第二批试点4、5、6、7。如此继续直到所要求的精度逼近最优点为止。0.618法的效果与分批实验法相近。

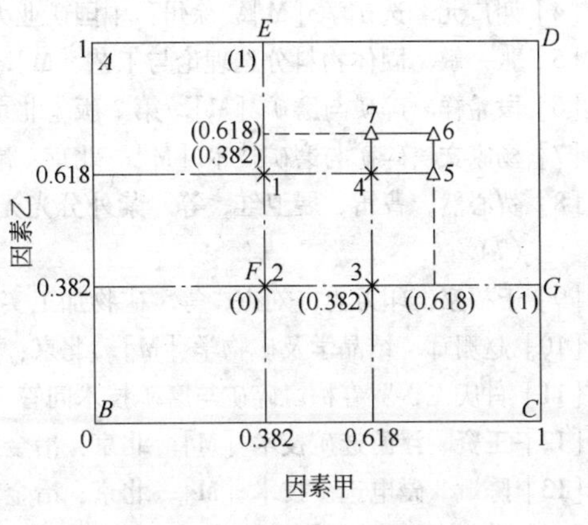

图8-12 二因素0.618法

（括号内数字为第二次分割）

8.4.2.5 登山法

同单因素一样，在实验条件不宜作大幅度调整时，最好采用登山法。二因素和三因素登山法的基本实验安排与分批实验法相似，也是五点安排，但顶点不是布置在极端水平的位置，而是布置在中间水平的附近，即顶点与中点的水平间隔很小，只是应注意不要小到落在实验的误差范围内。例如，对于药剂的用量实验，用量变动幅度应不小于20%。用登山法进行选矿条件实验，以二因素五点安排为例，可能出现的情况主要有以下几种：

（1）4个顶点与中点结果相近，应扩大范围进行实验。

（2）4个顶点结果均不如中点，说明中点已在最优点附近。若实验精度允许，可缩小范围再做实验。

（3）有一个顶点结果最好，即可向该顶点方向登山一步，继续实验，如图8-13a所示。

（4）某一个边的两个顶点结果都好，则沿该边垂线方向登山一步，继续实验，如图8-13b所示。

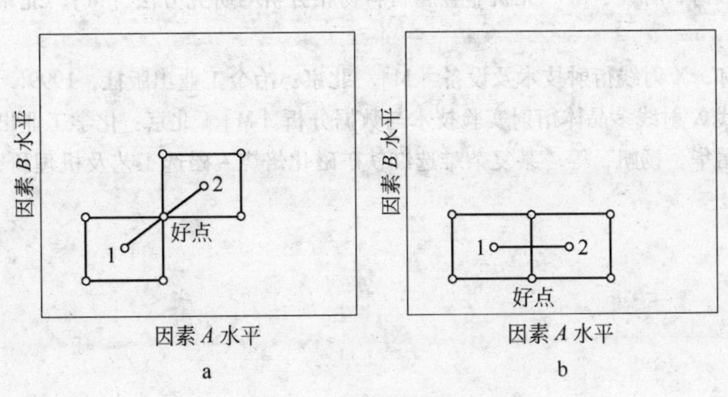

图8-13 二因素登山示意图

参考文献

[1] 许时. 矿石可选性研究 [M]. 北京：冶金工业出版社，1989.

[2] 周晓四. 重力选矿技术 [M]. 北京：冶金工业出版社，2006.

[3] 刘炯天，樊民强. 实验研究方法 [M]. 徐州：中国矿业大学出版社，2006.

[4] 谢广元. 选矿学 [M]. 徐州：中国矿业大学出版社，2001.

[5] 张一敏. 固体物料分选理论与工艺 [M]. 北京：冶金工业出版社，2007.

[6] 段希祥. 碎矿与磨矿 [M]. 第2版. 北京：冶金工业出版社，2006.

[7] 杨家文. 碎矿与磨矿技术 [M]. 北京：冶金工业出版社，2006.

[8] 贺心然，曹雷，展卫红，等. 紫外分光光度法测定水中丁基黄原酸 [J]. 环境污染与防治，2007，(7).

[9] 于福家，印万忠，刘杰，等. 矿物加工实验方法 [M]. 北京：冶金工业出版社，2010.

[10] 赵珊茸. 结晶学及矿物学 [M]. 北京：高等教育出版社，2004.

[11] 肖庆飞，罗春梅. 碎矿与磨矿技术问答 [M]. 北京：冶金工业出版社，2010.

[12] 王资. 浮游选矿技术 [M]. 北京：冶金工业出版社，2006.

[13] 陈斌. 磁电选矿技术 [M]. 北京：冶金工业出版社，2008.

[14] 龚明光. 泡沫浮选 [M]. 北京：冶金工业出版社，2007.

[15] 刘安荣，唐云，张覃，等. 鲕状赤铁矿焙烧磁选—酸浸工艺研究 [J]. 金属矿山，2010 (3).

[16] 杨丹，袁鹏，朱建喜. 高岭石-纳米锌复合物的制备与表征 [J]. 化工矿物与加工，2011 (5).

[17] 刘锦，孙樯. 金刚石压腔蛇纹石原位拉曼光谱研究 [J]. 光谱学与光谱分析，2011 (2).

[18] 秦磊. 新型硫化铜矿捕收剂 PLQ1 的研制及应用研究 [D]. 武汉：武汉理工大学，2010.

[19] 刘勇. 新疆尉犁蛭石结构及其吸附金属离子和磷酸盐机理研究 [D]. 成都：四川大学，2007.

[20] 冯雄汉. 几种常见氧化锰矿物的合成、转化及表面化学性质 [D]. 广州：华中农业大学，2004.

[21] 李云雁，胡传荣. 实验设计与数据处理 [M]. 北京：化学工业出版社，2008.

[22] 潘丽军，陈锦权. 实验设计与数据处理 [M]. 南京：东南大学出版社，2008.

[23] 毛丹弘. 误差与数据处理 [M]. 北京：化学工业出版社，2008.

[24] 丁振良. 误差理论与数据处理 [M]. 哈尔滨：哈尔滨工业大学出版社，2002.

[25] 徐承焱，孙体昌，祁超英，等. 还原剂对高磷鲕状赤铁矿直接还原过程铁还原的影响 [J]. 北京科技大学学报，2011 (8).

[26] 杨大伟，孙体昌，杨慧芬，等. 鄂西高磷鲕状赤铁矿直接还原焙烧同步脱磷机理 [J]. 北京科技大学学报，2010 (8).

[27] 李晓生，李成海，林蔚，等. 无机非金属材料物相分析与研究方法 [M]. 北京：中国建材工业出版社，2008.

[28] 丘利，胡玉和. X射线衍射技术及设备 [M]. 北京：冶金工业出版社，1999.

[29] 马礼敦. 近代X射线多晶体衍射实验技术与数据分析 [M]. 北京：化学工业出版社，2004.

[30] 黄红军，胡岳华，杨帆，等. 某复杂难选红铁矿磁化焙烧-磁选工艺及机理研究 [J]. 矿冶工程，2010，(6).